Rainer Dohlus
Lasertechnik
De Gruyter Studium

Weitere empfehlenswerte Titel

Lichtquellen
Rainer Dohlus, 2014
De Gruyter Studium
ISBN: 978-3-11-035131-6

Technische Optik
Rainer Dohlus, 2015
De Gruyter Studium
ISBN: 978-3-11-035130-9

Laserphysik
Physikalische Grundlagen des Laserlichts und seiner Wechselwirkung
mit Materie
Hans-Jörg Kull, 2. Aufl. 2014
ISBN: 978-3-486-77905-9

Optik
Lichtstrahlen – Wellen – Photonen
Wolfgang Zinth, Ursula Zinth, 4. Aufl. 2013
ISBN: 978-3-486-72136-2

Optik
Eugene Hecht, 6. Aufl. 2014
De Gruyter Studium
ISBN: 978-3-11-034796-8

Elektrizität und Magnetismus, Optik, Messungen und ihre Auswertung
Band 2
Ulrich Hahn, 2. Aufl. 2014
De Gruyter Studium
ISBN: 978-3-11-037722-4

Rainer Dohlus

Lasertechnik

—

DE GRUYTER

Autor
Prof. Dr. Rainer Dohlus
Hochschule Coburg
Fakultät Angewandte Naturwissenschaften
Friedrich-Streib-Str. 2
96450 Coburg
E-Mail: Rainer.Dohlus@hs-coburg.de

ISBN 978-3-11-035088-3
e-ISBN (PDF) 978-3-11-035140-8
e-ISBN (EPUB) 978-3-11-039646-1

Library of Congress Cataloging-in-Publication Data
A CIP catalogue record for this book has been applied for at the Library of Congress.

Bibliografische Information der Deutschen Nationalbibliothek
Die Deutsche Nationalbibliothek verzeichnet diese Publikation in der Deutschen Nationalbibliografie;
detaillierte bibliografische Daten sind im Internet über http://dnb.dnb.de abrufbar.

© 2015 Walter de Gruyter GmbH, Berlin/Boston
Coverabbildung: Chris Rogers/iStock/thinkstock
Satz: PTP-Berlin Protago-T$_{\text{E}}$X-Production GmbH, Berlin
Druck und Bindung: CPI books GmbH, Leck
♾ Gedruckt auf säurefreiem Papier
Printed in Germany

www.degruyter.com

Für Brigitte

Vorwort

Dieses Buch wendet sich vor allem an Studierende der Ingenieurwissenschaften, aber auch an bereits im Beruf stehende Ingenieure mit Interesse an einschlägigen lasertechnischen Inhalten. Es vermittelt fundierte Kenntnisse über Laser, angefangen bei den physikalischen Grundlagen der Erzeugung kohärenter Strahlung über den Aufbau bis hin zu den technischen Ausführungsformen der derzeit in Industrie und Forschung verwendeten Laser. Dabei werden im Rahmen der Quantenoptik Absorptions- und Emissionsvorgänge, stimulierte Emission sowie wichtige Strahlungseigenschaften wie Linienbreite und Kohärenz behandelt. Die mathematischen Voraussetzungen beschränken sich hierbei auf Grundkenntnisse, wie sie in Ingenieurstudiengängen an anwendungsbezogenen Hochschulen gewöhnlich in den ersten drei bis vier Studiensemestern vermittelt werden.

Ein zentrales Thema dieses Buches sind die praktischen Ausführungsformen relevanter Lasertypen. Dabei werden zunächst typübergreifende Techniken wie Modenkopplung und Frequenzverdopplung behandelt. Die Entstehung axialer und transversaler Moden in optischen Resonatoren wird beschrieben. Es folgt eine ausführliche Behandlung der Festkörper- und Gaslaser und natürlich auch der inzwischen in hohe Leistungsklassen vorgedrungenen Diodenlaser.

Abschließend werden einige Anwendungen von Laserstrahlung erläutert, die beispielhaft herausragende Lasereigenschaften wie hohe räumliche Bündelung, kurze Impulsdauer oder hohe Kohärenzlänge nutzen. Schließlich rundet noch ein Kapitel Lasersicherheit das Buch ab.

Die Angaben dieses Buches, insbesondere zur Lasersicherheit, wurden mit Sorgfalt zusammengetragen. Trotzdem kann keine Garantie für die Richtigkeit gegeben werden, zumal Normen und Vorschriften häufigen Änderungen unterliegen.

An dieser Stelle danke ich den Firmen Jenoptik, Laservision, Trumpf sowie dem Bayerischen Laserzentrum in Erlangen für die Bereitstellung von Bildern und die Gewährung der Abdruckrechte.

Mein Dank gilt auch den Studierenden der Physikalischen Technik der Hochschule Coburg, die sich in den letzten Jahren für das Fach Lasertechnik entschieden haben, so daß aus dieser Lehrveranstaltung das vorliegende Buch entstehen konnte.

Schließlich danke ich meiner Lektorin Frau Berber-Nerlinger, die dieses Buchkonzept unterstützt hat sowie Frau Hutt aus dem Projektmanagement und Herrn Jäger aus der Herstellung für die gute Zusammenarbeit.

Schottenstein, Frühjahr 2015   Rainer Dohlus

Inhaltsverzeichnis

1 Einführung in die Quantenoptik

1.1 Absorption und Emission von Strahlung

1.1.1 Die Beobachtung von Hallwachs und die Folgen

1887 führte Wilhelm Hallwachs ein Experiment aus, das der damaligen wissenschaftlichen Welt lange Zeit Rätsel aufgab. Er legte zwischen zwei in einen evakuierten Glaskolben eingeschmolzene Elektroden eine elektrische Spannung (Abb. 1.1). Unter bestimmten Voraussetzungen konnte ein elektrischer Strom beobachtet werden, wenn Licht auf die Kathode fiel. Offensichtlich löste das Licht Ladungsträger aus dem Metall, die dann im elektrischen Feld beschleunigt wurden. Heute weiß man, dass es sich bei diesen negativen Ladungsträgern um Elektronen handelt. Die damalige Erwartung, dass die Lichtintensität die Energie der Ladungsträger im Wesentlichen beeinflusst, wurde nicht erfüllt. Vielmehr wurde die Energie der abgelösten Elektronen durch die Frequenz des auftreffenden Lichtes bestimmt. Wurde eine vom Elektrodenmaterial abhängige Frequenz unterschritten, konnte auch eine noch so hohe Lichtintensität keine Elektronen mehr ablösen.

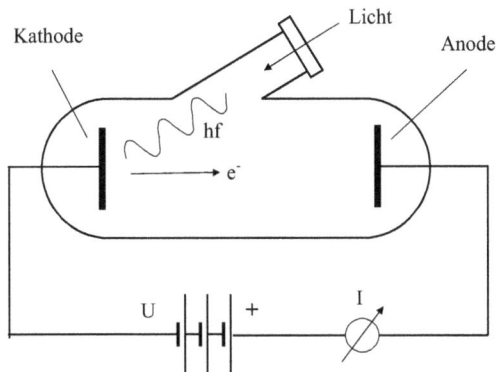

Abb. 1.1: Anordnung zur Demonstration des äußeren Photoeffekts. Licht wird in einer evakuierten Glasröhre auf eine Kathode fallen lassen. Ob ein Strom fließt oder nicht hängt von der Frequenz des Lichtes ab, nicht von seiner Intensität.

Dieses später als **äußerer Photoeffekt** bezeichnete Phänomen konnte erst 1905 durch Einstein erklärt werden. Die Beobachtungen sind nur zu verstehen, wenn Licht nicht als kontinuierliche elektromagnetische Welle aufgefasst wird, sondern als ein Strom kleiner Lichtquanten, der **Photonen**; sie besitzen die Energie $E = hf$. Die Energie ist also proportional zur Frequenz f. Die Proportionalitätskonstante h heißt **Plancksches Wirkungsquantum** und besitzt den Wert $6,626 \cdot 10^{-34}$ Js. Ein Lichtquant kann nur jeweils ein Elektron aus dem Metall herausschlagen. Hierfür ist eine für das Metall spezifische **Austrittsarbeit** W_A nötig, die das Photon bereitstellen muss. Die Energiebilanz sieht also folgendermaßen aus:

$$hf = W_A + E_{kin}$$ 1.1

Ist $hf > W_A$, bekommt das Elektron die überschüssige Energie als kinetische Energie E_{kin} mit. In der praktischen Durchführung geht ein geringer Teil der Energie ans Gitter verloren. Ist $hf < W_A$, kann das Photon kein Elektron auslösen.

Die Ergebnisse des Experiments von Hallwachs haben selbstverständlich Auswirkungen auf das Verständnis der Prozesse der Lichtentstehung. Wenn Licht in Form von Lichtquanten auftritt, so muss diese Quantisierung schon bei der Erzeugung angelegt gewesen sein.

1.1.2   Das Bohrsche Atommodell

Das **Bohrsche Atommodell** erwies sich trotz erheblicher Schwächen, die erst in der Quantenmechanik beseitigt wurden, als geeignet, diese Quantisierung zu erklären. Niels Bohr forderte 1913, dass sich Elektronen auf Umlaufbahnen um den positiv geladenen Atomkern bewegen. Sie tun dies, so weiter sein Postulat, im Widerspruch zu den Gesetzen der Elektrodynamik trotz Radialbeschleunigung ohne Abgabe von Strahlung. Eine stabile Kreisbahn kommt zustande, wenn die dafür nötige Zentripetalkraft durch die Coulombanziehung zwischen Kern und Elektron bereitgestellt wird. Beim einfachen Wasserstoffatom, das nur ein Elektron der Ladung e besitzt und bei dem die Ergebnisse des Modells die Wirklichkeit richtig beschreiben, gilt:

$$m\frac{v^2}{r} = \frac{1}{4\pi\varepsilon_0}\frac{e^2}{r^2}$$ 1.2

Dabei ist m die Elektronenmasse, r der Bahnradius und v die Bahngeschwindigkeit des Elektrons. ε_0 ist die allgemeine Dielektrizitätskonstante ($8,854 \cdot 10^{-12}$ F/m). Da der Kern etwa 1837-mal schwerer ist als das Elektron, kann bei der Bewegung der Kern als ruhend angesehen werden. In einem weiteren Postulat führte Bohr die eigentliche **Quantenbedingung** ein. Der Drehimpuls $L = mrv$ des Elektrons kann nur Werte annehmen, die ein ganzzahliges Vielfaches von $h/2\pi$ darstellen:

$$L = n\frac{h}{2\pi}$$ 1.3

n ist die **Hauptquantenzahl**. Damit folgt aus Gl. 1.2:

$$\frac{1}{4\pi\varepsilon_0}\frac{e^2}{r^2} = \frac{L^2}{mr^3} = \frac{1}{mr^3}\frac{n^2h^2}{4\pi^2}$$ 1.4

Es folgt für den Bahnradius des Elektrons die Bedingung:

$$\boxed{r = \frac{\varepsilon_0 n^2 h^2}{m\pi e^2}}$$ 1.5

Eine Folge der Quantisierung des Bahndrehimpulses ist es also, dass für den Bahnradius nur noch bestimmte Werte vorkommen können, für die $r \propto n^2$ gilt. Diese Tatsache hat Auswirkungen auf die Energie des Elektrons, die sich aus potentieller und kinetischer Energie zusammensetzt:

$$E = -\frac{1}{4\pi\varepsilon_0}\frac{e^2}{r} + \frac{1}{2}mv^2 \qquad\qquad 1.6$$

Der erste Summand stellt die potentielle Energie des Elektrons dar. Dabei wurde der Potentialnullpunkt ins Unendliche gelegt, bei endlicher Entfernung des Elektrons ist die potentielle Energie somit negativ. Mit $mv^2 = \frac{1}{4\pi\varepsilon_0}\frac{e^2}{r}$ aus Gl. 1.2 und r nach Gl. 1.5 taucht die Quantisierung auch bei der Energie auf:

$$E = -\frac{1}{8\pi\varepsilon_0}\frac{e^2}{r} \qquad \text{bzw.} \qquad \boxed{E = -\frac{me^4}{8\varepsilon_0^2 n^2 h^2}} \qquad\qquad 1.7$$

Der niedrigste Zustand, der Grundzustand, hat mit $n=1$ die Energie $-2{,}180 \cdot 10^{-18}\,\text{J}$ oder $-13{,}61\,\text{eV}$ ($1\,\text{eV} = 1{,}602 \cdot 10^{-19}\,\text{J}$). Für $n \to \infty$ erhält man also die Energie Null. Der Bahnradius wäre dann unendlich, d.h. das Elektron wäre nicht mehr an den Kern gebunden und das Atom damit ionisiert. Die **Ionisierungsenergie** beträgt also somit 13,61 eV. Alle durch endliche n verursachten Bahnen haben eine geringere Energie. In Abb. 1.2 sind die Energieniveaus des Wasserstoffatoms graphisch dargestellt.

Um ein Elektron auf eine energiereichere, höhere Bahn zu bringen, muss Energie zugeführt werden. Das ist durch Stöße möglich oder durch „Einfangen" eines Photons. Die Energie hf des Photons muss dabei genau der Energiedifferenz der zwei Zustände entsprechen. Geht das Elektron also von einem niedrigeren Zustand n_1 in einen höheren Zustand n_2 über, gilt:

$$hf = E(n_2) - E(n_1) = -\frac{me^4}{8\varepsilon_0^2 h^2}\left(\frac{1}{n_2^2} - \frac{1}{n_1^2}\right) \qquad\qquad 1.8$$

Das Wasserstoffatom kann also nicht jede beliebige Frequenz absorbieren, sondern nur diejenigen, für die die Bedingung 1.8 erfüllt ist. Befindet sich das Elektron auf einer höheren bzw. äußeren Bahn, d.h. ist das Atom in einem angeregten Zustand, so kann es die zugehörige Energie auch wieder in Form eines Photons abgeben. Im **Emissionsspektrum** tauchen also **Spektrallinien** auf, für die Gl. 1.8 analog erfüllt sein muss. Wegen des für die Lichtgeschwindigkeit c geltenden Zusammenhangs $c = \lambda f$ gilt für die auftretenden Wellenlängen mit $n_2 < n_1$:

$$\boxed{\lambda = \frac{8\varepsilon_0^2 h^3 c}{me^4}\frac{n_1^2 n_2^2}{n_2^2 - n_1^2}} \qquad\qquad 1.9$$

Die energiereichsten Übergänge, die im Zustand mit der Hauptquantenzahl $n_1 = 1$ enden, werden zu der nach dem amerikanischen Physiker Theodore Lyman benannten **Lyman-Serie** zusammengefasst (Abb. 1.2). Alle Übergänge liegen im ultravioletten Spektralbereich. Analog hat man alle Übergänge, die im Niveau $n_1 = 2$ enden, zur **Balmer-Serie** zusammengefasst. Johann Jakob Balmer erkannte als Erster einen gesetzmäßigen Zusammenhang bei den Wasserstofflinien. Alle mit dem Auge sichtbaren Linien des Wasserstoffs gehören zur Balmer-Serie. Die weiteren, in Abb. 1.2 nicht benannten bzw. nicht gezeichneten Spektralserien werden als **Paschen-Serie** (endend auf $n_1 = 3$), **Bracket-Serie** (endend auf $n_1 = 4$) und **Pfund-Serie** (endend auf $n_1 = 5$) bezeichnet. In Abb. 1.3 sind die Wellenlängen der Lyman-, Balmer- und Paschen-Serie in der spektralen Darstellung gezeichnet.

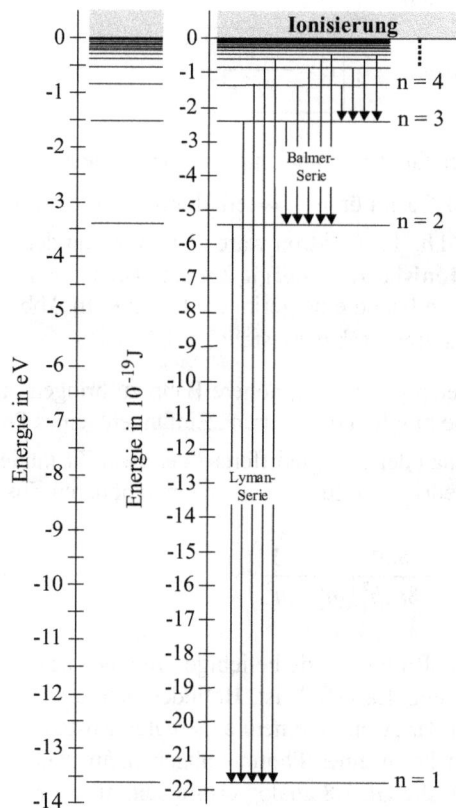

Abb. 1.2: Energieniveauschema des Wasserstoffatoms mit den Übergängen dreier Spektralserien. Die dritte, nicht benannte Serie ist die Paschen-Serie.

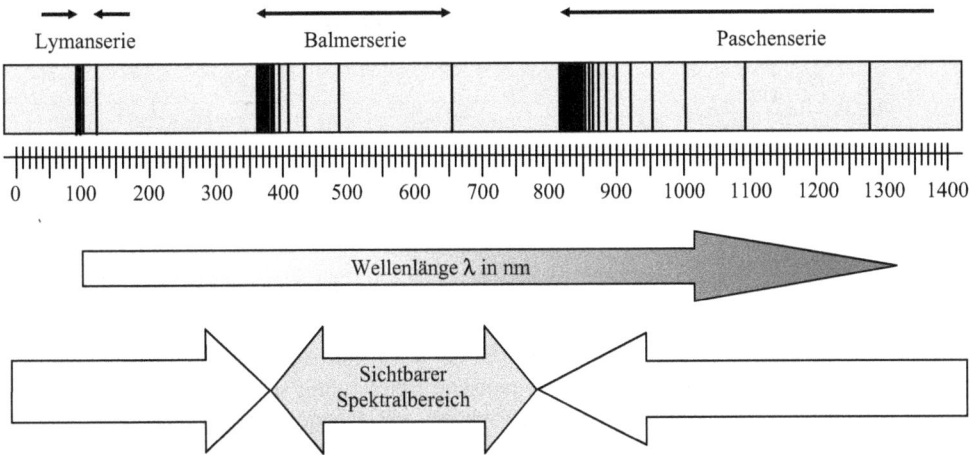

Abb. 1.3: Lage der Spektrallinien des Wasserstoffatoms im Spektrum. Gezeichnet sind die drei energiereichsten Spektralserien. Nicht gezeichnet ist der zur Paschenserie gehörige Übergang von $n_2 = 4$ auf $n_1 = 3$, er liegt bei 1875,6 nm.

1.1.3   Das quantenmechanische Atommodell

Das Bohrsche Atommodell liefert für Wasserstoff und für Atome, die bis auf ein Elektron ionisiert sind, sehr gute Resultate. Es überwindet die Vorstellungen der klassischen Physik und erklärt die Grundlagen von Absorption und Emission von Strahlung auf neuer Basis. Grundsätzlich beschreibt es auch die Atome der ersten Spalte des Periodensystems, die Alkaliatome (Li, Na, K, Rb, Cs, Fr) richtig. Sie geben leicht ein Elektron ab und sind chemisch immer einwertig. Dies legt den Verdacht nahe, dass dieses eine Elektron sich auf einer weit außen liegenden Bahn befindet, während alle anderen tiefer liegende Bahnen einnehmen. Insofern ist es nicht verwunderlich, dass hier wasserstoffähnliche Spektren auftreten. Bei allen weiteren Atomen versagt das Bohrsche Atommodell.

Es gibt noch weitere Mängel. Das Wasserstoffmolekül zeigt Kugelsymmetrie, während sich nach Bohr ein flächiges Molekül ergeben müsste, denn das Elektron kreist um eine raumfeste Achse. Eine hohe Packungsdichte wäre die Folge, wenn man die Atome wie Papierscheiben aufeinanderlegen würde. Dergleichen wird jedoch nicht beobachtet. Desweiteren kann Bohr die Intensitätsverteilung zwischen den einzelnen Spektrallinien nicht erklären.

Diese Mängel wurden durch die Quantenmechanik behoben. Das Elektron wird hier als Materiewelle aufgefasst, die durch die **Schrödingergleichung** beschrieben wird. Die Lösung dieser Gleichung führt neben der Hauptquantenzahl n zu zwei weiteren Quantenzahlen. Die Energie der Zustände wird weiterhin ausschließlich von der Hauptquantenzahl n bestimmt. Eine weitere Quantenzahl, die **Drehimpulsquantenzahl** l, steht im Zusammenhang mit dem Drehimpuls des Teilchens. Sie ist nicht unabhängig von n, sondern es gilt vielmehr:

$$l = 0, 1, 2, 3, ..., n-1 \qquad\qquad\qquad 1.10$$

Im Falle $n = 0$ ist stets $l = 0$. Das bedeutet, dass der Drehimpuls im Grundzustand verschwindet. Wird das Atom in ein Magnetfeld gebracht, tritt eine weitere Quantenzahl in

Erscheinung, die aus diesem Grund **magnetische Quantenzahl** m genannt wird. Für sie gilt:

$$m = 0, \pm 1, \pm 2, ..., \pm l \qquad\qquad\qquad 1.11$$

Eine weitere Quantenzahl, die mit der Vorstellung einer Eigendrehung des Elektrons in Verbindung gebracht werden kann, ist die **Spinquantenzahl** s. Sie kann nur die Werte $+1/2$ und $-1/2$ annehmen.

Obwohl die Energie allein durch die Hauptquantenzahl n festgelegt wird, ergibt die Einbeziehung der Relativitätstheorie in die Überlegungen eine von der Quantenzahl l abhängige Aufspaltung der Energieniveaus. Dies führt z.B. beim Natrium zur bekannten Doppellinie im gelben Spektralbereich. In die quantenmechanische Betrachtung soll hier nicht eingestiegen werden, hier sei auf einschlägige Literatur verwiesen, z.B. [Gasiorowicz 2005].

Unter Berücksichtigung der Quantenzahlen ergeben sich für Atome zahlreiche Übergangsmöglichkeiten. Noch komplizierter werden die Verhältnisse bei mehratomigen Molekülen. Hier können zusätzlich zu den elektronischen Übergängen bedingt durch Schwingungen der Atome gegeneinander und durch Drehbewegungen weitere Energieniveaus auftreten.

1.1.4   Schwingungsübergänge

In Molekülen sind die Atome nicht starr aneinander gekoppelt, sondern werden durch elektrostatische Anziehungskräfte zusammengehalten, die so elastisch sind, dass die Moleküle gegeneinander schwingen können, wenn ihnen in geeigneter Weise Energie zugeführt wird. Aufnahme und Abgabe von Energie kann in Form von Absorption und Emission elektromagnetischer Wellen erfolgen, sofern das Molekül **polar gebaut** ist. Oder anders ausgedrückt: das Molekül muss asymmetrisch gebaut sein und damit ein **permanentes Dipolmoment** besitzen. Auch hier können die Verhältnisse wieder durch ein klassisches Modell [Barrow 1962] verdeutlicht und großenteils richtig beschrieben werden.

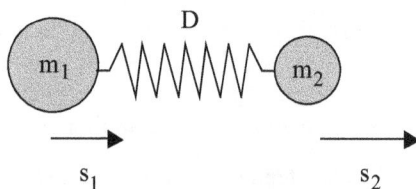

Abb. 1.4: Mechanisches Modell eines zweiatomigen Moleküls. Die Größen s_1 und s_2 stellen die Auslenkungen aus der Gleichgewichtslage dar. D ist die Federkonstante.

Zwei Atome der Massen m_1 und m_2 sind dabei über eine Feder gekoppelt. Die jeweilige Auslenkung der Massen aus ihrer Ruhelage ist s_1 bzw. s_2. Die Stauchung bzw. Dehnung der Feder ist somit $s_2 - s_1$, so dass die Rückstellkraft $+D(s_2 - s_1)$ für die erste Masse und $-D(s_2 - s_1)$ für die zweite Masse ist. Das zweite Newtonsche Axiom liefert gekoppelte Differentialgleichungen:

$$m_1 \frac{d^2 s_1}{dt^2} - D(s_2 - s_1) = 0 \qquad\qquad 1.12$$

$$m_2 \frac{d^2 s_2}{dt^2} + D(s_2 - s_1) = 0 \qquad\qquad 1.13$$

Als Lösungen kommen Sinus-Schwingungen mit der Frequenz ω in Frage:

$$s_1(t) = \hat{s}_1 \sin(\omega t) \qquad \frac{d^2 s_1}{dt^2} = -\omega^2 \hat{s}_1 \sin(\omega t) \qquad 1.14$$

$$s_2(t) = \hat{s}_2 \sin(\omega t) \qquad \frac{d^2 s_2}{dt^2} = -\omega^2 \hat{s}_2 \sin(\omega t) \qquad 1.15$$

Eingesetzt in die gekoppelten Differentialgleichungen erhält man:

$$-m_1 \omega^2 \hat{s}_1 \sin(\omega t) - D\left(\hat{s}_2 \sin(\omega t) - \hat{s}_1 \sin(\omega t) \right) = 0 \qquad 1.16$$

$$-m_1 \omega^2 \hat{s}_2 \sin(\omega t) + D\left(\hat{s}_2 \sin(\omega t) - \hat{s}_1 \sin(\omega t) \right) = 0 \qquad 1.17$$

Nach Kürzen von $\sin(\omega t)$ können diese Gleichungen zu einem linearen Gleichungssystem in $\hat{s}_1$ und $\hat{s}_2$ umgeformt werden:

$$\begin{array}{rcr}
(D - m_1\omega^2)\hat{s}_1 \quad -D\hat{s}_2 & = & 0 \\
-D\hat{s}_1 \quad (D - m_2\omega^2)\hat{s}_2 & = & 0
\end{array} \qquad 1.18$$

Ein solches Gleichungssystem hat genau dann eine eindeutige Lösung, wenn die Determinante der Koeffizientenmatrix Null ist. Die Determinantenbestimmung führt zu folgender Gleichung:

$$(D - m_1\omega^2)(D - m_2\omega^2) - D^2 = 0 \qquad\qquad 1.19$$

$$-Dm_2\omega^2 - Dm_1\omega^2 + m_1 m_2 \omega^4 = 0 \qquad\qquad 1.20$$

Neben der trivialen Lösung $\omega^2 = 0$ hat die Gleichung noch die weitere Lösung

$$\boxed{\omega = \sqrt{\frac{D(m_1 + m_2)}{m_1 m_2}}} \qquad\qquad 1.21$$

Die Einführung der **reduzierten Masse**

$$m_{red} = \frac{m_1 m_2}{m_1 + m_2} \qquad\qquad 1.22$$

erlaubt es schließlich, das Problem im Ergebnis formal auf eine einzelne schwingende Masse zurückzuführen:

$$f = \frac{1}{2\pi}\sqrt{\frac{D}{m_{red}}} \qquad\qquad 1.23$$

Würde f als Frequenz einer elektromagnetischen Welle aufgefasst, so könnte ihre Energie

$$E_v = hf = \frac{h}{2\pi}\sqrt{\frac{D}{m_{red}}} \qquad\qquad 1.24$$

jeden beliebigen Wert annehmen. Dies ist jedoch nicht so, denn auch hier bewirkt eine genauere, quantenmechanische Berechnung des Problems Einschränkungen. Wie bei den elektronischen Übergängen kommt es auch bei den Schwingungsübergängen, auch **vibronische Übergänge** genannt, zur Quantisierung. Legt man den harmonischen Oszillator zugrunde, sind nur die Energieniveaus erlaubt, die die Bedingung

$$\boxed{E_v = \left(n_{vib} + \frac{1}{2}\right)hf = \left(n_{vib} + \frac{1}{2}\right)\frac{h}{2\pi}\sqrt{\frac{D}{m_{red}}}} \qquad\qquad 1.25$$

erfüllen. Hier wurde für f die aus der klassischen Betrachtung gewonnene Frequenz (Gl. 1.23) verwendet. n_{vib} ist die **Schwingungsquantenzahl**. Man erkennt sofort, dass für den Wert $n_{vib} = 0$ die zugehörige Energie E_0, die **Nullpunktsenergie**, nicht Null ist. Das ist eine Folge der Tatsache, dass in der quantenmechanischen Betrachtungsweise ein Teilchen, das auf einen endlichen Raum beschränkt ist, stets eine von Null verschiedene kinetische Energie haben muss. Die Nullpunktsenergie senkt die Dissoziationsenergie, d.h. die für das Zerreißen der Bindung nötige Energie, ab.

Der Abstand zweier benachbarter Energieniveaus mit den Schwingungsquantenzahlen n_{vib} und $n_{vib} + 1$ ist:

$$\Delta E = \left((n_{vib} + 1) + \frac{1}{2}\right)\frac{h}{2\pi}\sqrt{\frac{D}{m_{red}}} - \left(n_{vib} + \frac{1}{2}\right)\frac{h}{2\pi}\sqrt{\frac{D}{m_{red}}} = \frac{h}{2\pi}\sqrt{\frac{D}{m_{red}}} \qquad 1.26$$

Es ergeben sich also unabhängig von n_{vib} **äquidistante Energieniveaus**. Bei Übergängen zwischen benachbarten Zuständen kann also nur die eine Frequenz $f = \frac{1}{2\pi}\sqrt{\frac{D}{m_{red}}}$ auftreten.

Theoretisch ist das überhaupt die einzige Schwingungsfrequenz, die bei zweiatomigen Molekülen auftreten dürfte. Denn eine sogenannte Auswahlregel sorgt dafür, dass sich die Schwingungsquantenzahl bei Absorption und Emission von Licht lediglich um ±1 verändern darf:

$$\Delta n_{vib} = \pm 1 \qquad\qquad 1.27$$

Hinzu kommt, dass eine Wechselwirkung schwingender Moleküle mit elektromagnetischer Strahlung nur möglich ist, wenn diese ein **permanentes Dipolmoment** besitzen. Das bedeutet, dass homonukleare zweiatomige Moleküle wie O_2, N_2 oder H_2 ihre Schwingungsenergie nicht in Form von elektromagnetischer Strahlung abgeben können und auch keine Energie in

Form von Strahlung in diese vibronischen Niveaus aufnehmen können. Anders bei heteronuklearen Atomen wie HCl oder HBr. Diese besitzen ein permanentes Dipolmoment und können im Rahmen der Auswahlregel Gl. 1.27 Energie aufnehmen oder abgeben.

Für ein reales zweiatomiges Molekül stellen die Gl. 1.12 und 1.13 eine Näherung dar. Im Falle einer Annäherung der beiden Atome wird die Feder gestaucht. Das kann natürlich nur solange erfolgen, bis sich die Atome sehr nahe kommen, im klassischen Bild von zwei Kugeln bis sie sich berühren. Darüber hinaus führt eine noch so hohe Kraft nicht mehr zu einer weiteren Annäherung. Werden die Atome auseinandergezogen, dann wird irgendwann die Feder brechen. Beim Molekül bedeutet das die **Dissoziation**, d.h. das Zerbrechen des Moleküls in seine atomaren Bestandteile. Beide Vorgänge sind in den Gl. 1.12 und 1.13 zugrunde liegenden Potentialverläufen nicht enthalten. Dort wird nämlich angenommen, dass die potentielle Energie des Systems mit $s = s_2 - s_1$ der des harmonischen Oszillators entspricht:

$$V(s) = \frac{1}{2} D s^2 \qquad\qquad 1.28$$

Ein besser geeigneter Potentialverlauf wurde von Philip McCord Morse (1903–1985) vorgeschlagen [Moore 1976]:

$$\boxed{V(s) = D_{sp}\left(1 - e^{-as}\right)^2 \quad \text{mit} \quad a = \pi f \sqrt{\frac{2 m_{red}}{D_{sp}}}} \qquad\qquad 1.29$$

D_{sp} ist die **spektrale Dissoziationsenergie** und f die Frequenz des Übergangs. s ist dabei die Abweichung von der Ruhelage. In Abb. 1.5 ist der Verlauf der potentiellen Energie als Funktion des Abstandes von der Gleichgewichtslage für das $H^{35}Cl$-Molekül dargestellt. Es wurde eine spektrale Dissoziationsenergie D_{sp} von 4,431 eV ($7,099 \cdot 10^{-19}$ J), ein Übergang von 2885,9 cm^{-1} ($f = 8,6517 \cdot 10^{13}$ Hz) und die Massen $m_H = 1,6738 \cdot 10^{-27}$ kg und $m_{Cl} = 5,8872 \cdot 10^{-26}$ kg zugrunde gelegt. Der Kurvenverlauf zeigt einen starken Anstieg der potentiellen Energie bei Annäherung der Moleküle ($s < 0$) und ein asymptotisches Annähern der potentiellen Energie an den Wert D_{sp} bei großen Entfernungen der Moleküle $s \gg 0$. Das entspricht der Dissoziation, d.h. der Trennung der beiden Moleküle.

Das **Morse-Potential** hat – in die quantenmechanische Betrachtung eingeführt – Auswirkungen auf die Abstände der Energieniveaus. Bei der Verwendung des Potentials des harmonischen Oszillators ergeben sich äquidistante Energieniveaus. Bei Übergängen kann also, wie oben ausgeführt, nur eine einzige Frequenz auftreten. Dies ist für niedrige Werte der Schwingungsquantenzahl eine zutreffende Beschreibung der Wirklichkeit. Bei hohen Werten wird das Problem durch das realistischere Morsepotential besser beschrieben und dieses führt zu **Anharmonizitäten**. Die Energieniveaus sind dann nicht mehr äquidistant. Auch verschiebt sich der Gleichgewichtsabstand der Atome zu größeren Werten hin.

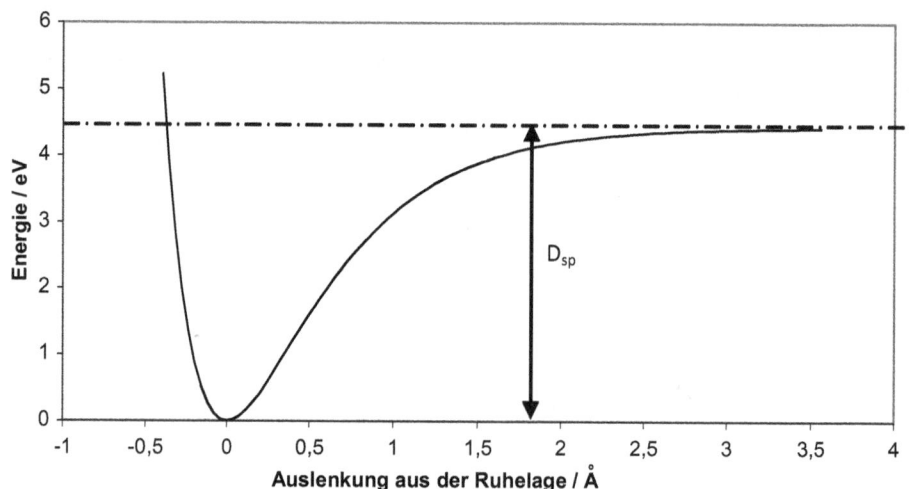

Abb. 1.5: Morsepotential für das $H^{35}Cl$-Molekül. Die spektrale Dissoziationsenergie beträgt 4,431 eV. Zufuhr einer höheren Energie führt zum Zerschlagen des Moleküls.

Die bisherigen Betrachtungen haben sich auf zweiatomige Moleküle beschränkt, die nur eine Möglichkeit der Schwingung besitzen. Schwieriger wird es bei Molekülen, die aus drei oder mehr Atomen bestehen. Solche Moleküle können sehr komplizierte Schwingbewegungen ausführen. Allerdings kann man diese Bewegungen auf eine bestimmte Anzahl sogenannter **Fundamentalschwingungen** zurückführen. Ein m-atomiges Molekül, dessen Atome auf einer Geraden liegen, hat $3m-5$ solcher **Eigenschwingungen**, ein räumliches Molekül mit m Atomen hat $3m-6$ Eigenschwingungen. Jede dieser Fundamentalschwingungen taucht im Spektrum mit einer bestimmten Frequenz auf und für die zugehörige Schwingungsquantenzahl gilt die Auswahlregel Gl. 1.27 in analoger Weise.

Beispielsweise lassen sich für das räumlich gebaute, dreiatomige Wassermolekül mit $m=3$ drei Eigenschwingungen finden. Sie sind in Abb. 1.6 dargestellt. Jede dieser drei Eigenschwingungen besitzt Energiewerte gemäß Gl. 1.25 und eine eigene Schwingungsquantenzahl n_{vib1}, n_{vib2} oder n_{vib3}. Zu den Eigenschwingungen sind auch die **Wellenzahlen** v der emittierten Strahlung angegeben. Die Wellenzahl entspricht der in Zentimeter angegebenen reziproken Wellenlänge des Übergangs. Sie gibt an, wie viele Wellenlängen auf einen cm passen. Wegen $\Delta E = hf = hc / \lambda = hcv$ ist die Wellenzahl der Energiedifferenz des Übergangs proportional. Die möglichen Energieniveaus des Wassermoleküls sind in Abb. 1.7 in eV angegeben. Wegen der Auswahlregel $\Delta n_{vib} = \pm 1$, die für jede der drei Quantenzahlen gilt, tritt im Spektrum nur jeweils eine Linie pro Eigenschwingung auf. Streng gilt das nur für niedrige Niveaus, da bei höheren Werten der Schwingungsquantenzahlen die Niveaus wie oben ausgeführt nicht mehr äquidistant sind.

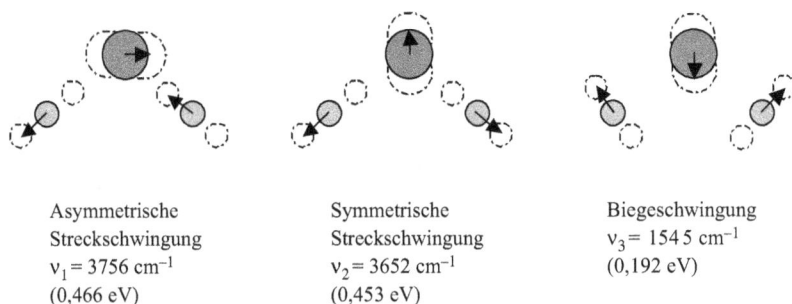

Asymmetrische	Symmetrische	Biegeschwingung
Streckschwingung	Streckschwingung	$\nu_3 = 1545$ cm^{-1}
$\nu_1 = 3756$ cm^{-1}	$\nu_2 = 3652$ cm^{-1}	(0,192 eV)
(0,466 eV)	(0,453 eV)	

Abb. 1.6: Die Eigenschwingungen des H_2O-Moleküls mit den zugehörigen Energiewerten.

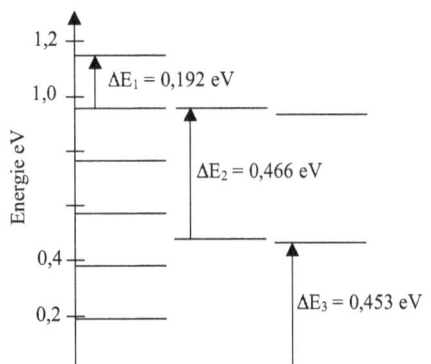

Abb. 1.7: Die Schwingungsniveaus der drei Eigenschwingungen des Wassermoleküls. Zu beachten ist, dass der Grundzustand nicht der eigentliche Energienullwert ist, da jeweils noch die Nullpunktsenergie dazukommt.

Wie kompliziert die Verhältnisse bei mehratomigen Molekülen sein können, zeigt das Ammoniakmolekül. NH_3 besitzt als vieratomiges, räumlich gebautes Molekül $3 \cdot 4 - 6 = 6$ Eigenschwingungen. Sie sind in Abb. 1.8. dargestellt. Die linke Spalte zeigt die Draufsicht, die rechte Spalte die Seitenansicht der Eigenschwingungen des tetraederförmigen Moleküls.

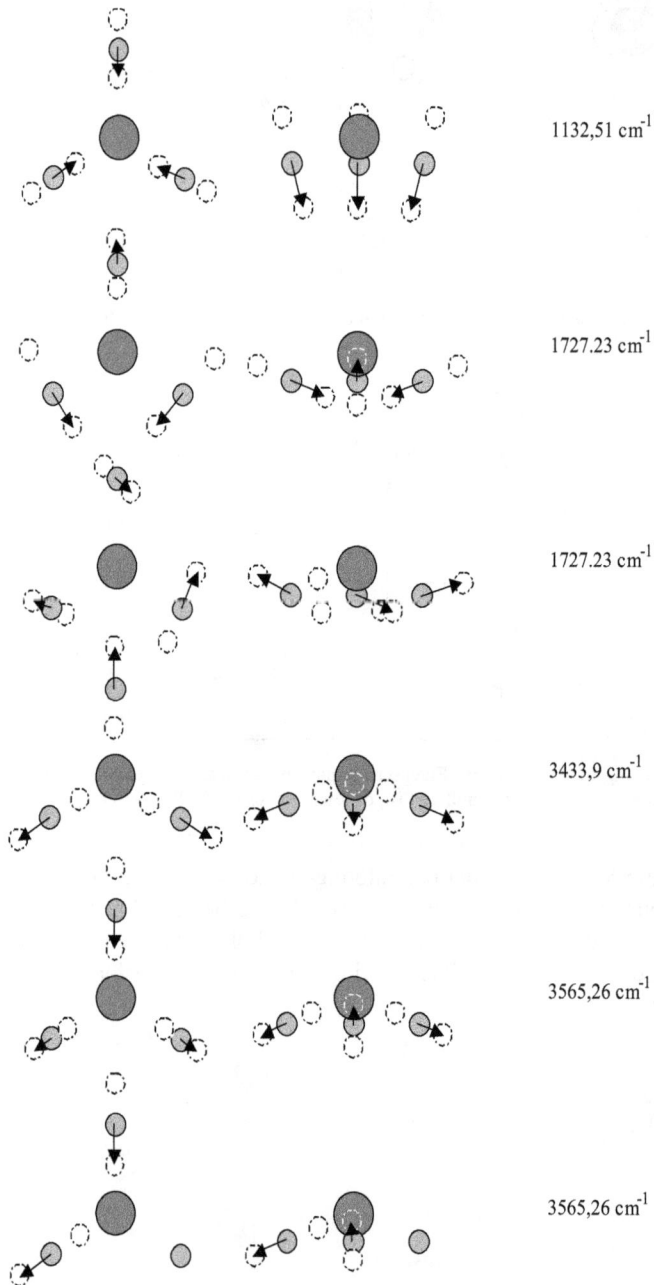

1132,51 cm^{-1}

1727.23 cm^{-1}

1727.23 cm^{-1}

3433,9 cm^{-1}

3565,26 cm^{-1}

3565,26 cm^{-1}

Abb. 1.8: Eigenschwingungen des Ammoniak-Moleküls (NH$_3$). Die linke Spalte zeigt das Molekül jeweils in Draufsicht, die rechte Spalte in Seitenansicht. Die Pfeillänge gibt die Amplitude nicht maßstäblich wieder. Die Amplituden sind übertrieben. Wegen der erheblich höheren Masse des Stickstoffatoms sind dessen Auslenkungen gering. Sie sind daher nicht eingezeichnet.

1.1.5   Rotationsübergänge

Bisher wurden elektronische Übergänge sowie Schwingungsübergänge als Ursache für die Emission oder Absorption von Licht betrachtet. Auch die **Rotation** eines Moleküls kann zur Wechselwirkung mit Strahlung führen. Es soll hier wiederum ein einfaches mechanisches Modell die Verhältnisse verdeutlichen, bevor die Quantisierung eingeführt wird. Der einfachste Rotator besteht aus zwei Atomen. Stellt man sich vereinfachend eine starre Verbindung zwischen den Atomen vor, ist die Behandlung besonders einfach (Abb. 1.9) [Tipler 2003]. Allerdings wurde im vorigen Kapitel eben eine elastische Verbindung angenommen. Das Modell ist also eine Näherung.

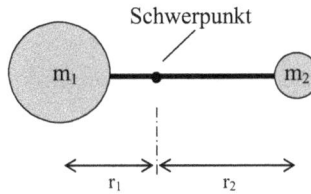

Abb. 1.9: Zweiatomiges Molekül als starrer Rotator. r_1 und r_2 sind die Abstände der Atomschwerpunkte vom Schwerpunkt des Moleküls.

Die Atome werden als massive Kugeln der Masse m_1 und m_2 angenommen. Der Schwerpunkt des Moküls hat von den Mittelpunkten der Einzelatome die Abstände r_1 und r_2. Es gilt:

$$\frac{m_1}{m_2} = \frac{r_2}{r_1} \qquad\qquad 1.30$$

oder

$$m_1 r_1 - m_2 r_2 = 0 \qquad\qquad 1.31$$

Fasst man die Massen m_1 und als Punktmassen auf, gilt für das Massenträgheitsmoment J des Moleküls:

$$J = m_1 r_1^2 + m_2 r_2^2 \qquad\qquad 1.32$$

Diese Beziehung lässt sich umformen in:

$$J = \frac{(m_1 + m_2)m_1}{m_1 + m_2} r_1^2 + \frac{(m_1 + m_2)m_2}{m_1 + m_2} r_2^2$$

$$= \frac{m_1^2 r_1^2 + m_1 m_2 r_1^2 + m_1 m_2 r_2^2 + m_2^2 r_2^2}{m_1 + m_2} \qquad\qquad 1.33$$

Oder auch:

$$J = \frac{m_1^2 r_1^2 - 2m_1 m_2 r_1 r_2 + m_2^2 r_2^2 + m_1 m_2 r_1^2 + 2m_1 m_2 r_1 r_2 + m_1 m_2 r_2^2}{m_1 + m_2} \qquad 1.34$$

$$J = \frac{(m_1 r_1 - m_2 r_2)^2}{m_1 + m_2} + \frac{m_1 m_2}{m_1 + m_2}(r_1 + r_2)^2 \qquad 1.35$$

Wegen Gl. 1.31 ist der erste Summand Null. Im zweiten Summanden erkennt man die schon mit Gl. 1.22 eingeführte reduzierte Masse m_{red}. Mit $r = r_1 + r_2$ gilt:

$$J = m_{red} r^2 \qquad 1.36$$

Der Drehimpuls L des betrachteten Rotators ist einerseits $J\omega$, andererseits ist er wie oben schon ausgeführt (Gl. 1.3) gemäß

$$L = n_{rot} \frac{h}{2\pi} \qquad 1.37$$

quantisiert, so dass gilt:

$$J\omega = n_{rot} \frac{h}{2\pi} \qquad 1.38$$

Die Energie eines Rotators ließe sich damit wie folgt schreiben:

$$E_{rot} = \frac{1}{2}J\omega^2 = \frac{J^2 \omega^2}{2J} = \frac{n_{rot}^2 h^2}{8\pi^2 m_{red} r^2} \qquad 1.39$$

Soweit das durch eine mechanische Betrachtung gewonnene Resultat. Das quantenmechanische Resultat sieht allerdings etwas anders aus, der Faktor n_{rot}^2 wird bei quantenmechanischer Berechnung zu $n_{rot}(n_{rot} + 1)$, so dass sich die Energie des Rotators wie folgt darstellt:

$$\boxed{E_{rot} = \frac{h^2}{8\pi^2 m_{red} r^2} n_{rot}(n_{rot} + 1)} \qquad 1.40$$

Die sich ergebenden Energieniveaus seien am Beispiel des Kohlenmonoxids dargestellt. Mit der Masse $m_C = 1,99 \cdot 10^{-26}$ kg des Kohlenstoffatoms und der Masse $m_O = 2,66 \cdot 10^{-26}$ kg des Sauerstoffatoms ist die reduzierte Masse $m_{red} = 1,14 \cdot 10^{-26}$ kg. Bei einem Atomabstand von $r = 0,113$ nm erhält man mit $k = 3,82 \cdot 10^{-23}$ J $= 2,38 \cdot 10^{-4}$ eV für die Energieniveaus der Rotation:

$$E_{rot} = k \cdot n_{rot}(n_{rot} + 1) \qquad 1.41$$

Trägt man die Rotationsenergie für die verschiedenen Rotationsquantenzahlen n_{rot} graphisch auf, so erhält man die in Abb. 1.10 dargestellten Energieniveaus. Berücksichtigt man die **für diesen Fall gültige Auswahlregel** $\Delta n_{rot} = \pm 1$, so erhält man für einen Übergang vom Niveau n_{rot} zum nächsthöheren Niveau $n_{rot} + 1$ die Energiedifferenz

$$\Delta E = k\left[(n_{rot}+1)\big((n_{rot}+1)+1\big)\right] - k\left[n_{rot}(n_{rot}+1)\right] = 2k(n_{rot}+1) \qquad 1.42$$

So beträgt der Energieabstand vom Niveau $n_{rot} = 0$ zum nächsthöheren Niveau $2k = 4{,}76 \cdot 10^{-4}$ eV ; vom Niveau $n_{rot} = 1$ zum nächsthöheren Niveau beträgt er $4k = 9{,}52 \cdot 10^{-4}$ eV usf. Im Spektrum treten also Rotationslinien auf, die gleiche Frequenzabstände haben.

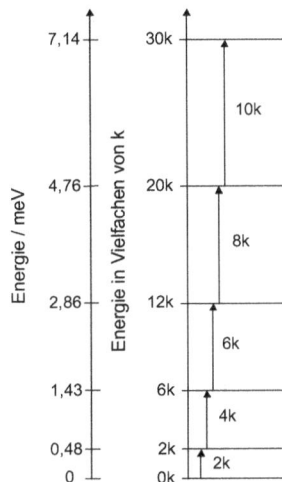

Abb. 1.10: Rotationsniveaus eines zweiatomigen Moleküls. Im Falle von Kohlenmonoxid gilt $k = 0{,}238$ meV. Die Energieniveaus nehmen die Werte $0k$, $2k$, $6k$, $12k$, $20k$, ... an. Bei den Übergängen ergeben sich unter Berücksichtigung der Auswahlregel $\Delta n_{rot} = +1$ für die verschiedenen Niveaus linear ansteigende Energiedifferenzen, was im Spektrum bzw. Frequenzbild zu äquidistanten Spektrallinien führt.

Wichtige Voraussetzung für das Auftreten von Rotationsbanden im Spektrum ist – wie schon bei den vibronischen Übergängen – ein permanentes Dipolmoment des rotierenden Moleküls. Die oben erwähnte Auswahlregel $\Delta n_{rot} = \pm 1$ gilt für linear gebaute Moleküle. **Für nichtlineare, mehratomige Moleküle sind die Verhältnisse komplizierter.**

Die Beschreibung durch den starren Rotator ist eine Näherung, denn bei einem schnell rotierenden Molekül wird der Abstand der Atome im Vergleich zum Ruhezustand infolge der Zentrifugalkraft größer. Das sich erhöhende Massenträgheitsmoment führt zu einer Verengung der Energieniveaus.

Bei schweren, drei- und mehratomigen Molekülen ist die reduzierte Masse und damit das Massenträgheitsmoment so groß, dass die Energie der Rotationsniveaus sehr gering ist. Die zugehörigen Übergänge liegen somit im **fernen Infrarot** bzw. im **Mikrowellenbereich**. Mikrowellen haben Wellenlängen im cm- bzw. mm-Bereich, die zugehörigen Energien entsprechen etwa 10^{-3}–10^{-4} eV. Aus FIR- und Mikrowellenspektren lassen sich die Atomabstände in Molekülen sehr genau bestimmen.

Die Schwingung und Rotation eines Moleküls kommen häufig gemeinsam vor. Für ein einfaches zweiatomiges Molekül lautet der Ausdruck für die vorkommenden Energieniveaus nach Gl. 1.25 und 1.40

$$E = \left(n_{vib} + \frac{1}{2} \right) \frac{h}{2\pi} \sqrt{\frac{D}{m_{red}}} + \frac{h^2}{8\pi^2 m_{red} r^2} n_{rot} (n_{rot} + 1) \qquad\qquad 1.43$$

Das führt zu einem sogenannten **Rotationsschwingungsspektrum**. Hierbei kann es im Einklang mit den für die Vibration und Rotation geltenden Auswahlregeln zum Beispiel zu einem Übergang mit $\Delta n_{vib} = -1$ bei gleichzeitigem $\Delta n_{rot} = +1$ kommen. Die im Spektrum auftretende Frequenz ist niedriger als diejenige, die sich bei einem reinen Schwingungsübergang ergäbe. D.h. also, bei einem Übergang kann sich die vibronische Energie erniedrigen, die Rotationsenergie aber erhöhen. Das führt im Spektrum zu einer ganzen „Harfe" von Spektrallinien.

Auf eine umfassendere Betrachtung der Energieniveaus insbesondere mehratomiger Moleküle und der zugehörigen Übergänge soll hier verzichtet werden. Die Zusammenhänge sind in diesen Fällen komplexer. Im weiteren Verlauf des Buches werden einzelne Aspekte – soweit nötig – vertieft.

1.2   Eigenschaften von Energieniveaus und Übergängen

1.2.1   Die natürliche Linienbreite

Beim Bohrschen Atommodell wird angenommen, dass sowohl Bahngeschwindigkeit als auch Bahnradius exakt bekannt sind. Die Energien der einzelnen Niveaus sind also exakt bestimmt und somit sind die Frequenzen der emittierten Lichtquanten bei Übergängen beliebig genau festgelegt. Die Spektrallinien hätten also folglich die Breite null. In Wirklichkeit zeigen die Spektrallinien stets eine endliche Breite mit einer Intensitätsverteilung, die bestimmten Gesetzmäßigkeiten gehorcht. Die endliche Linienbreite ist eine Folge der Unschärferelation, die Werner Heisenberg (1901–1976) im Jahre 1927 erstmalig formulierte:

$$\Delta x \cdot \Delta p \approx h \qquad\qquad 1.44$$

Es kann also nur entweder der Ort x oder der Impuls p eines Teilchens in Richtung x exakt bekannt sein. Die Folge ist, dass in der Quantenmechanik keine diskreten Elektronenbahnen angenommen werden, sondern **Aufenthaltswahrscheinlichkeiten**. Der Ort des Teilchens bleibt also unbestimmt, es kann nicht vorhergesagt werden, wo sich das Elektron zu einem bestimmten Zeitpunkt aufhält. Übertragen auf das Bohrsche Atommodell würde das bedeuten, dass es zwar einen wahrscheinlichsten Radius gibt, dass dieser aber über- oder unterschritten werden kann. Damit ist auch die Energie eines Niveaus unscharf und somit auch die Energiedifferenz zwischen zwei Niveaus.

Würde die Energie E einer elektromagnetischen Welle bestimmt, könnte das wegen $E = hf$ über eine Frequenzmessung erfolgen. Dabei könnte man über einen Beobachtungszeitraum t_B hinweg die Wellenberge der Welle zählen. Ist T die Periodendauer der Welle, dann würden sich $t_B/T = ft_B$ Wellenberge ergeben, allerdings würde eine Unsicherheit von ca. 1 bleiben, da je nach Länge und zeitlicher Lage des Messintervalls ein weiterer Wellenberg gerade noch oder gerade nicht mehr ins Intervall passt. Folglich würde $\Delta(ft_B) \approx 1$ gelten. Ist die Länge des Beobachtungsintervalls exakt bekannt, gilt für die Frequenzunschärfe $\Delta f \approx 1/t_B$. Die Energie E der Welle, die es ja zu bestimmen galt, wäre wegen $E = hf$ auch nur ungenau bekannt: $\Delta E \approx h/t_B$. Es würde sich also mit $\Delta E \cdot t_B \approx h$ eine weitere Form der **Heisenbergschen Unschärferelation** ergeben:

$$\Delta E \Delta t \approx h \qquad\qquad\qquad 1.45$$

Wird der Zeitraum Δt der Beobachtung sehr groß gemacht, ist auch der eigentliche Zeitpunkt der Messung unscharf. Dann ist ΔE sehr klein, die Energie ist also exakt bestimmbar. Wird Δt sehr klein gemacht, ist der Messzeitpunkt exakter festgelegt. Dies wird aber durch eine große Energieunschärfe ΔE erkauft.

Die maximal mögliche Messdauer ist natürlich die Länge des Wellenzuges selbst. Diese maximale Länge bestimmt also die Energieunschärfe bzw. die Breite der Spektrallinie. Ein langer Wellenzug wird also eine schmale Spektrallinie verursachen, ein kurzer Wellenzug eine breite Linie.

Das genaue Profil der Spektrallinie liefert eine klassische Betrachtung, bei der das strahlende Atom als Dipol aufgefasst wird. Das Elektron führt dabei Schwingungen um einen ruhenden Atomkern aus. Da dem Atom durch die Strahlungsemission Energie entzogen wird, ist die Schwingung zwangsläufig gedämpft. Da die Beobachtung zeigt, dass die Spektrallinien in aller Regel sehr schmal sind, ist das abgegebene Licht fast monochromatisch, also einfarbig. Die Dämpfung ist also nur gering.

Eine gedämpfte Schwingung eines mechanischen Oszillators gehorcht der Differentialgleichung:

$$m\frac{d^2s}{dt^2} + b\frac{ds}{dt} + Ds = 0 \qquad\qquad\qquad 1.46$$

m ist die Masse des Elektrons, b ist die Dämpfungskonstante und D die Federkonstante, hier also ein Maß für die Bindungsstärke des Elektrons. Als Lösungsansatz kommt ein Produkt aus einer Sinus-Funktion und einer Exponentialfunktion, die das Abklingen beschreibt, in Frage:

$$s(t) = \hat{s}e^{-t/2\tau}\sin(\omega_d t) \qquad\qquad\qquad 1.47$$

Der Faktor 2 im Nenner des Exponenten wurde eingeführt, um τ als Energierelaxationszeit interpretieren zu können. Da bei den betrachteten optischen Übergängen später die Energie-relaxation betrachtet wird, ist es sinnvoll, die Zeitkonstante τ gleich entsprechend zu definieren. Die potentielle Energie eines harmonischen Oszillators ist:

$$E_{pot} = \frac{Ds^2(t)}{2} = \frac{D}{2}\left(\hat{s}e^{-t/2\tau}\sin(\omega_d t)\right)^2 = \frac{D}{2}\hat{s}^2 e^{-t/\tau}\sin^2(\omega_d t) \qquad 1.48$$

Zeitlich über eine Periodendauer gemittelt, erhält man für $\sin^2(\omega_d t)$ den Wert ½. Die mittlere potentielle Energie klingt also mit dem Faktor $e^{-t/\tau}$ ab. Da ein harmonischer Oszillator im zeitlichen Mittel stets genauso viel kinetische Energie wie potentielle Energie hat, klingt auch die Gesamtenergie mit dem Faktor $e^{-t/\tau}$ ab. τ ist somit die Zeit, in der die Energie des Oszillators auf den e-ten Teil gefallen ist.

2τ gibt an, in welcher Zeit die Schwingungsamplitude auf den e-ten Teil abgeklungen ist. Durch Ableiten des Lösungsansatzes Gl. 1.47

$$\frac{ds}{dt} = -\frac{\hat{s}}{2\tau}e^{-t/2\tau}\sin(\omega_d t) + \hat{s}\omega_d e^{-t/2\tau}\cos(\omega_d t) \qquad 1.49$$

$$\frac{d^2 s}{dt^2} = \frac{\hat{s}}{4\tau^2}e^{-t/2\tau}\sin(\omega_d t) - \frac{\hat{s}\omega_d}{\tau}e^{-t/2\tau}\cos(\omega_d t) - \hat{s}\omega_d^2 e^{-t/2\tau}\sin(\omega_d t) \qquad 1.50$$

und Einsetzen in die Differentialgleichung erhält man nach Kürzen von $\hat{s}e^{-t/2\tau}$:

$$\left(\frac{m}{4\tau^2} - \omega_d^2 m - \frac{b}{2\tau} + D\right)\sin(\omega_d t) + \left(-\frac{\omega_d}{\tau}m + b\omega_d\right)\cos(\omega_d t) = 0 \qquad 1.51$$

Die Gleichung kann für beliebige t nur dann erfüllt werden, wenn die runden Klammern unabhängig voneinander Null werden:

$$\frac{m}{4\tau^2} - \omega_d^2 m - \frac{b}{2\tau} + D = 0 \qquad 1.52$$

$$-\frac{\omega_d}{\tau}m + b\omega_d = 0 \qquad 1.53$$

Aus der zweiten Gl. folgt:

$$\tau = \frac{m}{b} \qquad 1.54$$

Mit der Kreisfrequenz $\omega_0 = \sqrt{\dfrac{D}{m}}$ des ungedämpften Systems folgt aus Gl. 1.52 unter Verwendung von Gl. 1.54:

$$\omega_d = \sqrt{\omega_0^2 - \frac{1}{4\tau^2}} \qquad 1.55$$

Unter den Bedingungen der Gln. 1.54 und 1.55 ist also der Ansatz Gl. 1.47 eine Lösung der Differentialgleichung. Die damit beschriebene Elektronenbewegung geht einher mit der Emission einer elektromagnetischen Welle. Betrachtet man ihr Spektrum, so erscheint nicht, wie vielleicht zu erwarten wäre, eine unendlich schmale Spektrallinie der Frequenz ω_d, sondern die Linie hat eine gewisse Breite. Dies kommt daher, dass durch die Überlagerung der Exponentialfunktion $e^{-t/\tau}$ die Wellenberge auf der Zeitskala leicht verschoben werden. Der Abstand der Wellenberge ist also nicht mehr $2\pi/\omega_d$. Die genaue spektrale Verteilung liefert eine Fourier-Transformation. Die Lösung $s(t)$ lässt sich nämlich durch eine spektrale Funktion $q(\omega)$ im Frequenzbild darstellen:

$$s(t) = \frac{1}{\sqrt{2\pi}} \int_{0}^{+\infty} q(\omega)e^{i\omega t}\, d\omega \qquad\qquad 1.56$$

Die Funktion $q(\omega)$ wiederum erhält man aus:

$$q(\omega) = \frac{1}{\sqrt{2\pi}} \int_{-\infty}^{+\infty} s(t)e^{-i\omega t}\, dt = \frac{1}{\sqrt{2\pi}} \int_{0}^{+\infty} \hat{s}\, e^{-t/2\tau}\sin(\omega_0 t)e^{-i\omega t}\, dt \qquad 1.57$$

Die Untergrenze bei der Integration ist Null, da für negative Zeiten die Funktion $s(t) = 0$ ist. Da bei geringen Dämpfungen τ sehr groß ist, wurde hier nach Gl. 1.55 $\omega_d \approx \omega_0$ verwendet. Die Integration

$$q(\omega) = \frac{1}{\sqrt{2\pi}} \int_{0}^{+\infty} \hat{s}\, e^{(-1/2\tau - i\omega)t}\sin(\omega_0 t)\, dt \qquad\qquad 1.58$$

ist elementar ausführbar:

$$q(\omega) = \frac{\hat{s}}{\sqrt{2\pi}} \left[\frac{e^{(-1/2\tau - i\omega)t}}{\left(-\dfrac{1}{2\tau} - i\omega\right)^2 + \omega_0^2} \left(\left(-\frac{1}{2\tau} - i\omega\right)\sin\omega_0 t - \omega_0\cos\omega_0 t \right) \right]_{0}^{+\infty} \qquad 1.59$$

$$q(\omega) = \frac{\hat{s}}{\sqrt{2\pi}} \cdot \frac{\omega_0}{\left(-\dfrac{1}{2\tau} - i\omega\right)^2 + \omega_0^2} = \frac{\hat{s}\omega_0}{\sqrt{2\pi}} \frac{1}{\left(\dfrac{1}{4\tau^2} - \omega^2 + \omega_0^2\right) + i\left(\dfrac{\omega}{\tau}\right)} \qquad 1.60$$

Durch Bildung von $q(\omega)\cdot q^*(\omega)$ gelangt man von der Amplitude zu einer energetischen Größe, wobei $q^*(\omega)$ das konjugiert Komplexe zu $q(\omega)$ ist:

$$q(\omega)q^*(\omega) = \frac{\hat{s}^2\omega_0^2}{2\pi} \frac{1}{\left(\dfrac{1}{4\tau^2} - \omega^2 + \omega_0^2\right)^2 + \left(\dfrac{\omega}{\tau}\right)^2} \qquad 1.61$$

Bei einer Lichtwelle ist die Periodendauer T stets deutlich kleiner als die Relaxationszeit 2τ. Mit

$$\frac{1}{2\tau} \ll \frac{2\pi}{T} \qquad \text{bzw.} \qquad \frac{1}{2\tau} \ll \omega_0 \qquad\qquad 1.62$$

gilt also folgende Näherung:

$$q(\omega)q*(\omega) = \frac{\hat{s}^2 \omega_0^2}{2\pi} \frac{1}{\left(\omega_0^2 - \omega^2\right)^2 + \left(\dfrac{\omega}{\tau}\right)^2}$$

$$= \frac{\hat{s}^2 \omega_0^2}{2\pi} \frac{1}{\left((\omega_0 - \omega)(\omega_0 + \omega)\right)^2 + \left(\dfrac{\omega}{\tau}\right)^2} \qquad\qquad 1.63$$

Da das Spektrum nur in einem engen Bereich der Frequenz ω_0 interessiert, ist als weitere Näherung $\omega \approx \omega_0$ gestattet, so dass folgt:

$$q(\omega)q*(\omega) = \frac{\hat{s}^2 \omega_0^2}{2\pi} \frac{1}{\left((\omega_0 - \omega)^2 4\omega_0^2\right) + \left(\dfrac{\omega_0}{\tau}\right)^2}$$

$$= \frac{\hat{s}^2}{8\pi} \frac{1}{(\omega_0 - \omega)^2 + \left(\dfrac{1}{2\tau}\right)^2} \qquad\qquad 1.64$$

Der Verlauf der Strahlungsflussdichte $\psi(\omega)$ ist proportional $q(\omega) \cdot q^*(\omega)$, es gilt also:

$$\psi(\omega) = K \frac{1}{(\omega_0 - \omega)^2 + \dfrac{1}{4\tau^2}} \qquad\qquad 1.65$$

Die graphische Darstellung dieser Funktion ist als **Lorentzprofil** bekannt. Bei einer Normierung der Fläche unter der Kurve auf Eins gemäß

$$\int_{-\infty}^{+\infty} K \frac{1}{(\omega_0 - \omega)^2 + \dfrac{1}{4\tau^2}} d\omega = -K \left[2\tau \arctan\left((\omega_0 - \omega)2\tau\right) \right]_{-\infty}^{+\infty} \qquad\qquad 1.66$$

$$= 2K\tau\pi = 1$$

nimmt die Konstante K den Wert $K = \dfrac{1}{2\tau\pi}$ an. Man erhält also ein **normiertes Lorentz-profil** mit

$$\boxed{\psi_n(\omega) = \frac{1}{2\tau\pi \left[(\omega_0 - \omega)^2 + \dfrac{1}{4\tau^2} \right]}}$$

bzw. 1.67

$$\psi_n(\omega) = \frac{1}{8\tau\pi^3 \left[(f_0 - f)^2 + \dfrac{1}{16\pi^2\tau^2} \right]}$$

Das Maximum der Kurve liegt bei f_0 und hat den Wert

$$\psi_{n0} = \psi_n(f_0) = \frac{2\tau}{\pi} \qquad\qquad 1.68$$

Von besonderer Bedeutung ist die sogenannte **volle Halbwertsbreite** (Full width at half maximum, **FWHM**). Zu ihrer Berechnung benötigt man die Frequenzen f_H, bei denen die Strahlungsflussdichte den halben Wert besitzt:

$$\frac{\psi_{n0}}{2} = \frac{\tau}{\pi} = \frac{1}{8\tau\pi^3 \left[(f_0 - f_H)^2 + \dfrac{1}{16\pi^2\tau^2} \right]} \qquad\qquad 1.69$$

Eine kurze Rechnung zeigt:

$$f_H = f_0 \mp \frac{1}{4\pi\tau} \qquad\qquad 1.70$$

Die Halbwertsbreite nimmt also den Wert

$$\Delta f = 1/(2\pi\tau) \qquad\qquad 1.71$$

an und es ist leicht zu erkennen, dass ein schnelles Abklingen des Wellenzuges, also ein kleines τ zu einer großen Halbwertsbreite Δf führt. Wegen der Unschärferelation $\Delta E \Delta t \approx h$ und wegen $\Delta E = h \cdot \Delta f$ gilt mit Gl. 1.71 der Zusammenhang

$$h\Delta f \Delta t \approx h \qquad \frac{h}{2\pi\tau}\Delta t \approx h \quad \text{bzw.} \ \Delta t \approx 2\pi\tau \qquad\qquad 1.72$$

Bei der gegebenen Energiefestlegung $\Delta E = h \cdot \Delta f$ ist die Zeitunschärfe also $\Delta t \approx 2\pi\tau$.

Mit der Halbwertsbreite 1.71 lässt sich die Gleichung der Lorentzfunktion 1.67 in die Form

$$\psi_n(f) = \frac{\Delta f}{\pi^2 \left[4(f_0 - f)^2 + \Delta f^2 \right]} \qquad\qquad 1.73$$

bringen. Die Relaxationszeiten τ für elektronische Übergänge liegen in der Größenordnung von 10 ns $= 10^{-8}$ s. Frequenzbreiten von etwa 16 MHz sind die Folge. Sie sind verschwindend gering im Vergleich zu den Frequenzen des sichtbaren Lichtes, die in der Größenordnung von 10^{14} Hz liegen. Abb. 1.11 zeigt das Lorentzprofil für drei Relaxationszeiten.

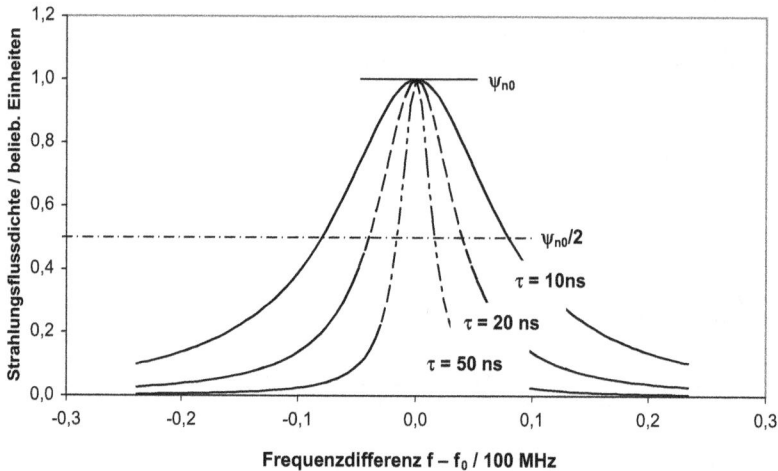

Abb. 1.11: Lorentzprofil für Relaxationszeiten τ von 10 ns, 20 ns und 50 ns. Die zugehörigen Linienbreiten sind 16,9 MHz, 7,96 MHz und 3,18 MHz.

Es sei noch einmal bemerkt, dass hier das Abklingen eines einzelnen, mechanischen Oszillators betrachtet wurde. Das Ergebnis einer Frequenzunschärfe lässt sich nun auf die Energieniveaus bei der Absorption und Emission von Strahlung übertragen. Angenommen, es wurden Teilchen durch Licht passender Frequenz in einen angeregten Zustand E_1 gebracht. Nachdem die Lichtquelle schlagartig abgeschaltet wurde, wird die Probe sich selbst überlassen. Die Teilchen können ihre Energie in Form eines Photons abgeben. Wann ein einzelnes Teilchen dies tut, ist nicht vorhersagbar. Allenfalls statistische Aussagen sind möglich. Wenn n die Teilchenzahldichte, also die Zahl der angeregten Teilchen pro Volumeneinheit ist, gilt für die spontane Relaxation:

$$dn = -A_{10}ndt \hspace{5cm} 1.74$$

dn bezeichnet die Änderung der Besetzungsdichte, also die Änderung von n. Sie ist natürlich proportional zur Besetzungsdichte n, denn je mehr Teilchen angeregt sind, desto wahrscheinlicher ist die Abgabe eines Photons. dt ist das betrachtete Zeitintervall. Je größer es ist, desto wahrscheinlicher findet innerhalb von dt ein Emissionakt statt. Die Proportionalitätskonstante A_{10} wird **Einsteinkoeffizient der spontanen Emission** genannt. Es handelt sich dabei um eine Stoffkonstante, die angibt, wie wahrscheinlich ein Übergang bei einem bestimmten Molekül ist. Die Gl. 1.74 lässt sich durch Variablentrennung integrieren:

$$\int_{n_0}^{n} \frac{dn}{n} = -\int_{0}^{t} A_{10}dt \hspace{1cm} \ln\frac{n}{n_0} = -A_{10}t \hspace{1cm} n(t) = n_0 e^{-A_{10}t} \hspace{2cm} 1.75$$

Das Ergebnis zeigt, dass die Besetzungsdichte exponentiell abklingt und dass das Abklingverhalten durch A_{10} bestimmt wird. Setzt man

$$A_{10} = \frac{1}{\tau} , \hspace{5cm} 1.76$$

können die Resultate des mechanischen Modells direkt übernommen werden. Für die Linienbreite des Übergangs gilt also $\Delta f = 1/2\pi\tau$.

Δf stellt die Frequenzunschärfe eines Niveaus nur dann dar, wenn die Relaxation in den Grundzustand erfolgt. Kommt es zu einem Übergang von einem angeregten Zustand E_2 in einen anderen angeregten Zustand E_1, so addieren sich die Energieunschärfen $\Delta E = \Delta E_1 + \Delta E_2$, was zu einer Addition der Frequenzunschärfen führt:

$$\boxed{\Delta f = \frac{1}{2\pi}\left(\frac{1}{\tau_1}+\frac{1}{\tau_2}\right)}$$
                                                                                                 1.77

1.2.2   Die Boltzmann-Verteilung

Da Systeme in der Natur stets den Zustand niedrigster Energie annehmen, könnte man meinen, alle Atome oder Moleküle müssten ohne Energiezufuhr im elektronischen, vibronischen oder Rotationsgrundzustand vorzufinden sein. Das ist jedoch nicht immer der Fall, denn die Wärmebewegung der Materie liefert ein Energiereservoir, aus dem insbesondere Schwingungs- und Rotationsniveaus besetzt werden können. Die Wärmebewegung der Atome oder Moleküle besteht aus einer Bewegung der Teilchen und durch diese können über Stöße Schwingungen oder Drehungen leicht angeregt werden. Bei hohen thermischen Energien, also hohen Temperaturen, können auch Elektronen auf höhere Bahnen gebracht werden, d.h. es können auch elektronische Niveaus besetzt werden. Nach welchen Gesetzmäßigkeiten dies geschieht, lässt sich anhand der **barometrischen Höhenformel** erläutern. Sie beschreibt, wie der atmosphärische Druck mit der Höhe abnimmt.

Ein kleiner Würfel mit der Masse dm und dem Volumen dV, der sich in der Höhe h befindet, erzeugt durch seine eigene Gewichtskraft auf seine Bodenfläche dA den Druck dp:

$$dp = -\frac{gdm}{dA}$$
                                                                                                 1.78

g ist die Schwerebeschleunigung. Wegen $dm = \rho dV$ und $dV = dA \cdot dh$ wird daraus

$$dp = -\frac{g\rho dV}{dA} = -\rho\frac{gdAdh}{dA} = -\rho gdh$$
                                                                                                 1.79

Infolge der Proportionalität von Druck p und Dichte ρ lässt sich das wegen $\dfrac{dp}{p}=\dfrac{d\rho}{\rho}$ umformen in:

$$\frac{pd\rho}{\rho} = -\rho gdh$$
                                                                                                 1.80

Die Dichte im betrachteten Würfel ist $\rho = \dfrac{dm}{dV}$, somit gilt:

$$\frac{pdVd\rho}{dm} = -\frac{dm}{dV}gdh$$
                                                                                                 1.81

Nach der Zustandsgleichung des idealen Gases gilt für das betrachtete Volumen, in dem sich N Teilchen befinden sollen, $pdV = NkT$. k ist die Boltzmannkonstante und T die absolute Temperatur:

$$\frac{NkTd\rho}{dm} = -\frac{dm}{dV}gdh \qquad\qquad 1.82$$

Es soll nun statt der Dichte eine Teilchenzahldichte n eingeführt werden, eine Größe, die angibt, wie viele Teilchen sich in einer Volumeneinheit befinden. Für den betrachteten Würfel erhält man $n = \frac{N}{dV} = \rho\frac{N}{dm}$. Für die Dichteänderung zwischen Boden- und Deckfläche $d\rho$ folgt damit $d\rho = \frac{dmdn}{N}$:

$$\frac{NkTdmdn}{dmN} = kTdn = -\frac{dm}{dV}gdh \qquad\qquad 1.83$$

Da N die Zahl der Teilchen in dV und dm die Masse des Volumens ist, gilt für die Masse m_T eines einzelnen Teilchens $m_T = \frac{dm}{N} = \frac{dm}{ndV}$. Damit wird aus Gl. 1.83:

$$dn = -\frac{nm_Tgdh}{kT} \qqua\qquad 1.84$$

Da die potentielle Energie eines Teilchens $E = m_Tgh$ ist, stellt $dE = m_Tg \cdot dh$ den Unterschied an potentieller Energie zwischen unterer und oberer Fläche dar. Die Gleichung lässt sich einfach durch Variablentrennung integrieren:

$$\int_{n_0}^{n_1}\frac{dn}{n} = -\int_{E_0}^{E_1}\frac{dE}{kT} \qquad \ln n_1 - \ln n_0 = -\frac{E_1 - E_0}{kT} \qquad \boxed{n_1 = n_0e^{\frac{E_1-E_0}{kT}}} \qquad 1.85$$

n_0 ist damit die Teilchenzahldichte am Boden, also auf der Höhe $h_0 = 0$. Die potentielle Energie ist hier natürlich $E_0 = m_Tgh_0 = 0$. Es soll aber in der Gleichung E_0 aus später einzusehenden Gründen beibehalten werden. n_1 ist die Teilchenzahldichte in der Höhe h_1, die potentielle Energie eines Teilchens in dieser Höhe ist $E_1 = m_Tgh_1$.

Damit wurde eine etwas eigenwillige Form der barometrischen Höhenformel gewonnen. Sie gibt an, wie groß die Teilchenzahldichte n_1 bei einer gegebenen potentiellen Energie E_1 ist. Die Teilchenzahldichte sinkt exponentiell mit wachsender Energie E_1. Gleichzeitig kommt die Temperatur ins Spiel. Je niedriger die Temperatur ist, desto schneller klingt die Teilchenzahldichte mit wachsender Höhe bzw. potentieller Energie ab. Der Exponentialfaktor $e^{\frac{E_1-E_0}{kT}}$ heißt **Boltzmannfaktor**.

Dieses Ergebnis hat in der Physik fundamentale Bedeutung und lässt sich auf die im vorigen Abschnitt eingeführten Energieniveaus übertragen. Die Teilchenzahldichte n wird dabei zur Besetzungsdichte. Sie gibt an, wie viele Teilchen pro Volumeneinheit einen energetischen Zustand einnehmen. Man sagt, der Zustand ist mit einer gewissen Anzahl von Teilchen pro

Volumen „besetzt". Die potentielle Energie in der Herleitung entspricht im Falle der Energieniveaus der elektronischen, vibronischen oder Rotationsenergie des entsprechenden Zustandes. Es sei hervorgehoben, dass Gl. 1.85 das Verhältnis der Besetzungen n_1 / n_0 angibt, ohne dass E_0 der energetische Nullpunkt sein muss. E_1 und E_0 sind vielmehr zwei beliebige Energiezustände ($E_1 > E_0$) und n_1 und n_0 ihre zugehörigen Besetzungsdichten.

Nimmt man zur Verdeutlichung zunächst nur zwei existierende Energieniveaus mit $E_0 = 0$ als Grundzustand an, so ist die entscheidende Folge von Gl. 1.85, dass sich niemals alle Teilchen im Grundzustand E_0 befinden können, es sei denn, die Temperatur wäre Null. Dann wäre der gesamte Boltzmannfaktor Null und man würde $n_1 = 0$ erhalten. Bei anderen, realistischeren Temperaturen ist stets $n_1 \neq 0$. Das bedeutet, dass auch ohne Einstrahlung von frequenzmäßig passender Strahlung der Zustand mit der Energie E_1 besetzt ist. Wie stark, hängt von der Temperatur ab.

In Abb. 1.12 sind die Verhältnisse für vier verschiedene Temperaturen dargestellt. Für den Grundzustand ist hier die Energie $E_0 = 0$ angenommen. In Ordinatenrichtung ist die Energie des zweiten Niveaus aufgetragen. Bei Raumtemperatur ist also das Besetzungsverhältnis bei einer Energie von 0,15 eV bereits näherungsweise Null. Bei einem niedrigliegenden Energieniveau mit $E_1 = 0{,}05$ eV beispielsweise beträgt das Besetzungsverhältnis n_1 / n_0 bei den Temperaturen 293 K, 400 K, 600 K und 800 K jeweils 0,138, 0,234, 0,380 und 0,484. Niedrigliegende Energieniveaus sind also stark „thermisch besetzt", d.h. eine Vielzahl von Teilchen nimmt ohne Lichteinstrahlung diese Niveaus ein.

Da elektronische Niveaus in der Regel sehr hoch liegen (etwa 1–20 eV), können sie bei den in der Technik auftretenden Temperaturen kaum merklich besetzt werden. Anders verhält es sich bei den vibronischen Niveaus, diese liegen bei etwa 0,01 bis 0,5 eV. Wie Abb. 1.12 verdeutlicht, können sie schon bei mäßigen Temperaturen merklich besetzt werden. Erst recht gilt dies bei Rotationsniveaus, die energetisch noch tiefer liegen.

Existieren, wie in der Regel auch der Fall, mehrere Energieniveaus, so wird die Besetzungsdichte für das i-te Niveau wie folgt angegeben:

$$n_i = \left(\frac{n g_i}{S} \right) e^{-\frac{E_i}{kT}} \qquad\qquad 1.86$$

g_i stellt einen Gewichtsfaktor dar, der das statistische Gewicht des Zustandes angibt. Nicht jeder Zustand wird mit der gleichen Wahrscheinlichkeit angenommen. Es wurde ferner zugrunde gelegt, dass $E_0 = 0$ gilt. Die Summe

$$S = \sum_i g_i e^{-\frac{E_i}{kT}} \qquad\qquad 1.87$$

sorgt wegen

$$\sum_i n_i = \frac{n}{S} \sum_i g_i e^{-\frac{E_i}{kT}} = n \qquad\qquad 1.88$$

für die Normierung.

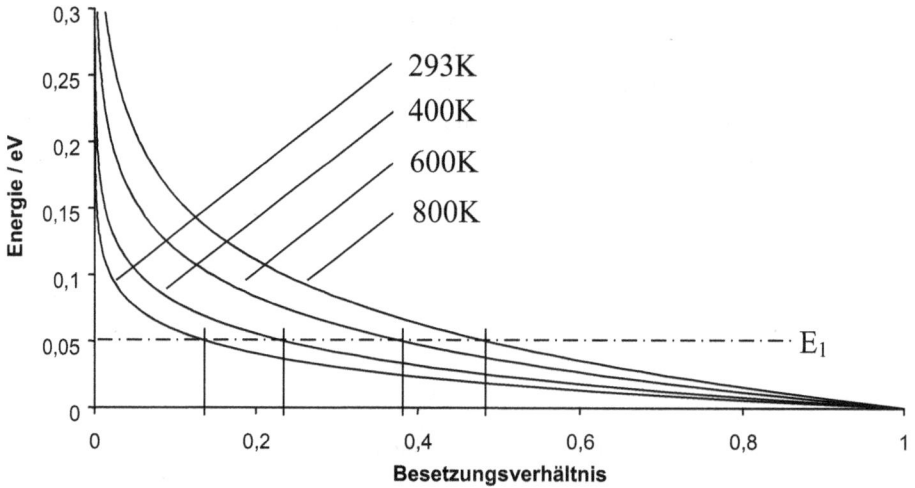

Abb. 1.12: Abklingen des Besetzungsverhältnisses n_1/n_0 zu höheren Energien hin für verschiedene Temperaturen bei einem System mit nur zwei Niveaus. Zu höher liegenden Energieniveaus klingt das Besetzungsverhältnis gemäß dem Boltzmannfaktor ab. Wegen der im fraglichen Bereich liegenden Energieniveaus spielt die thermische Besetzung besonders bei Schwingungs- und Rotationsniveaus eine Rolle.

1.2.3   Die Dopplerverbreiterung

Die in Abschnitt 1.2.1 besprochene natürliche Linienbreite ist meist nicht beobachtbar, sondern wird durch andere, linienverbreiternde Mechanismen überlagert. Ein solcher Mechanismus ist die **Dopplerverbreiterung**. Der besonders aus der Akustik bekannte **Dopplereffekt** spielt auch bei der Emission von Strahlung eine Rolle. Speziell Gasmoleküle sind temperaturbedingt ständig in Bewegung und ändern durch Stöße mit anderen Molekülen permanent ihre Geschwindigkeit nach Betrag und Richtung. Über die Verteilung dieser Geschwindigkeiten lassen sich statistische Aussagen treffen. Betrachtet man das ideale Gas, so erfahren die Teilchen untereinander keine Anziehung oder Abstoßung und haben somit auch keine potentielle Energie. Auf die kinetische Energie der Teilchen lässt sich der in Gl. 1.86 gewonnene Boltzmannfaktor $e^{-\frac{E_i}{kT}}$ anwenden, wobei die Energie E_i hier durch die kinetische Energie $\frac{m}{2}v^2$ der Teilchen zu ersetzen ist. Die Wahrscheinlichkeit, ein Teilchen bei einer Temperatur T mit einer im Intervall v bis $v+dv$ liegenden Geschwindigkeit anzutreffen, ist

$$f(v)dv = C4\pi v^2 e^{-\frac{mv^2}{2kT}}dv \qquad\qquad 1.89$$

Der Faktor $4\pi v^2$ trägt dem statistischen Gewicht der einzelnen v-Intervalle Rechnung. Man kann sich $4\pi v^2 \cdot dv$ als Kugelschale vorstellen, in der alle Vektoren der Länge v enden. Je größer v ist, desto größer wird bei konstantem dv das Volumen der Kugelschale. Dieses wiederum ist ein Maß für die Anzahl der möglichen v-Vektoren. Mit anderen Worten: bei höheren Geschwindigkeiten gibt es mehr v-Vektoren und daher erhalten sie ein höheres statistisches Gewicht. Die Konstante C lässt sich über die Normierung bestimmen:

$$\int_0^\infty f(v)dv = \int_0^\infty C4\pi v^2 e^{-\frac{mv^2}{2kT}} dv = C\left(\frac{2\pi kT}{m}\right)^{3/2} = 1 \qquad 1.90$$

Man erhält also $C = \left(\frac{m}{2\pi kT}\right)^{3/2}$ und damit wird aus Gl. 1.89 die **Maxwellsche Geschwin-**

digkeitsverteilung:

$$\boxed{f(v)dv = 4\pi v^2 \left(\frac{m}{2\pi kT}\right)^{3/2} e^{-\frac{mv^2}{2kT}} dv} \qquad 1.91$$

Für den Dopplereffekt sind nur diejenigen Geschwindigkeitskomponenten von Bedeutung, die parallel zur Verbindungslinie von Molekül und Beobachtungspunkt sind. Wird ein Koordinatensystem so gelegt, dass diese Richtung genau die x-Achse ist, so sind nur die v_x-Komponenten für den Dopplereffekt interessant. Ein die Frequenz f_0 emittierendes Teilchen, das sich mit der Geschwindigkeit v_x auf einen Beobachtungspunkt zubewegt, verursacht dort die Frequenz f:

$$f = f_0\left(1 + \frac{v_x}{c}\right) \qquad 1.92$$

Die Frequenz ist also gegenüber f_0 erhöht. Entfernt sich die Quelle vom Beobachter, erniedrigt sich f gegen f_0. Nach v_x aufgelöst, ergibt Gl. 1.92:

$$v_x = \frac{f - f_0}{f_0} c \qquad 1.93$$

Die Wahrscheinlichkeit, ein Teilchen mit einer Geschwindigkeit zwischen v und $v + dv$ anzutreffen, sei $g(v)dv_x$. Durch die Beschränkung auf die x-Richtung entfällt der Vorfaktor $4\pi v^2$ in Gl. 1.91. Allerdings tragen die Projektionen aller Geschwindigkeitsvektoren auf die x-Achse zum Dopplereffekt bei. Daher ist über die y- bzw. z-Komponente zu integrieren:

$$g(v)dv_x = \left(\frac{m}{2\pi kT}\right)^{3/2} \left(\int_{-\infty}^{\infty}\int_{-\infty}^{\infty} e^{-\frac{m(v_x^2+v_y^2+v_z^2)}{2kT}} dv_y dv_z\right) dv_x$$

$$g(v)dv_x = \left(\frac{m}{2\pi kT}\right)^{3/2} e^{-\frac{mv_x^2}{2kT}} \left(\int_{-\infty}^{+\infty}\int_{-\infty}^{+\infty} e^{-\frac{mv_y^2}{2kT}} dv_y\, e^{-\frac{mv_z^2}{2kT}} dv_z\right) dv_x$$

$$g(v)dv_x = \left(\left(\frac{m}{2\pi kT}\right)^{3/2} e^{-\frac{mv_x^2}{2kT}}\right)\left(\frac{2\pi kT}{m}\right) dv_x \qquad 1.94$$

Schließlich erhält man

$$g(v)dv_x = \sqrt{\frac{m}{2\pi kT}}\, e^{-\frac{mv_x^2}{2kT}}\, dv_x \qquad\qquad\qquad 1.95$$

Diese Gleichung stellt die **Maxwellsche Verteilung** *einer* **Geschwindigkeitskomponente** dar. Sie ist symmetrisch bezüglich der Geschwindigkeit Null, d.h. dies ist die wahrscheinlichste Geschwindigkeit. Das mag auf den ersten Blick verwundern, auf den zweiten Blick ist es jedoch verständlich: es gibt viele Moleküle, die eine Geschwindigkeit senkrecht zur gewählten x-Richtung besitzen. Ihre Projektion auf die x-Achse ergibt Null.

Setzt man in Gl. 1.95 die Geschwindigkeit nach Gl. 1.93 ein und berücksichtigt

$$\frac{dv_x}{df} = \frac{c}{f_0} \qquad \text{bzw.} \qquad dv_x = \frac{c}{f_0}df\,, \qquad\qquad 1.96$$

so erhält man

$$g^*(f)df = \frac{c}{f_0}\sqrt{\frac{m}{2\pi kT}}\, e^{-\frac{mc^2(f-f_0)^2}{2kTf_0^2}}\, df \qquad\qquad 1.97$$

Die spektrale Verteilung der Emission stellt im Falle der Dopplerverbreiterung eine **Gauß-Kurve** dar. Für die Halbwertspunkte f_H von $g^*(f)$ gilt unter Berücksichtigung des Maximalwertes $\dfrac{c}{f_0}\sqrt{\dfrac{m}{2\pi kT}}$ der Gauß-Kurve:

$$\frac{g^*(f_0)}{2} = \frac{c}{2f_0}\sqrt{\frac{m}{2\pi kT}} = \frac{c}{f_0}\sqrt{\frac{m}{2\pi kT}}\, e^{-\frac{mc^2(f_H-f_0)^2}{2kTf_0^2}} \qquad 1.98$$

Wegen $f_H - f_0 = \Delta f / 2$ gilt für die Halbwertsbreite Δf:

$$\ln\frac{1}{2} = -\frac{mc^2(f_H-f_0)^2}{2kTf_0^2} = -\frac{mc^2\Delta f^2}{8kTf_0^2} \qquad\qquad 1.99$$

bzw.:

$$\boxed{\Delta f = \sqrt{\frac{8\ln(2)kTf_0^2}{mc^2}}} \qquad\qquad\qquad 1.100$$

Dies ist die **Linienbreite der Dopplerverbreiterung**. Eine Erhöhung der Temperatur führt zu einer Vergrößerung der Linienbreite. Wird die Wurzel

$$\sqrt{\frac{mc^2}{2kT}} = \frac{\sqrt{4\ln(2)f_0^2}}{\Delta f} \qquad\qquad\qquad 1.101$$

in Gl. 1.97 eliminiert, gelangt man zu einer allgemeineren Form des Gauß-Profils:

$$g^*(f - f_0) = \frac{1}{f_0\sqrt{\pi}}\frac{\sqrt{4\ln(2)f_0^2}}{\Delta f}e^{\frac{4\ln(2)f_0^2(f-f_0)^2}{\Delta f^2 f_0^2}} \qquad 1.102$$

bzw.:

$$g^*(f - f_0) = \left(\frac{2}{\Delta f}\right)\sqrt{\frac{\ln(2)}{\pi}}e^{-\ln(2)\frac{(f-f_0)^2}{(\Delta f/2)^2}} \qquad 1.103$$

Zusammenfassend lauten die auf den Spitzenwert Eins normierten Lorentz- und Gaußprofile schließlich:

$$L(f-f_0) = \frac{1}{\left[\left(\frac{2(f-f_0)}{\Delta f}\right)^2 + 1\right]} \qquad G(f-f_0) = e^{-\ln(2)\frac{(f-f_0)^2}{(\Delta f/2)^2}} \qquad 1.104$$

Sie sind in Abb. 1.13 dargestellt. Es ist leicht zu erkennen, dass das Lorentzprofil in den Flanken langsamer gegen Null geht als das Gaußprofil. Auch läuft das Lorentzprofil im Maximum spitzer zu.

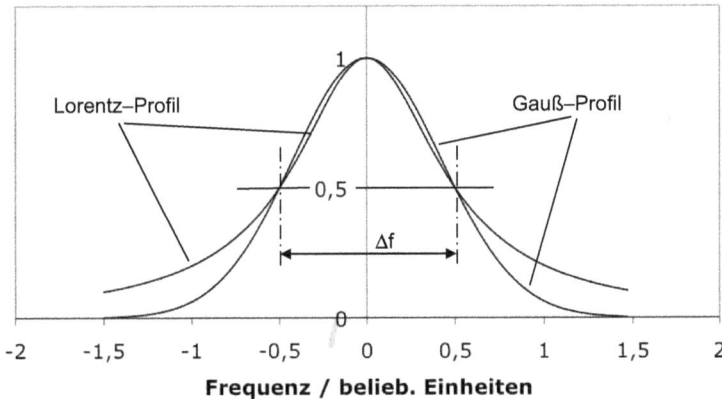

Abb. 1.13: Das Lorentz- und das Gauß-Profil im Vergleich. Das Gauß-Profil nähert sich in den Flanken der Null schneller an und hat um die Mittenfrequenz f_0 ein etwas breiteres Maximum.

Das durch die natürliche Linienbreite vorgegebene Lorentz-Profil ist ein Beispiel für eine **homogen verbreiterte Spektrallinie**. Die Abklingzeitkonstante τ ist eine Eigenschaft jedes einzelnen Atoms in der betrachteten Probe. Die Emission jedes einzelnen Atoms in der Probe ist in gleicher Weise verbreitert. Kommt es zur Wechselwirkung mit Strahlung einer exakt festgelegten Frequenz f, so ist die Wahrscheinlichkeit für die Absorption und Emission für alle Teilchen in der Probe gleich groß. Es gibt im Gegensatz dazu auch noch die **inhomogen**

verbreiterten Spektrallinien, hierzu gehört die Dopplerverbreiterung. Hier haben die Teilchen in der Probe verschiedene Resonanzfrequenzen mit einer entsprechenden Linienbreite. Bei der Dopplerverbreiterung hängen diese von ihrer Geschwindigkeit in Beobachtungsrichtung ab. Die Resonanzfrequenzen selbst sind statistisch um einen wahrscheinlichsten Wert verteilt. Wird hier Strahlung einer geeigneten, exakt festgelegten Frequenz f in die Probe geschickt, so wird nur eine ausgewählte Anzahl an Teilchen mit der passenden Frequenz (und damit Geschwindigkeit) absorbieren.

1.2.4   Stoßverbreiterung

In einem Gas ist bei hohem Druck die mittlere Geschwindigkeit der Teilchen und damit die Stoßwahrscheinlichkeit erhöht. Stöße führen im Falle einer Lichtemission zur Störung des Emissionsvorgangs. Durch den Stoß werden Energieniveaus verschoben und so die Frequenz des emittierten Lichtes verändert. Ist der Stoß elastisch, wird die Emission nach Beendigung der Wechselwirkung mit der alten Frequenz fortgeführt, allerdings phasenverschoben. Durch diese Phasenverschiebung wird der Wellenzug quasi in kürzere Abschnitte ungestörter Schwingung zerstückelt. Da im Modell der natürlichen Linienbreite die Zeitkonstante τ ein Maß für die Dauer des Wellenzuges war, so kann auch im Falle der **Stoßverbreiterung** die Dauer der ungestörten Wellenteile durch eine Zeitkonstante τ_{St} beschrieben werden. Sie kann als Stoßzeit aufgefasst werden, also die mittlere Zeitspanne zwischen zwei Stößen. Der Kehrwert $1/\tau_{St}$ entspricht der Stoßrate A_{St}, der Wahrscheinlichkeit für einen Stoß pro Zeiteinheit.

Zur theoretischen Beschreibung kann also an das mit Gl. 1.73 eingeführte Lorentzprofil mit seiner Linienbreite $\Delta f = 1/(2\pi\tau) = A_{10}/(2\pi)$ angeknüpft werden. Im Falle der Stoßverbreiterung gilt

$$\Delta f_{St} = \frac{2A_{St}}{2\pi} = \frac{A_{St}}{\pi} = \frac{1}{\pi\tau_{St}}$$ 1.105

Der Faktor 2 vor dem A_{St} im Zähler, der bei der natürlichen Linienbreite fehlt, kommt dadurch zustande, dass an einem Stoß zwei Teilchen beteiligt sind. Pro Stoß werden also zwei Emissionsakte gestört. Die Stoßrate A_{St} kann angesetzt werden als

$$A_{St} = n\sigma\overline{v}$$ 1.106

Dabei ist n die Zahl der Teilchen pro Volumen und σ ein „**Wirkungsquerschnitt**", der angibt, wie wahrscheinlich ein Stoß ist. In der klassischen Betrachtung entspricht er dem Stoßquerschnitt. Bei zwei Kugeln gleichen Durchmessers $d = 2r$ erfolgt eine Berührung, wenn sich die Kugelschwerpunkte, also die Mittelpunkte, näher als $2r$ kommen wollen (Abb. 1.14). Die erste Kugel belegt also eine Fläche von πd^2, die auch dem Wirkungsquerschnitt entspricht:

$$\sigma = \pi d^2$$ 1.107

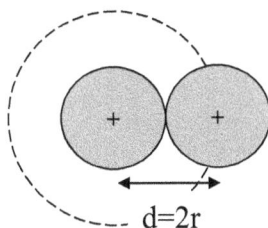

Abb. 1.14: Beim Stoß zweier identischer Kugeln kommt es zur Berührung, wenn der Schwerpunkt der zweiten Kugel in die Fläche πd^2 eintreten will.

$\bar{v}$ in Gl. 1.106 ist die mittlere Geschwindigkeit der Teilchen. Sie lässt sich mit $f(v)dv$ aus Gl. 1.91 aus

$$\bar{v} = \int_0^{\infty} f(v) \cdot v\, dv \qquad\qquad 1.108$$

ermitteln:

$$\bar{v} = \int_0^{\infty} 4\pi v^2 \left(\frac{m}{2\pi kT} \right)^{3/2} e^{-\frac{mv^2}{2kT}} \cdot v\, dv \qquad\qquad 1.109$$

Die Integration führt schließlich zu:

$$\bar{v} = 4\pi \left(\frac{m}{2\pi kT} \right)^{3/2} \int_0^{\infty} v^3 e^{-\frac{mv^2}{2kT}}\, dv$$

$$= 4\pi \left(\frac{m}{2\pi kT} \right)^{3/2} \frac{\Gamma(2)}{2\left(\dfrac{m}{2kT} \right)^2} = \sqrt{\frac{8kT}{\pi m}} \qquad\qquad 1.110$$

Γ bezeichnet dabei die Gammafunktion, es ist $\Gamma(2) = 1$. Die letzten Ergebnisse in Gl. 1.106 eingesetzt, ergeben:

$$A_{St} = n\pi d^2 \sqrt{\frac{8kT}{\pi m}} = nd^2 \sqrt{\frac{8\pi kT}{m}} \qquad\qquad 1.111$$

Die Zustandsgleichung des idealen Gases $pV = NkT$ kann wegen $n = N/V$ als $p = nkT$ geschrieben werden. Löst man nach n auf und setzt in letzte Gleichung ein, erhält man:

$$A_{St} = \frac{p}{kT} d^2 \sqrt{\frac{8\pi kT}{m}} = pd^2 \sqrt{\frac{8\pi}{mkT}} \qquad\qquad 1.112$$

Mit Gl. 1.105 wird damit die **Linienbreite bei Stoßverbreiterung**

!

$$\Delta f_{St} = pd^2 \sqrt{\frac{8}{\pi mkT}}$$ 1.113

bzw. die Relaxationszeit τ_{St}:

!

$$\tau_{St} = \frac{1}{pd^2} \sqrt{\frac{mkT}{8\pi}}$$ 1.114

Die Linienform bleibt ein Lorentzprofil, allerdings mit erhöhter Linienbreite Δf_{St}. Diese ist gemäß Gl. 1.113 linear vom Druck abhängig. Bei steigendem Druck kommt es also zu einer Linienverbreiterung. Sie ist wie die natürliche Linienbreite homogen. Sie wirkt grundsätzlich verbreiternd, so dass die natürliche Linienbreite ungestört kaum beobachtet werden kann.

1.2.5   Kohärenzlänge und ihre Auswirkung auf Interferenzen

Das Fazit der letzten Kapitel lautet: jede Art von Endlichkeit eines Lichtwellenzuges führt unweigerlich weg von einer Spektrallinie exakt festgelegter Frequenz mit der Breite Null und hin zu einer spektralen Verteilung mit einer endlichen Linienbreite. Eine Spektrallinie, deren Frequenz beliebig genau angegeben werden kann, würde einen unendlich langen Sinuswellenzug erfordern. Sobald der Wellenzug eine endliche Dauer hat, kann durch Fouriertransformation gezeigt werden, dass im Frequenzbild eine Frequenzverteilung mit einer gewissen Linienbreite entsteht.

Diese Tatsache hat Auswirkungen auf die Interferenzfähigkeit elektromagnetischer Wellen. Bekanntermaßen lassen sich Interferenzexperimente mit konventionellen Lichtquellen wie Glühlampen oder Gasentladungslampen kaum beobachten. Das liegt daran, dass ihre sogenannte **Kohärenzlänge** sehr klein ist und Interferenzen nur unter ganz speziellen Bedingungen möglich sind. Zum Beispiel können Interferenzen mit Sonnenlicht beobachtet werden, wenn ein dünner Ölfilm auf einer Wasserpfütze schwimmt. Die regenbogenartigen Farbmuster kommen durch Interferenzen zustande. Dies ist nur möglich, weil der Ölfilm sehr dünn ist und somit die geringe Kohärenzlänge des Sonnenlichtes hinreichend ist.

Doch was bedeutet nun Kohärenzlänge? Die einfachste Art, Kohärenzlänge zu veranschaulichen, führt über einen monochromatischen, aber endlichen Sinuswellenzug. Ein solcher Wellenzug soll von einer Lichtquelle emittiert (Abb. 1.15) und in ein **Michelson-Interferometer** geschickt werden. Eine Linse erzeugt ein paralleles Lichtbündel, bevor die Welle an einem halbdurchlässigen Spiegel geteilt wird. An zwei Spiegeln S_1 und S_2 werden diese Wellen exakt in sich zurückreflektiert und passieren den halbdurchlässigen Spiegel erneut in umgekehrter Richtung. Natürlich behält der Spiegel seine Eigenschaft der Halbdurchlässigkeit, so dass insgesamt 50% der Strahlung in die Lichtquelle zurückgeworfen werden. Die anderen 50% gelangen auf einen Schirm, auf dem die Interferenzen beobachtet werden können. Da der Wellenzug endliche Länge hat, müssen die Abstände der beiden Spiegel S_1 und S_2 zum halbdurchlässigen Spiegel etwa gleich groß sein. Nur dann gelangen die beiden Wellenzüge, wie in Abb. 1.15a dargestellt, etwa zeitgleich auf den Schirm und können interferieren. Wird der eine Arm des Interferometers aber um eine deutliche Strecke

Δl verlängert (Abb. 1.15b), trifft die Welle des längeren Arms so verspätet auf dem Schirm ein, dass keine Überlagerung mehr möglich ist. In der Praxis ist es so, dass die Interferenzen auf dem Schirm bei Vergrößerung von Δl nicht schlagartig verschwinden. Vielmehr geht der Hell-Dunkel-Unterschied immer mehr in eine mittlere Intensität über.

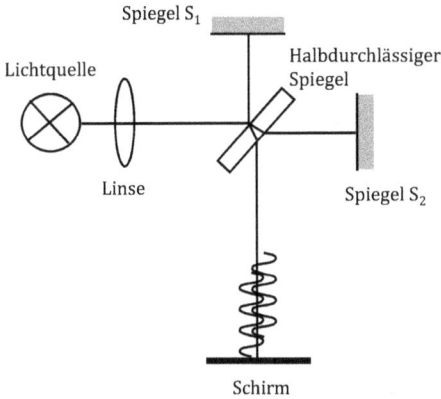

Abb. 1.15a: Michelson-Interferometer, bei dem die Wegdifferenz zwischen den Armen etwa Null ist und innerhalb der Kohärenzlänge des Lichtes liegt.

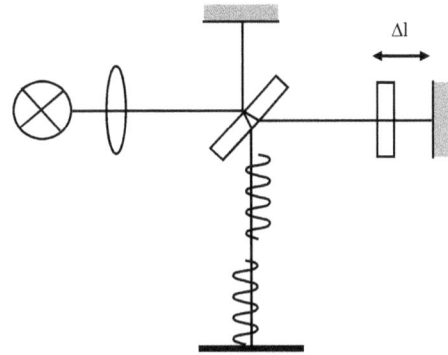

Abb. 1.15b: Michelson-Interferometer, bei dem die Wegdifferenz zwischen den Armen länger ist als die Kohärenzlänge. Auf dem Schirm ist kein Interferenzmuster erkennbar.

Eine einfache Festlegung der Kohärenzlänge könnte also sein, dass sie etwa der mittleren Länge des Sinuswellenzuges entspricht. Diese Definition ist zwar dem Grundsatz nach richtig, greift aber zu kurz. In dem eben beschriebenen Experiment kommt es durch die Wegdifferenz zwischen den beiden Interferometerästen zu einer **Phasenverschiebung** zwischen den beiden Teilwellen. Die Phasendifferenz zwischen den Teilwellen ist aber konstant. Wellensysteme, bei denen das der Fall ist, werden als kohärent bezeichnet. Nun ist aber der Übergang zwischen kohärent und inkohärent gleitend. Bei sich langsam verändernder Phasenbeziehung zwischen den Teilwellen kann die Phasenbeziehung für einige Wellenlängen bzw. Periodendauern als konstant angesehen werden. Es sind dann – in begrenztem Umfang – Interferenzen möglich, wie folgende Überlegung verdeutlicht.

Es sei eine homogen verbreiterte Spektrallinie angenommen. Das zugehörige Lorentzprofil ist symmetrisch um die zentrale Frequenz f_0 (Abb. 1.16). Die Frequenz an den Punkten halber Intensität ist f_- und f_+. Wegen

$$c = f_0 \lambda_0 \qquad\qquad\qquad 1.115$$

gilt für die zugehörigen Wellenlängen:

$$\lambda_- = \frac{c}{f_-} \quad \text{und} \quad \lambda_+ = \frac{c}{f_+} \qquad\qquad 1.116$$

Die der Frequenzbreite Δf entsprechende Wellenlängendifferenz ist also:

$$\Delta \lambda = \frac{c}{f_-} - \frac{c}{f_+} = c\frac{f_+ - f_-}{f_- f_+} = c\frac{\Delta f}{f_- f_+} \qquad\qquad 1.117$$

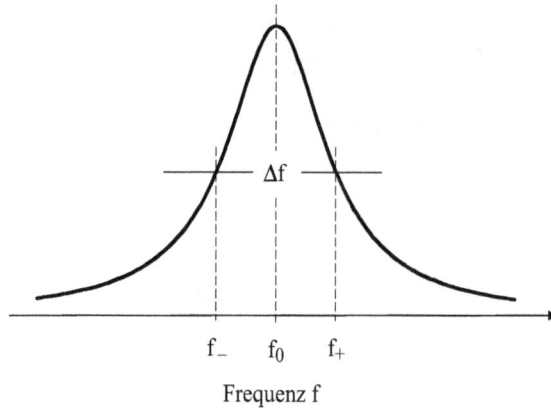

Abb. 1.16: Lorentzprofil mit der Halbwertsbreite $\Delta f = f_+ - f_-$.

Innerhalb der gleichen Spektrallinie treten Wellenanteile mit der Wellenlänge λ_- und λ_+ auf. In Abb. 1.17 sind drei Wellenzüge mit den Wellenlängen λ_- , λ_0 und λ_+ aufgetragen. Sie beginnen mit gleicher Phasenlage. Nachdem sie den Weg $L = 6\lambda_0$ zurückgelegt haben, eilt die Teilwelle mit der Wellenlänge λ_+ eine halbe Wellenlänge voraus, während die Teilwelle mit der Wellenlänge λ_- eine halbe Wellenlänge hinterherhinkt. Die am Anfang konstruktive Überlagerung der drei Wellen wurde zu einer destruktiven.

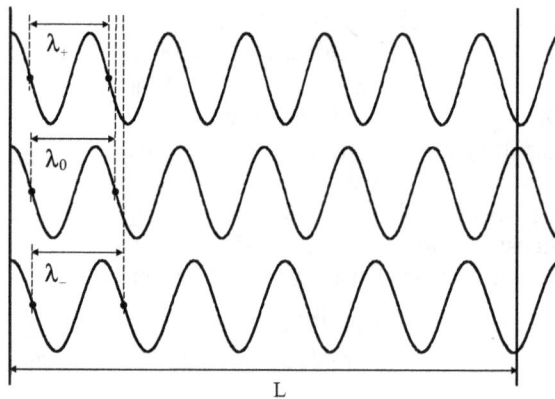

Abb. 1.17: Zwei Teilwellen der Wellenlänge λ_+ und λ_- , die nach einem Weg von $L = 6\lambda_0$ eine Phasenverschiebung von π zur zentralen Wellenlänge λ_0 haben. Die anfänglich mögliche konstruktive Überlagerung wurde zu einer destruktiven.

Es gilt also der Zusammenhang:

$$i(\lambda_0 - \lambda_+) = i\frac{\Delta\lambda}{2} \approx \frac{\lambda_0}{2} \quad \text{bzw.} \quad i(\lambda_- - \lambda_0) = i\frac{\Delta\lambda}{2} \approx \frac{\lambda_0}{2} \qquad 1.118$$

Dabei ist i eine natürliche Zahl. Man beachte, dass $\lambda_+ < \lambda_0$ und $\lambda_0 < \lambda_-$ gilt. Unter Benutzung von 1.117 folgt für die erste der Gl. 1.118:

$$i(\lambda_0 - \lambda_+) = ic\frac{\Delta f}{2f_- f_+} \approx \frac{\lambda_0}{2} \qquad\qquad 1.119$$

Mit $f_- f_+ \approx f_0^2$ und Gl. 1.115 folgt:

$$i\lambda_0 \frac{\Delta f}{2c} = \frac{1}{2} \qquad\qquad 1.120$$

Da $L = i\lambda_0$ gilt, folgt daraus:

$$\frac{\Delta f L}{c} = 1 \quad \text{oder} \quad \boxed{\Delta f = \frac{c}{L}} \qquad\qquad 1.121$$

Diese Formel zeigt, dass die Länge L, die man definitionsgemäß als **Kohärenzlänge** bezeichnet, umgekehrt proportional zur Frequenzbreite Δf ist. Eine enge Spektrallinie führt also zu einer hohen Kohärenzlänge. So hat eine Neon-Niederdruck-Spektrallampe eine Frequenzbreite von 1,6 GHz. Daraus resultiert eine Kohärenzlänge von 19 cm. Die natürliche Linienbreite des Übergangs wäre ca. 20 MHz, was einer Kohärenzlänge von etwa 15 m entspräche. Diese ist jedoch aufgrund der Stoß- und Dopplerverbreiterung nicht direkt beobachtbar. Die viel breiteren Linien haben dann eine entsprechend kürzere Kohärenzlänge. Im Grenzfall hätte eine etwa das sichtbare Spektrum abdeckende Linienbreite von $\Delta f \approx 3 \cdot 10^{14}\,\text{Hz}$, die den Farbeindruck weiß ergäbe, eine Kohärenzlänge von ca. 1 μm.

1.3   Lichterzeugung in Laserlichtquellen

Nachdem nun die Grundlagen der Lichtentstehung und die wesentlichen Charakteristika der emittierten Strahlung behandelt wurden, soll nun der eigentliche Laserprozess im Vordergrund stehen. Die in Kap. 1.2.2 behandelte Boltzmann-Verteilung steht der für den Bau eines Lasers nötigen Lichtverstärkung grundsätzlich im Wege. In diesem Abschnitt wird gezeigt, dass man unter bestimmten Bedingungen ein System dazu bringen kann, das mit der Boltzmann-Verteilung beschriebene thermische Gleichgewicht zu verlassen und einfallendes Licht zu verstärken. Hierzu wird zunächst das einfache Modell von Teilchen mit zwei Energieniveaus beschrieben und anschließend auf drei und vier Niveaus erweitert.

1.3.1   Absorption im Zwei-Niveau-System

Es soll zunächst ein bis auf die zwei am Absorptionsprozess beteiligten Energieniveaus reduziertes Energieniveauschema benutzt werden. Ob die zwei Niveaus Elektronen-, Schwingungs- oder Rotationsniveaus sind, ist unerheblich. Es sei in einer Probe die Teilchendichte n gegeben. n ist also die Zahl der Teilchen pro Volumeneinheit. Die Probe sei im thermischen Gleichgewicht, so dass sich, wie in Abb. 1.18 dargestellt, der größere Teil der Atome oder

Moleküle im Grundzustand befindet und gemäß Boltzmann-Verteilung nur ein kleiner Teil den oberen Zustand „bevölkert". Nun soll Licht auf die Probe fallen, für dessen Frequenz f der Zusammenhang $E_1 - E_0 = hf$ erfüllt ist. Es kann also zur Absorption der Strahlung kommen. Die Änderung dn_0 der Besetzungsdichte n_0 im unteren Zustand ist dann gegeben durch:

$$dn_0 = -n_0 \frac{\psi}{hf} \sigma_{01} dt \qquad\qquad 1.122$$

ψ ist dabei die Strahlungsflussdichte, also die Strahlungsenergie, die pro Zeit- und Flächeneinheit auf die Probe fällt. Da hf die Energie eines Photons ist, stellt der Quotient $\psi/(hf)$ die pro Zeit- und Flächeneinheit einfallende Photonenzahl dar. σ_{01} ist der **Wirkungsquerschnitt der stimulierten Absorption**. Eine hohe Photonenzahl bzw. ein großer Wirkungsquerschnitt σ_{01} erhöhen die Wahrscheinlichkeit einer Absorption. Der Begriff des Wirkungsquerschnitts wurde im Zusammenhang mit der Stoßverbreiterung in Gl. 1.106 bereits verwendet. Er hat die Einheit einer Fläche und ist ein Maß für die Wahrscheinlichkeit, dass ein Teilchen ein Photon „einfängt". Man könnte stark vereinfachend sagen, es ist die Fläche der Zielscheibe. Ein Treffer, also eine Absorption, ist umso wahrscheinlicher, je größer diese Zielscheibe ist. Nach Gl. 1.122 ist die Änderung der Besetzungsdichte dn_0 des Grundzustandes proportional zur insgesamt vorhandenen Besetzung n_0. Schließlich hängt dn_0 auch noch von der Zeitspanne dt ab.

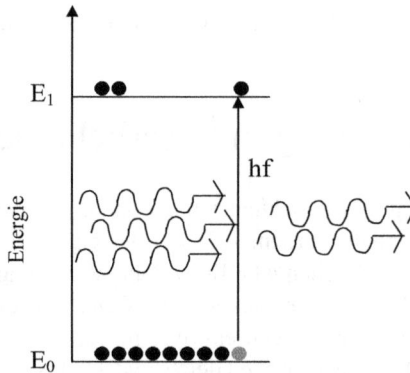

Abb. 1.18: Schematische Darstellung der stimulierten Lichtabsorption im Zwei-Niveau-System. Die Zahl der Teilchen mit der Energie E_0 bzw. E_1, also die Besetzung der Energieniveaus, ist symbolhaft durch schwarze Punkte dargestellt. Nach der Boltzmann-Verteilung sind einige Atome oder Moleküle im angeregten Zustand. Von der einfallenden Welle wird ein Photon absorbiert und dafür ein Teilchen angeregt, also in den Zustand E_1 befördert.

Schreibt man Gl. 1.122 gemäß

$$\boxed{\frac{dn_0}{dt} = -n_0 \frac{\psi}{hf} \sigma_{01}} \qquad\qquad 1.123$$

um, so lautet eine äquivalente Formulierung dieser Gleichung:

$$\frac{dn_0}{dt} = -n_0 \rho(f) B_{01}$$ 1.124

Sie beinhaltet statt der Strahlungsflussdichte ψ die spektrale Energiedichte $\rho(f)$, die Strahlungsenergie pro Volumen- und Frequenzeinheit. B_{01} ist der Einsteinkoeffizient der induzierten Absorption mit der Einheit $m^3/(Js^2)$ und ein Maß für die Wahrscheinlichkeit einer Absorption.

Fällt nun eine Lichtwelle senkrecht auf eine Probe der Dicke dx, so werden von der Gesamtzahl $\psi/(hf)$ der Photonen pro Zeit- und Flächeneinheit $d\psi/(hf)$ absorbiert:

$$\frac{dn_0}{dt} = \frac{d\psi}{hf \cdot dx}$$ 1.125

Die Größe $\frac{d\psi}{hf \cdot dx}$ stellt somit die Zahl der in der Probenschicht absorbierten Photonen pro Zeit- und Volumeneinheit dar. Sie entspricht der Änderung der Besetzungsdichte des unteren Zustandes pro Zeiteinheit $\frac{dn_0}{dt}$. Da sich diese Größe auch aus Gl. 1.123 gewinnen lässt, folgt:

$$\frac{1}{hf}\frac{d\psi}{dx} = -n_0 \sigma_{01} \frac{\psi}{hf}$$ 1.126

Diese Gleichung für ψ lässt sich leicht durch Variablentrennung lösen:

$$\int_{\psi_0}^{\psi(x)} \frac{d\psi}{\psi} = -\int_0^x n_0 \sigma_{01} dx$$ 1.127

Man erhält das bekannte **Beersche Gesetz**:

$$\psi(x) = \psi_0 e^{-n_0 \sigma_{01} x}$$ 1.128

Dieses Gesetz lässt sich auch durch eine nicht-quantenoptische Betrachtung gewinnen: die Strahlungsflussdichte ψ der Welle wird in einer Schicht der Dicke dx um $d\psi$ geschwächt:

$$d\psi = -\alpha \psi dx$$ 1.129

Die Schwächung ist umso stärker, je dicker die Schicht dx ist, je höher der Eingangswert ψ ist und je größer der sogenannte **Absorptionskoeffizient** α, eine Stoffkonstante, ist. Auch diese Gleichung lässt sich leicht integrieren, so dass man erhält:

$$\int_{\psi_0}^{\psi(x)} \frac{d\psi}{\psi} = -\int_0^x \alpha dx \quad \text{bzw.} \quad \boxed{\psi(x) = \psi_0 e^{-\alpha x}}$$ 1.130

Aus einem Vergleich von Gl. 1.128 und Gl. 1.130 folgt für den Absorptionskoeffizienten $\alpha = n_0 \sigma_{01}$. Da n_0, die Teilchenzahldichte im Grundzustand, leicht aus der Temperatur und aus der gesamten Teilchenzahldichte der Substanz errechnet werden kann, ermöglicht diese Beziehung die Bestimmung des Wirkungsquerschnittes σ_{01} aus dem messtechnisch leicht zugänglichen Absorptionskoeffizienten α. Die Absorptionskoeffizienten der Materialien decken einen sehr weiten Bereich ab. Gute Glasfasern haben einen Absorptionskoeffizenten von ca. 1 km^{-1}, während er bei stark absorbierenden Metallen bei 10 nm^{-1} liegt.

1.3.2   Spontane und stimulierte Emission

Im Rahmen der Behandlung der natürlichen Linienbreite wurde mit Gl. 1.74 bereits die spontane Relaxation behandelt. Auf das Zwei-Niveau-System des vorigen Abschnitts angewandt, erhält man für die Relaxation aus dem Zustand E_1:

$$\frac{dn_1}{dt} = -A_{10}n_1 = -\frac{n_1}{\tau}$$ 1.131

Ein Atom oder Molekül kann ohne Beeinflussung durch Strahlung von außen vom Zustand mit der Energie E_1 in den Zustand mit der Energie E_0 übergehen. Es wird dabei ein Photon der Energie hf frei. Der Übergang erfolgt zu einem nicht vorhersagbaren Zeitpunkt. Der Vorgang wird daher als **spontane Emission** bezeichnet. Nur statistische Aussagen sind möglich. Der Übergang ist umso wahrscheinlicher, je größer der Einstein-Koeffizient A_{10} der spontanen Emission ist bzw. je kleiner die Relaxationszeit τ ist.

Einstein [Einstein 1917] forderte aufgrund von theoretischen Betrachtungen eine weitere Möglichkeit der Lichtemission, die sogenannte **stimulierte oder induzierte Emission**. Ein Teilchen im angeregten Zustand E_1 kann durch ein Photon der Energie $hf = E_1 - E_0$ veranlasst werden, in den Grundzustand überzugehen und dabei, wie in Abb. 1.19 dargestellt, ein Photon der Energie hf abzugeben. Dieses ausgelöste Photon gleicht dem auslösenden in Richtung, Frequenz und Polarisation und hat die exakt gleiche Phasenlage.

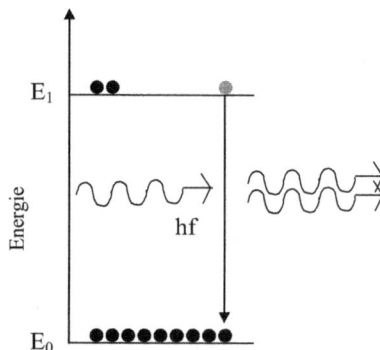

Abb. 1.19: Bei der stimulierten Emission veranlasst ein Photon passender Energie hf einen Übergang eines angeregten Atoms oder Moleküls in einen niedriger liegenden Zustand. Dabei wird ein weiteres Photon freigesetzt, das dem ersten in Frequenz, Phase und Polarisation exakt gleicht.

Der Prozess der stimulierten Emission gehorcht der Gleichung:

$$dn_1 = -n_1 \frac{\psi}{hf} \sigma_{10} dt \qquad\qquad 1.132$$

Die Änderung dn_1 der Besetzungsdichte im oberen Niveau ist proportional zu $\psi/(hf)$, der Anzahl der pro Zeit- und Flächeneinheit auf die Probe einfallenden Photonen. Sie ist weiterhin proportional zur überhaupt vorhandenen Besetzungsdichte n_1 im oberen Niveau und sie ist schließlich proportional zum Wirkungsquerschnitt σ_{01}. Gl. 1.132 in der Form

$$\frac{dn_1}{dt} = -n_1 \frac{\psi}{hf} \sigma_{10} \qquad\qquad 1.133$$

ist wieder gleichwertig zu:

$$\frac{dn_1}{dt} = -\rho(f) n_1 B_{10} \qquad\qquad 1.134$$

B_{10} ist der **Einsteinkoeffizient der stimulierten Emission**. Er ist ein Maß für die Wahrscheinlichkeit einer stimulierten Emission.

Die Einsteinkoeffizienten sind nicht unabhängig voneinander. Im thermodynamischen Gleichgewicht müssen sich die Änderungen der Besetzungsdichten für Absorption einerseits und für die spontane und stimulierte Emission andererseits die Waage halten:

$$\left.\frac{dn_0}{dt}\right|_{Abs.} = \left.\frac{dn_1}{dt}\right|_{spont.Em.} + \left.\frac{dn_1}{dt}\right|_{stim.Em.} \qquad\qquad 1.135$$

Mit Gl. 1.124, 1.131 und 1.134 wird daraus

$$-n_0 \rho(f) B_{01} = -A_{10} n_1 - n_1 \rho(f) B_{10} \qquad\qquad 1.136$$

bzw.

$$\frac{n_1}{n_0} = \frac{\rho(f) B_{01}}{A_{10} + \rho(f) B_{10}} \qquad\qquad 1.137$$

Dieser Quotient lässt sich im thermodynamischen Gleichgewicht auch durch die Boltzmann-Verteilung darstellen. Nach Gl. 1.86 gilt nämlich für die beiden einzigen Energieniveaus E_0 und E_1:

$$n_0 = \left(\frac{ng_0}{S}\right) e^{\frac{E_0}{kT}} \quad \text{und} \quad n_1 = \left(\frac{ng_1}{S}\right) e^{\frac{E_1}{kT}}, \qquad\qquad 1.138$$

so dass der Quotient n_1/n_0 auch als

$$\frac{n_1}{n_0} = \frac{g_1}{g_0} e^{\frac{E_1 - E_0}{kT}} = \frac{g_1}{g_0} e^{\frac{hf}{kT}} \qquad\qquad 1.139$$

geschrieben werden kann. Durch Vergleich mit Gl. 1.137 erhält man einen Ausdruck für die spektrale Energiedichte $\rho(f)$:

$$\frac{\rho(f)B_{01}}{A_{10}+\rho(f)B_{10}}=\frac{g_1}{g_0}e^{-\frac{hf}{kT}} \qquad\qquad\qquad 1.140$$

$$\boxed{\rho(f)=A_{10}\left(B_{01}\frac{g_0}{g_1}e^{+\frac{hf}{kT}}-B_{10}\right)^{-1}} \qquad\qquad 1.141$$

Da für $T\to\infty$ die spektrale Strahldichte der Probe ebenfalls gegen unendlich gehen muss, folgt wegen $\lim\limits_{T\to\infty}e^{\frac{hf}{kT}}=1$ für die Einsteinkoeffizienten B_{01} und B_{10} :

$$B_{01}\frac{g_0}{g_1}-B_{10}=0 \qquad \text{bzw.} \qquad B_{10}=B_{01}\frac{g_0}{g_1} \qquad\qquad 1.142$$

Bei gleichem statistischen Gewicht der zwei Zustände würde also $B_{01}=B_{10}$ gelten. Die Einsteinkoeffizienten der spontanen und der stimulierten Emission wären gleich.

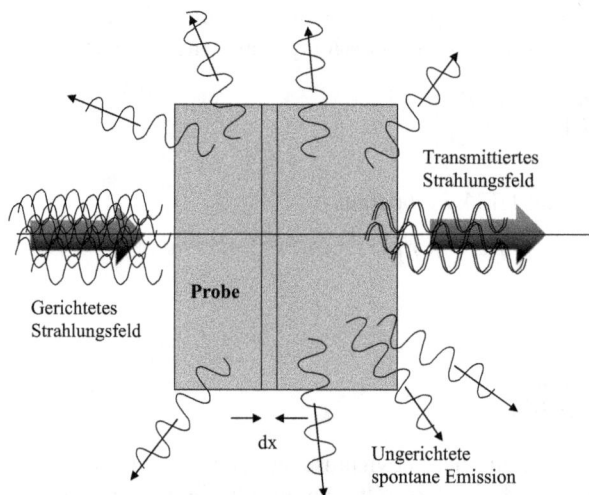

Abb. 1.20. Wenn ein gerichtetes Strahlungsfeld der für einen Übergang passenden Frequenz auf eine Probe fällt, wird ein Teil der Strahlung absorbiert. Die Substanz gibt die aufgenommene Energie durch spontane Emission von Photonen in alle Raumrichtungen mit einer Zeitverzögerung wieder ab. Möglicherweise kommt es in der Probe zu stimulierter Emission; die erzeugten Photonen haben dann die gleiche Richtung wie die auslösenden.

Es soll nun, wie schon bei Gl. 1.125, eine gerichtete Lichtwelle auf die Probe geschickt werden (Abb. 1.20). In einer Schicht der Dicke dx wird die Gesamtzahl $\psi/(hf)$ der Photonen pro Zeit- und Flächeneinheit um $d\psi/(hf)$ geschwächt. In Gl. 1.125 wurde dabei jedoch die stimulierte Emission nicht berücksichtigt. Sie führt dazu, dass im Grundzustand gegenläufig zum Besetzungsverlust durch Absorption auch ein Zugewinn an Besetzung stattfindet:

$$\frac{dn_0}{dt} - \frac{dn_1}{dt} = \frac{d\psi}{hf \cdot dx} \qquad\qquad 1.143$$

Da sowohl $\frac{dn_0}{dt}$ als auch $\frac{dn_1}{dt}$ nach Gl. 1.123 und 1.133 negativ sind, wird die linke Gleichungshälfte „weniger negativ" wie bei Gl. 1.125, d.h. das einfallende Strahlungsfeld wird weniger stark geschwächt. Man beachte, dass die Gleichung die spontane Emission nicht beinhaltet. Natürlich kann man jetzt die beiden Ableitungen nach Gl. 1.123 und 1.133 einfügen:

$$-n_0 \frac{\psi}{hf} \sigma_{01} + n_1 \frac{\psi}{hf} \sigma_{10} = \frac{d\psi}{hf \cdot dx} \qquad\qquad 1.144$$

Da die Wirkungsquerschnitte σ_{01} und σ_{10} den Einsteinkoeffizienten entsprechen, gilt für sie analog zu Gl. 1.142:

$$\sigma_{10} = \sigma_{01} \frac{g_0}{g_1} \qquad \text{bzw.} \qquad \sigma_{10} g_1 = \sigma_{01} g_0 \qquad\qquad 1.145$$

Werden gleiche statistische Gewichte angenommen, so gilt $\sigma_{10} = \sigma_{01} = \sigma$ und Gl. 1.144 kann integriert werden:

$$\frac{\psi\sigma}{hf}(n_1 - n_0) = \frac{d\psi}{hf \cdot dx} \qquad \text{bzw.} \qquad \frac{d\psi}{\psi} = \sigma(n_1 - n_0)dx \qquad\qquad 1.146$$

$$\int_{\psi_0}^{\psi} \frac{d\psi}{\psi} = \int_0^x \sigma(n_1 - n_0)dx \qquad \text{bzw.} \qquad \boxed{\psi(x) = \psi_0 e^{(n_1 - n_0)\sigma x}} \qquad\qquad 1.147$$

War nun das Beersche Gesetz in Gl. 1.128 falsch? Natürlich nicht, die hier abgeleitete Form ist nur allgemeiner gültig. Schließlich hatte sich das Beersche Gesetz schon lange vor dem Bau des ersten Lasers bewährt. Im Normalfall, d.h. bei mäßigen Temperaturen, gilt $n_1 \ll n_0$. Setzt man also in Gl. 1.147 $n_1 \approx 0$, erhält man das Beersche Gesetz in seiner bekannten Form. Im thermischen Gleichgewicht gilt die Boltzmann-Verteilung nach Gl. 1.85, die Besetzung n_1 des oberen Niveaus ist stets kleiner als die Grundzustandsbesetzung n_0. Das bedeutet, dass der Exponent stets kleiner als Null ist und somit der Exponentialfaktor stets kleiner als Eins. Damit ist in diesem Fall grundsätzlich $\psi(x) < \psi_0$, d.h. das Strahlungsfeld kommt geschwächt aus der Probe. Lediglich bei sehr hohen Temperaturen wäre wegen

$$\lim_{T\to\infty} \frac{n_1}{n_0} = \lim_{T\to\infty} e^{\frac{hf}{kT}} = 1 \qquad\qquad 1.148$$

eine Gleichbesetzung $n_0 = n_1$ möglich. In diesem Fall würde Strahlung ungeschwächt durch die Probe gehen.

1.3.3   Besetzungsinversion und Lichtverstärkung

Eine Lichtverstärkung wird also in der Natur nicht realisiert, obwohl sie laut Gl. 1.147 möglich wäre. Um sie zu realisieren, müsste $n_1 > n_0$ sein, der Exponent würde positiv und die Exponentialfunktion damit größer Eins. Der Fall $n_1 > n_0$ würde allerdings die natürlichen Verhältnisse im thermischen Gleichgewicht quasi auf den Kopf stellen, invertieren. Deshalb nennt man diese Situation auch **Besetzungsinversion** oder kurz **Inversion**. In diesem Falle wäre eine Lichtverstärkung möglich.

Man kann diesen Zustand tatsächlich künstlich herbeiführen. **Bei einem Zwei-Niveau-System ist er aber prinzipiell unmöglich.** Man benötigt also wenigstens drei Energieniveaus, wie sie in Abb. 1.21 dargestellt sind. Das neue, dritte Niveau ist das **Pump-Niveau**. Dies kann ein verbreitertes Energieniveau sein oder auch eine ganze Gruppe von Niveaus. Man spricht dann von den „**Pumpbanden**". Durch Energiezufuhr werden möglichst viele Atome oder Moleküle so angeregt, dass das Niveau E_2 stark besetzt ist. Dieses Pumpen muss nicht unbedingt durch Einstrahlen von Photonen der geeigneten Energie $E_2 - E_0$ erfolgen. Das Anregen kann auch auf elektrischem Wege durch eine Gasentladung oder auch durch chemische Prozesse erfolgen. Damit das Pumpen wirkungsvoll möglich ist, muss die spontane Relaxation von E_2 nach E_0 eine möglichst lange Relaxationszeit τ_{20} haben. Der Übergang muss also sehr unwahrscheinlich sein, sonst wäre die Pumpenergie verschwendet: die Atome oder Moleküle würden wieder in den Grundzustand relaxieren. Dagegen muss ein Übergang von E_2 nach E_1 sehr wahrscheinlich sein, die Relaxationszeit τ_{21} muss also möglichst kurz sein. Die Energieabgabe hierbei kann, muss aber nicht durch Strahlung erfolgen. Auch Stöße an benachbarte Atome oder ans Gitter sind denkbar. Ist im System die Relaxationszeit τ_{10} wiederum sehr lang, ist also ein spontaner Übergang von E_1 nach E_0 sehr unwahrscheinlich, dann sammelt sich Besetzung im Zustand E_1 an. Da durch das Pumpen der Grundzustand entleert wird, ist es möglich, Besetzungsinversion wie in Abb. 1.21 gezeichnet zu erzeugen. In einem derartigen System kann ein Photon der Energie hf ein weiteres Photon auslösen. Das einfallende Licht wird dadurch verstärkt.

Damit kann ein optischer Resonator entdämpft und zur dauerhaften Schwingung angeregt werden. Ja, es ist bei großer Pumpenergie sogar möglich, dem Resonator Nutzstrahlung zu entziehen.

Dies gelang erstmalig Mitte vorigen Jahrhunderts. Wer den ersten Laser realisiert hat, war lange strittig. Die Ehre gebührt wohl – aufgrund von notariell beglaubigten Aufzeichnungen aus dem Jahr 1957 – G. Gould. Bekannter ist aber wohl der **Rubinlaser** aus dem Jahr 1960, der von T.H. Maiman [Maiman 1960a und 1960b] gebaut wurde. Er wird als Festkörperlaser optisch gepumpt. Die hohen Pumpenleistungen können nur kurzzeitig aufrechterhalten werden, so dass nur ein Pumpen mit Blitzlampen, also Impulsbetrieb, in Frage kommt.

Es soll für das Drei-Niveau-System der Abb. 1.21 das **Ratengleichungssystem** aufgestellt werden. Hierfür sind einige Näherungen nötig. Die Besetzungsdichte n_2 des Pumpzustandes soll wegen der sehr kurzen Relaxationszeit τ_{21} verschwindend gering sein. Das bedeutet, das sich alle Atome oder Moleküle des Systems im oberen oder unteren Laserniveau befinden, es gilt also $n = n_0 + n_1$. Des Weiteren muss gelten

$$\frac{\tau_{21}}{\tau_{10}} \approx 0 \qquad\qquad\qquad 1.149$$

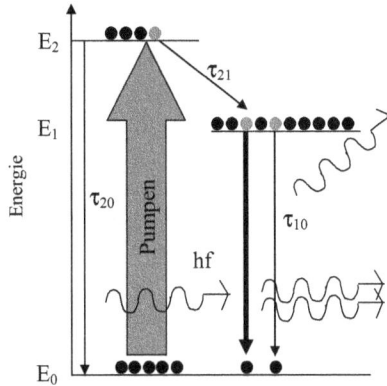

Abb. 1.21: Lichtverstärkung im Drei-Niveau-System. Unter Zuhilfenahme eines Pumpniveaus gelingt es bei bestimmten Konstellationen der Relaxationszeiten, Besetzungsinversion im Zustand E_1 herzustellen.

Nimmt man wieder gleiches statistisches Gewicht der beiden Laserzustände an, so gilt unter der weiteren, vereinfachenden Annahme $\tau_{20} \to \infty$ für die zeitliche Veränderung der Besetzungsdichte n_0:

$$\frac{dn_0}{dt} = \frac{\sigma\psi}{hf} n_1 - \frac{\sigma\psi}{hf} n_0 + \frac{n_1}{\tau_{10}} - n_0 W \qquad\qquad 1.150$$

Der erste Summand auf der rechten Seite steht für die stimulierte Emission (Gl. 1.133). Jedes auf diese Art emittierte Photon bewirkt, dass ein Teilchen vom Zustand mit der Energie E_1 in den Zustand mit der Energie E_0 zurückfällt. Die Besetzung des Grundzustandes wird dadurch also erhöht. Der zweite Summand berücksichtigt die stimulierte Absorption (Gl. 1.123), sie führt zu einer Entleerung des Grundzustandes, daher das negative Vorzeichen. Der Grundzustand erhält auch Besetzung durch spontane Emission aus dem Zustand mit der Energie E_1. Jedes spontan emittierte Photon bewirkt, dass ein Teilchen in den Grundzustand zurückkehrt. Dies wird mit dem dritten Summanden berücksichtigt. Der letzte Term schließlich ist sehr wichtig, er beschreibt die Entleerung des Grundzustandes durch den Pumpvorgang. Die Pumprate W gibt an, wie viele Teilchen pro Zeiteinheit in den Zustand E_2 angeregt werden und hat damit die Einheit 1/s.

Da der Zustand mit der Energie E_2 als nicht besetzt betrachtet wird, gilt für die zeitliche Änderung der Besetzungsdichte n_1 des oberen Laserniveaus im stationären Betrieb

$\frac{dn_0}{dt} = -\frac{dn_1}{dt}$. Jedes Teilchen, das den Grundzustand verlässt, muss automatisch im oberen Laserniveau erscheinen:

$$\frac{dn_1}{dt} = -\frac{\sigma\psi}{hf}n_1 + \frac{\sigma\psi}{hf}n_0 - \frac{n_1}{\tau_{10}} + n_0 W \qquad\qquad 1.151$$

Das durch Gl. 1.150 und 1.151 beschriebene System könnte Licht bei einmaliger Durchstrahlung verstärken und tatsächlich kommen in der Lasertechnik solche Einwegverstärker zur Anwendung. Der Verstärkungsfaktor hängt dabei jeweils vom Wirkungsquerschnitt σ, von den beteiligten Relaxationszeiten sowie von der Pumprate W ab. In der Regel ist es aber effizienter, statt eines einmalig durchlaufenen Verstärkers ein **rückgekoppeltes System** mit Mehrfachdurchläufen zu verwenden. Dies geschieht, indem man den herauskommenden Strahl in sich zurückreflektiert und so mehrmals durch den Verstärker schickt. Die eigentliche Erzeugung eines Laserstrahls gelingt schließlich, indem man die Spiegel eines rückgekoppelten Systems hochreflektierend ausführt (Abb. 1.22). Ein solcher Resonator neigt wegen geringer Verluste zur **Selbsterregung**, sobald man die Pumprate W hoch genug macht. Da stets eine hohe Anzahl von Photonen durch spontane Emission erzeugt wird, deren Emissionsrichtungen statistisch verteilt sind, werden immer auch Photonen längs der Achse des schwingfähigen Systems emittiert, die dann im System mehrmals umlaufen und so verstärkt werden können. Wird einer der beiden Spiegel teilreflektierend ausgeführt, kann **Nutzstrahlung** ausgekoppelt werden. Natürlich schwächt das das Strahlungsfeld und die Pumprate W muss entsprechend erhöht werden.

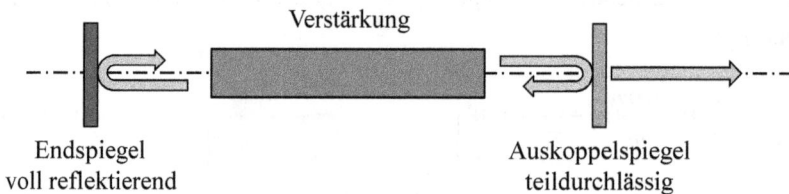

Verstärkung

Endspiegel
voll reflektierend

Auskoppelspiegel
teildurchlässig

Abb. 1.22: Überwiegt in einem rückgekoppelten System die Verstärkung die Resonatorverluste, kann Selbsterregung eintreten. Die Resonatorverluste beinhalten nicht nur die ausgekoppelte Nutzstrahlung, sondern auch die Verluste durch Streuung und Restabsorption.

Für einen solchen Resonator lautet die **Strahlungsfeldgleichung**:

$$\frac{d\psi}{dx} = \psi\sigma(n_1 - n_0) + \frac{n_1}{\tau_{10}}hf\gamma - \frac{\psi}{c\tau_{Res}} \qquad\qquad 1.152$$

Das ist die um zwei Summanden erweiterte Gl. 1.144. Der vorletzte Summand beschreibt den Anteil γ der spontanen Emission, der in Richtung des durch induzierte Emission verstärkten Strahlungsfeldes abgegeben wird. Nach Gl. 1.131 ist n_1 / τ die Änderung der Besetzungsdichte im oberen Laserzustand pro Zeiteinheit. Multipliziert man mit hf, erhält man eine Energiedichte pro Zeiteinheit. Der Term führt zu einer Erhöhung des Feldes, ist jedoch in den meisten Fällen vernachlässigbar. Der letzte Summand $\psi / (c\tau_{Res})$ steht für die Verluste im Resonator. Das schließt die unvermeidbaren Absorptions- und Streuverluste ein, der Großteil der Verluste wird aber durch Auskopplung von Nutzstrahlung verursacht. Die Konstante τ_{Res} beschreibt die Verluste in Form einer Relaxationszeit. Würde also die Lichtverstärkung durch induzierte Emission schlagartig abgeschaltet und das System sich selbst überlassen, dann würde die Strahlung in der Zeit τ_{Res} auf den e-ten Teil geschwächt. $\psi/(c\tau_{Res})$ ist der Energieverlust pro Zeit- und Volumeneinheit.

Da die Ortskoordinate x von der Zeit t abhängt, gilt nach der Kettenregel der Differentialrechung

$$\frac{d\psi}{dt} = \frac{d\psi}{dx} \cdot \frac{dx}{dt} = \frac{d\psi}{dx} \cdot c \qquad \text{bzw.} \qquad \frac{d\psi}{dx} = \frac{d\psi}{dt} \cdot \frac{1}{c} \qquad\qquad 1.153$$

mit der Lichtgeschwindigkeit $c = \dfrac{dx}{dt}$. Gl. 1.152 lässt sich damit umschreiben:

$$\boxed{\frac{d\psi}{dt} \cdot \frac{1}{c} = \psi\sigma(n_1 - n_0) + \frac{n_1}{\tau_{10}}\gamma hf - \frac{\psi}{c\tau_{Res}}} \qquad\qquad 1.154$$

Die Gl. 1.150, 1.151 und 1.154 bilden ein gekoppeltes Differentialgleichungssystem und beschreiben näherungsweise das Drei-Niveau-System. Es gibt dafür keine einfache, allgemeine Lösung.

Solange in der Strahlungsfeldgleichung $\dfrac{d\psi}{dt} < 0$ gilt, solange also die Änderung $d\psi$ von ψ im Zeitintervall dt negativ ist, wird das Feld geschwächt. Verstärkung erkennt man daran, dass $\dfrac{d\psi}{dt} > 0$ ist. Es gilt also für die einsetzende Verstärkung $\dfrac{d\psi}{dt} = 0$:

$$\frac{d\psi}{dt} \cdot \frac{1}{c} = \psi\sigma(n_1 - n_0) + \frac{n_1}{\tau_{10}}\gamma hf - \frac{\psi}{c\tau_{Res}} = 0 \qquad\qquad 1.155$$

Wie oben schon erwähnt, ist die spontane Emission in Achsrichtung meist vernachlässigbar gering, so dass gilt:

$$\psi\sigma(n_1 - n_0) - \frac{\psi}{c\tau_{Res}} = 0 \qquad\qquad 1.156$$

oder

$$n_1 - n_0 = \frac{1}{\sigma c\tau_{Res}} \qquad\qquad 1.157$$

Diese Gleichung wird **erste Laserbedingung** genannt. Der Betrag der rechten Seite bestimmt die Höhe der nötigen Besetzungsinversion $n_1 - n_0$. Sind die Resonatorverluste sehr hoch, ist also τ_{Res} sehr klein, ist eine hohe Besetzungsinversion nötig.

Lässt man übrigens in Gl. 1.154 die Resonatorverluste und die spontane Emission in Achs-richtung außer Acht, so folgt durch Integration, wie oben schon gezeigt, das **verallgemeiner-te Beersche Gesetz** (Gl. 1.147). Der Exponentialfaktor

$$\boxed{\frac{\psi}{\psi_0} = e^{\sigma(n_1 - n_0)x} = G}$$

1.158

wird **Verstärkung**, die Größe $g = \sigma(n_1 - n_0)$ **differentielle Verstärkung** genannt.

Der **Rubinlaser**, den Maiman 1960 realisierte, war ein Drei-Niveau-Laser. Die eigentliche Lasersubstanz sind **Chromionen**, die in Aluminiumoxid (α-Al_2O_3, Korund) mit einem Anteil von etwa 0,05 Gewichtsprozent eingebettet sind. Der Rubinlaser hat heute keine praktische Bedeutung mehr. Er besitzt – wie alle Drei-Niveau-Laser – einen entscheidenden Nachteil: da das untere Laserniveau der Grundzustand selbst ist, müssen mindestens 50% der Atome oder Moleküle in die Pumpbanden gebracht werden, damit überhaupt Besetzungsinversion erreicht werden kann. Dies hat sehr hohe Pumpleistungen zur Folge.

1.3.4   Das Vier-Niveau-System

Der Vier-Niveau-Laser beseitigt diesen Nachteil. Wie in Abb. 1.23 zu erkennen ist, ist das untere Laserniveau nicht der Grundzustand. Liegt das untere Laserniveau soweit über dem Grundzustand, dass die thermische Besetzung vernachlässigbar ist, genügt bereits eine gerin-ge Besetzung des Zustandes mit der Energie E_2, um Besetzungsinversion zu erzeugen.

Wie beim Drei-Niveau-Laser müssen auch hier bestimmte Bedingungen erfüllt sein, damit Lasertätigkeit möglich wird. Das Pumpen erfolgt auch hier vom Grundzustand in ein ange-regtes Niveau bzw. eine breite Pumpbande der Energie E_3. Von dort gehen die Atome oder Moleküle idealerweise sehr schnell mit einer Relaxationszeit τ_{32} in den Zustand der Energie E_2, dem oberen Laserniveau, über. Die spontane Emission vom oberen zum unteren Laser-niveau muss sehr unwahrscheinlich sein, Voraussetzung wäre also ein sehr langes τ_{21}. Die Entleerung des unteren Laserniveaus muss für einen effizient arbeitenden Laser sehr schnell geschehen, damit der Inversionszustand mit $n_2 > n_1$ leicht aufrecht erhalten werden kann. Zwischen den beiden letztgenannten Relaxationszeiten muss also die Ungleichung $\tau_{21} \gg \tau_{10}$ erfüllt sein. Von Vorteil ist es weiterhin, wenn in einem Vier-Niveau-System die Übergänge $3 \rightarrow 1$ und $2 \rightarrow 0$ unwahrscheinlich sind. Sie sind in Abb. 1.23 nicht eingezeichnet. Der erste dieser Übergänge würde das Pumpniveau entleeren und gleichzeitig das untere Laserniveau besetzen. Beides wäre schädlich für ein effizient wirkendes Lasersystem. Der Übergang $2 \rightarrow 0$ würde zu einer Entleerung des oberen Laserniveaus führen, was natürlich die Beset-zungsinversion schmälern würde.

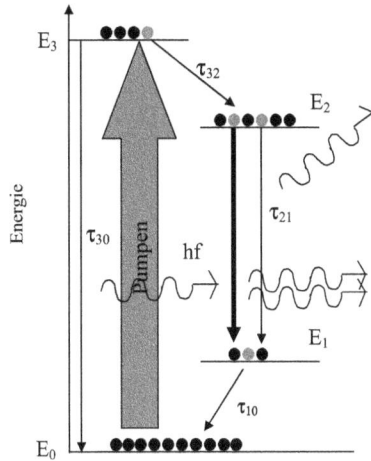

Abb. 1.23: Der Vier-Niveau-Laser mit dem Niveau E_2 als oberem und E_1 als unterem Laserniveau. Nicht einge-zeichnet sind die Relaxationskanäle $3 \rightarrow 1$ und $2 \rightarrow 0$ mit den Relaxationszeiten τ_{31} und τ_{20}.

Die Rategleichung für das untere Laserniveau lautet unter der Annahme gleichen statisti-schen Gewichts der Niveaus sowie unter der Annahme, dass der Pumpzustand so kurzlebig ist, dass die Pumpenergie praktisch direkt ins obere Laserniveau übergeht (also $\dfrac{n_3}{\tau_{32}} \approx 0$):

$$\frac{dn_1}{dt} = \frac{\sigma\psi}{hf}n_2 - \frac{\sigma\psi}{hf}n_1 + \frac{n_2}{\tau_{21}} - \frac{n_1}{\tau_{10}} \qquad\qquad 1.159$$

Der erste Summand rechts beschreibt die Zunahme der Besetzung des unteren Laserniveaus durch die stimulierte Emission. Entleert wird das untere Laserniveau durch die stimulierte Absorption, dargestellt durch den zweiten Summanden. Der Ausdruck n_2 / τ_{21} steht für die spontane Emission zwischen oberem und unterem Laserniveau. Entleert wird der Energiezu-stand E_1 schließlich durch (schnelle) Relaxation in den Grundzustand, beschrieben durch n_1 / τ_{10}.

Für das obere Laserniveau gilt folgende Rategleichung:

$$\frac{dn_2}{dt} = -\frac{\sigma\psi}{hf}n_2 + \frac{\sigma\psi}{hf}n_1 - \frac{n_2}{\tau_{21}} - \frac{n_2}{\tau_{20}} + n_0 W \qquad\qquad 1.160$$

Hier bedeuten die Summanden rechts bezogen auf das obere Laserniveau der Reihe nach: Entleerung durch stimulierte Emission, Bevölkerung durch die stimulierte Absorption, spon-tane Emission ins Niveau der Energie E_1, spontane Emission in den Grundzustand und Be-völkerung durch das Pumpen. W ist wie schon in Gl. 1.150 die Pumprate und beschreibt, wie viele Teilchen pro Zeiteinheit ins obere Laserniveau kommen. Für die Besetzungsdich-ten gilt der Zusammenhang $n = n_0 + n_1 + n_2$.

Die beiden Ratengleichungen können mit einigen Näherungen noch vereinfacht werden. Zunächst wurde oben die Annahme gemacht, dass der Übergang $2 \rightarrow 0$ unwahrscheinlich ist. Das führt dazu, dass der Summand $-n_2 / \tau_{20}$ verschwindet. Für den idealen Vier-Niveau-Laser ist schließlich die Entleerung des unteren Laserniveaus so schnell, dass – im Grenzfall – überhaupt keine Besetzung mehr im unteren Laserniveau vorhanden ist.

Zu den Ratengleichungen kommt schließlich noch die **Strahlungsfeldgleichung**:

$$\frac{d\psi}{dx} = \psi\sigma(n_2 - n_1) + \frac{n_2}{\tau_{21}} hf\gamma - \frac{\psi}{c\tau_{Res}}$$

1.161

Diese Gleichung entspricht formal der Gl. 1.152 für das Drei-Niveau-System, so dass die Betrachtungen zur differentiellen Verstärkung hier analog gelten.

Fast alle praktisch relevanten Lasermaterialien verhalten sich wie Vier-Niveau-Systeme, wenn auch manchmal unter Zuhilfenahme anderer Stoffe. Insbesondere arbeiten Festkörperlaser, bei denen typischerweise seltene Erden in ein Glas oder einen Kristall eingebettet sind, wie Vier-Niveau-Systeme.

Bei der Lichtverstärkung im Laser spielen noch eine ganze Reihe weiterer Aspekte wie Nichtlinearitäten, spektrale Einflüsse etc. eine Rolle, die in dieser Einführung übergangen wurden. Hier sei auf einschlägige Literatur verwiesen, z.B. [Siegman 1986].

1.3.5   Energiebänder der Halbleiter

Die im letzten Kapitel beschriebenen diskreten Energieniveaus treten bei elektronischen und vibronischen Übergängen in Gasatomen bzw. Gasmolekülen auf. Beim Festkörper werden nur unter bestimmten Bedingungen diskrete Niveaus beobachtet. Denn grundsätzlich ist es so, dass nach dem **Pauli-Prinzip** in einem Kristall gleiche Energiezustände nicht mehrmals vorkommen können. Daher müssen die Energieniveaus in genauso viele eng benachbarte Energieniveaus aufspalten, wie der Kristall Atome enthält. Die diskreten Energieniveaus werden damit zu breiten **Energiebändern**. Dass man bei Festkörperlasern dennoch von diskreten Energieniveaus ausgehen kann, liegt daran, dass man die Laseratome als Ionen in verhältnismäßig geringen Mengen in ein Wirtsgitter einbettet. Die bindenden Orbitale haben nichts mit dem Laserprozess zu tun; die Laser-Niveaus liegen im d- oder f-Orbital und werden durch den Wirtskristall nur wenig beeinflusst.

Die breiten Energiebänder eines Festkörpers werden durch **Energielücken** voneinander getrennt. Dabei sind die Energiebänder kernnaher, niederenergetischer Elektronen deutlich schmaler als die kernferner, höherenergetischer Elektronen. Ob ein Festkörper nun ein Leiter oder ein Isolator ist, hängt davon ab, ob das höchste besetzte Energieniveau **innerhalb eines Energiebandes** oder an dessen **oberem Rand** liegt. In letzterem Fall besteht für das Elektron keine Möglichkeit mehr, innerhalb des Energiebandes einen Zustand höherer Energie einzunehmen (Abb. 1.24a). Das müsste es aber tun, damit es zur Leitfähigkeit des Festkörpers beiträgt. Denn die Leitfähigkeit besteht in einer Bewegung von Elektronen und damit in einem Zuwachs an kinetischer Energie. Dieser Energiezuwachs ist aber eben nicht möglich, wenn es hierfür kein Energieniveau des Kristalls gibt. Natürlich könnte das Elektron die Bandlücke, auch **verbotene Zone** genannt, überwinden und gleich ins nächste Energieband springen. Hierfür müsste es allerdings sehr viel Energie aufnehmen, denn die Bandlücken haben bei Isolatoren eine Breite von 5 eV und mehr. Diese Energie kann thermisch bei Raumtemperatur kaum zur Verfügung gestellt werden. Daher gelingt es nur ganz wenigen Elektronen, ins nächste Band, auch **Leitungsband** genannt, zu springen und sich frei im Kristall zu bewegen. Beim absoluten Nullpunkt sind alle Elektronen gebunden, befinden sich also im **Valenzband**. Das Leitungsband ist also komplett leer. Die theoretische Grenze zwischen besetzten und unbesetzten Energiezuständen beim Temperaturnullpunkt ist die **Fermienergie** E_F. Beim Wert der Fermienergie selbst muss es keine besetzbaren Zustände geben. Vielmehr liegt sie beim Isolator sogar in der verbotenen Zone. Bei höheren Temperaturen können Energiezustände über der Fermienergie besetzt werden, dafür werden Energieniveaus unterhalb der Fermienergie entleert. Bei der Fermienergie liegt die Besetzungswahrscheinlichkeit unabhängig von der Temperatur immer bei 50%.

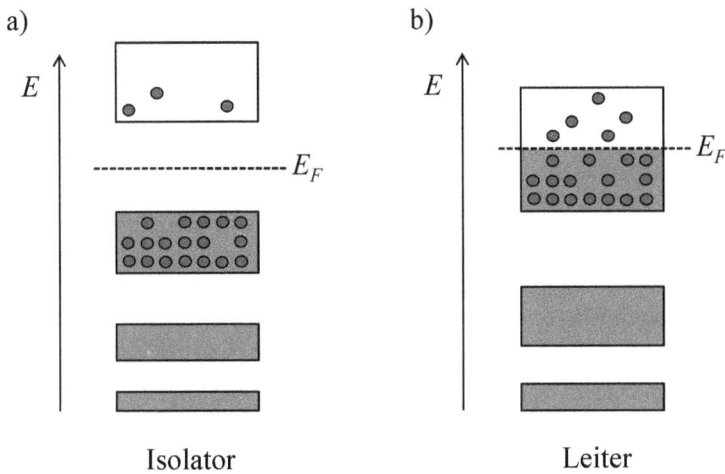

Abb. 1.24: Beim Isolator (a) ist das oberste Energieband (Valenzband) voll besetzt. Es ist vom nächsten einnehmbaren Energieband des Elektrons (Leitungsband) durch eine breite verbotene Zone getrennt, die bei Raumtemperatur nur wenige Elektronen überwinden können. Beim Metall (b) ist das oberste Energieband nicht vollständig besetzt. Elektronen können sich durch geringe Energieaufnahme frei im Kristall bewegen.

Bei **Metallen** liegt das höchste besetzte Energieniveau unterhalb der oberen Kante eines Energiebandes. Elektronen können also kinetische Energie gewinnen und innerhalb des Energiebandes bleiben (Abb. 1.24b). Auch kleine Energiebeträge genügen, um die Elektronen aus ihren Bindungen zu lösen und an der Leitfähigkeit des Metalls zu beteiligen. Die Fermienergie liegt hier innerhalb des teilbesetzten Energiebandes.

Im Gegensatz dazu sind **Halbleiter** Isolatoren mit verkleinerter verbotener Zone. Sie hat hier nur etwa eine Breite von einigen Zehntel Elektronenvolt bis etwa 2 eV. Bei Germanium liegt sie zwischen 0,67 eV (Raumtemperatur) und 0,744 eV (absoluter Nullpunkt der Temperatur), bei Silizium zwischen 1,107 eV (Raumtemperatur) und 1,153 (absoluter Nullpunkt der Temperatur). Diese Energie kann der thermischen Energie des Gitters entnommen werden. Die Leitfähigkeit der Halbleiter steigt also folglich mit der Temperatur an, da bei steigender Temperatur immer mehr Elektronen in die nächst höheren Energiezustände, das Leitungsband, befördert werden. Die Leitfähigkeit ist gegenüber den Isolatoren deutlich erhöht, im Vergleich zu den Metallen ist sie allerdings minimal. Verbessern lässt sie sich, indem man Halbleiter mit Fremdatomen dotiert. Die klassischen Halbleitermaterialien Silizium und Germanium haben jeweils vier Elektronen in der äußeren Schale und haben das Bestreben, diese Schale aufzufüllen. Hierzu benötigen sie weitere vier Elektronen, die sie sich jeweils von vier Nachbaratomen „leihen". Die Folge ist ein kubisch-flächenzentrierte Kristallgitter. Die Bindungen werden **kovalent** genannt. Ersetzt man nun einzelne Silizium- bzw. Germaniumatome durch fünfwertige Atome wie z.B. Arsen, dann bleibt ein einzelnes Außenelektron übrig, das nicht für die Bindung benötigt wird. Es ist nur lose gebunden und kann durch Aufnahme thermischer Energie leicht abgelöst werden und damit ins Leitungsband kommen. Durch Dotierung mit Fremdatomen kann die Leitfähigkeit beträchtlich erhöht werden. Die Dotierung mit Atomen, die ein Elektron abgeben, führt zu einem **n-leitenden** Halbleiter. Die Atome nennt man **Donatoren**. Das Ferminiveau wird durch die Dotierung innerhalb der verbotenen Zone in Richtung Leitungsband verschoben.

Dotiert man Germanium oder Silizium mit dreiwertigen Atomen, fehlt bei den Bindungen jeweils ein Elektron. Diese Fehlstelle kann quasi wie eine positive Ladung im Gitter wandern. Man bezeichnet das Material dann als **p-leitend**, die entsprechenden Atome als **Akzeptoren**. Das Ferminiveau wird durch diese Dotierung innerhalb der verbotenen Zone in Richtung Valenzband verschoben.

Bringt man einen p-leitenden Halbleiter mit einem n-leitenden Halbleiter in Kontakt (Abb. 1.25), dann diffundieren Elektronen aus dem n-Bereich in den p-Bereich und umgekehrt Löcher aus dem p-Bereich in den n-Bereich und **rekombinieren** jeweils. Es bleiben im n-leitenden Bereich **positive, ortsfeste Störstellenionen** zurück, während im p-leitenden Bereich **negative, ortsfeste Störstellenionen** vorhanden sind. Das führt in den jeweiligen Bereichen zu einer positiven bzw. negativen Raumladung, obwohl die Materialien vormals neutral waren. Das sich aufbauende elektrische Feld verhindert schließlich ein weiteres Eindringen von Elektronen oder Löchern in die Rekombinationszone. Es entsteht eine **Verarmungsschicht**, in der nur noch wenige Elektronen oder Löcher anzutreffen sind.

Man kann allerdings Elektronen und Löcher gewissermaßen gewaltsam in die Verarmungsschicht drücken, indem man von außen ein Gegenfeld zum Diffusionsfeld erzeugt. Hierzu wird an den p-Bereich eine positive und an den n-Bereich eine negative Spannung angelegt. Es finden dann im **pn-Übergang** permanent Rekombinationen statt, da Elektronen und Löcher durch die Spannungsquelle immer wieder nachgeliefert werden. Im äußeren Stromkreis beobachtet man damit einen Stromfluss. Man spricht daher auch von einer Polung in **Durchlass-** oder **Vorwärtsrichtung**.

Durch die Rekombination wird Energie frei, die im Falle von Germanium oder Silizium in Form von Wärme abgeführt wird. Die Energie wird von außen durch den fließenden Strom nachgeliefert. Es gibt Halbleitermaterialien, bei denen die Rekombinationsenergie in Form eines Photons emittiert wird. Der pn-Übergang dieser als **direkte Halbleiter** bezeichneten Stoffe arbeitet dann als **Leuchtdiode** (LED), deren Wellenlänge mit dem Bandabstand gemäß

$$E_g = hf = \frac{hc}{\lambda} \qquad\qquad 1.162$$

zusammenhängt. Bei **indirekten Halbleitern** wird dagegen die bei der Rekombination frei werdende Energie in Form von Gitterschwingungen und damit als Wärme abgeführt. Die in Abb. 1.26 eingezeichneten Ferminiveaus E_{Fn} und E_{Fp} werden als **Quasi-Ferminiveaus** bezeichnet, denn eigentlich herrscht im Falle einer angelegten Spannung kein thermisches Gleichgewicht zwischen den Energiezuständen und die Fermiverteilung ist somit nicht anwendbar. Allerdings können sich die Ladungsträger **innerhalb eines Energiebandes** im thermischen Gleichgewicht befinden.

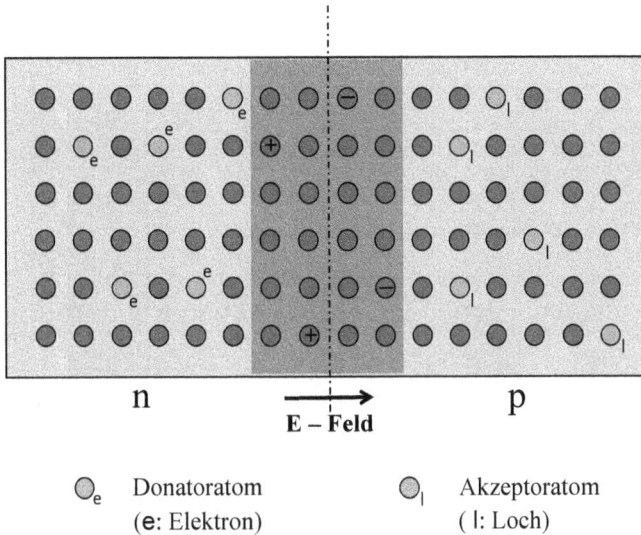

Abb. 1.25: Durch Rekombination von Elektronen und Löchern entsteht im pn-Übergang eine Verarmungsschicht (dunkelgrau). Das sich aufbauende E-Feld verhindert schließlich eine weitere Vergrößerung der Verarmungsschicht. Der n- bzw. p-Bereich ist elektrisch neutral.

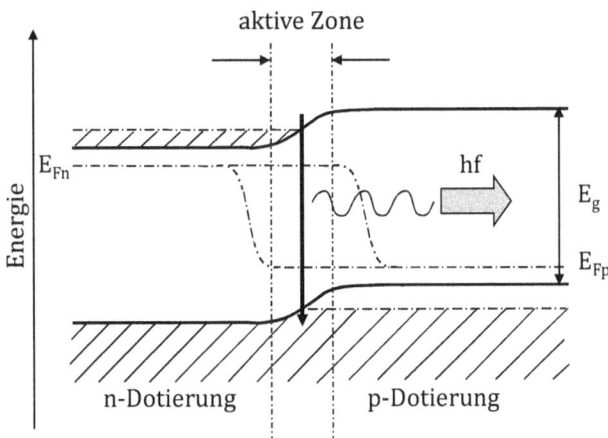

Abb. 1.26: Bei direkten Halbleitern kann die bei der Rekombination von Elektronen und Löchern frei werdende Energie in Form eines Photons abgegeben werden.

1.3.6   Laserlicht aus dem pn-Übergang

Die Leuchtdiode emittiert zwar Licht, es kommt aber noch zu keiner stimulierten Emission. Damit diese eintreten kann, bedarf es einer **Besetzungsinversion**. Diese kann im pn-Übergang erreicht werden, indem man eine **deutlich höhere Dotierung** wählt. Damit kann das Ferminiveau E_{Fn} der Elektronen ins Leitungsband und das Ferminiveau E_{Fp} der Löcher ins Valenzband verschoben werden (Abb. 1.27). Beim Anlegen einer Spannung kann oberhalb einer bestimmten Stromschwelle damit Besetzungsinversion zwischen dem Energieniveau der Unterkante des Leitungsbandes und dem Energieniveau der Oberkante des Valenzbandes erzeugt werden.

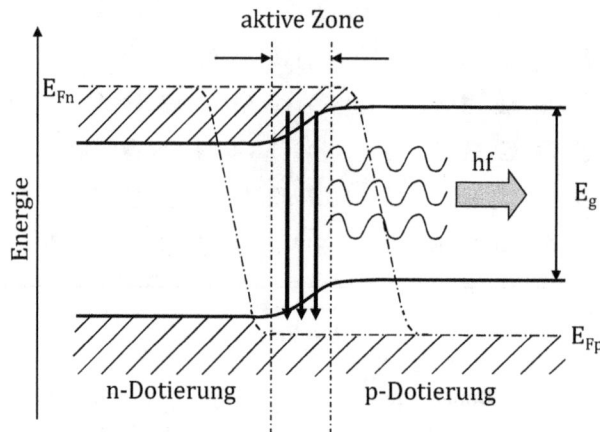

Abb. 1.27: Durch hohe Dotierung können die Quasi-Ferminiveaus jeweils aus der verbotenen Zone ins Leitungs- bzw. Valenzband verschoben werden.

Bei der Laserdiode handelt es sich dem Wesen nach um einen Vier-Niveau-Laser, wie Abb. 1.28 zeigt. Durch Relaxationsprozesse nehmen die Elektronen innerhalb des Leitungsbandes bevorzugt Energiezustände an der Unterkante an. Diese Energie entspricht dem Niveau E_2 beim Vier-Niveau-System. Nach der Rekombination befinden sich die Elektronen im Energiezustand der Oberkante des Valenzbandes. Diese Energie entspricht dem Energie-Niveau E_1 in Abb. 1.28. Die Elektronen relaxieren dann durch weitere Energieabgabe in tiefere Energiezustände des Valenzbandes.

Obwohl die Realisierung einer Laserdiode nach diesem Prinzip grundsätzlich möglich ist, waren die ersten praktischen Versuche nicht sehr vielversprechend. Die beschriebene Diode ist ein **Homostruktur-Laser**, d.h. die p-leitenden und die n-leitenden Gebiete der Diode bestehen aus dem gleichen Material. Nur die Dotierung ist unterschiedlich. Beim Betrieb einer solchen Laserdiode stellt man fest, dass sich Lasertätigkeit nur bei sehr tiefen Temperaturen und nur im gepulsten Betrieb einstellt. Der Grund hierfür sind die große Diffusionslänge der Elektronen sowie die hohen Verluste durch nichtstrahlende Rekombination.

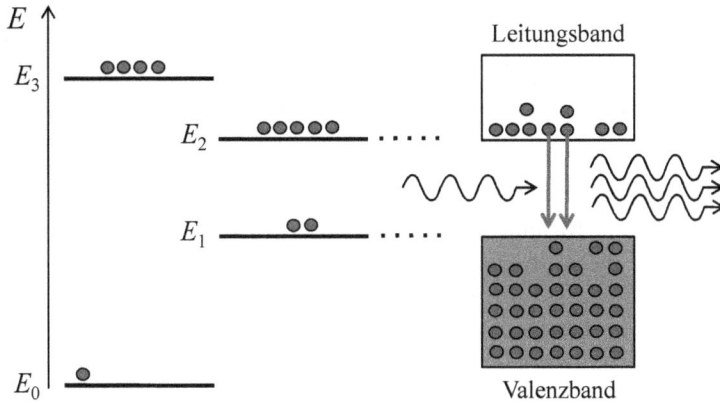

Abb. 1.28: Bei der Laserdiode handelt es sich de facto um ein Vier-Niveau-System. Innerhalb des Leitungsbandes relaxieren die Elektronen schnell in den niedrigstmöglichen Energiezustand. Dieser ist damit stärker besetzt als der höchste Energiezustand im Valenzband und die Besetzungsinversion ist hergestellt.

Abhilfe schaffen **Heterostrukturen**, mit denen, wie in Abb. 1.29 dargestellt, Potentialbarrieren erzeugt werden können, die die Diffusion der Elektronen hemmen. Hierzu werden im Falle der Abb. 1.30 zwischen p-GaAs bzw. n-GaAs und aktiver Schicht zwei Schichten aus **p-Ga$_{1-x}$Al$_x$As** und **n-Ga$_{1-y}$Al$_y$As** gebracht. Damit lässt sich die Ausdehnung des aktiven Bereiches verringern. Da der Verstärkungsfaktor umgekehrt proportional zu dieser Ausdehnung ist, sinkt bei Heterostrukturen die Schwellstromdichte beträchtlich, bei GaAs von typisch 1 kA/mm^2 um einen Faktor 100 auf etwa 10 A/mm^2. Die Ausdehnung des aktiven Bereichs kann auf etwa 0,1 µm begrenzt werden. Im Extremfall können durch **Quantenfilmstrukturen** sogar Ausdehnungen von ca. 10 nm realisiert werden. Die dabei auftretenden Phänomene gehen aber über die Reduzierung der Ausdehnung hinaus.

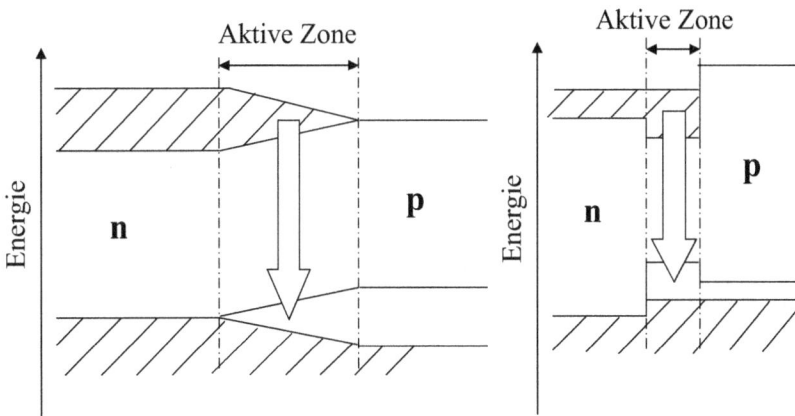

Abb. 1.29: Mit Hilfe von Heterostrukturen lässt sich die Ausdehnung des aktiven Bereichs verkleinern.

Die Heterostruktur führt zu einem weiteren Vorteil: während bei der Homostruktur das Licht nicht auf den aktiven Bereich beschränkt ist, da ja das Material bis auf die Dotierungen vom

Brechungindex her homogen ist, wird das Licht bei der Heterostruktur **wie bei einem Wellenleiter geführt**. Der Brechungsindex in der aktiven Zone ist deutlich höher als in den angrenzenden Schichten. Die Ladungsträgerdichte im Material hat außerdem ebenfalls einen Einfluss auf die Brechzahl, man spricht in diesem Fall von einer **Gewinn-Führung** des Strahls.

Das Licht wird bei diesen Heterostrukturen zwar innerhalb der Dicke d der aktiven Schicht geführt, nicht jedoch in Richtung der Ausdehnung b (Abb. 1.30). Eine Führung auch in dieser Richtung, d.h. die Ausbildung eines Kanals für den Laser, kann erreicht werden, indem man durch seitliches Anwachsen weiterer Schichten den Pumpstrom und damit die aktive Zone auf einen schmalen Kanal konzentriert und damit auch gleichzeitig seitlich eine Wellenleiterstruktur durch veränderte Brechzahlen erzeugt. Die Resonatorspiegel werden bei der Laserdiode durch die Begrenzungsflächen des Halbleiterkristalls gebildet. Da Halbleiter üblicherweise einen hohen Brechungindex haben, ist der Reflexionsgrad an den Oberflächen relativ hoch. Für GaAs beträgt er bei einer Brechzahl von $n = 3,6$ etwa 0,32. Man muss in der Regel nur die beiden Stirnflächen polieren. In seitlicher Ausdehnung werden die Flächen rauh gehalten.

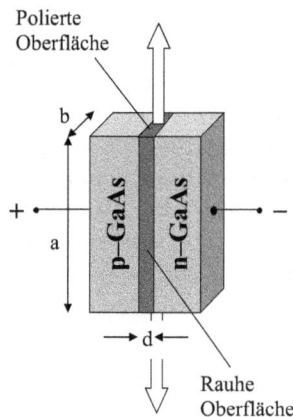

Abb. 1.30: Homostruktur-Laserdiode.

Aufgaben

1. Bei einem Vier-Niveau-Laser liege das untere Laser-Niveau bei 1087 cm^{-1}. Geben Sie das Verhältnis der Besetzungsdichte dieses Niveaus relativ zur Grundzustandsbesetzung an, wenn die Temperatur 400 K beträgt!

2. Eine 100 μm dicke Schicht einer Modellsubstanz mit dem Wirkungsquerschnitt $\sigma = 3,11 \cdot 10^{-21} \, \text{cm}^2$ und der Teilchenzahldichte $n = 3,35 \cdot 10^{28} \, \text{m}^{-3}$ habe neben dem Grundzustand nur noch ein Energieniveau $E_1 = 0,291 \, \text{eV}$.

   a) Wie groß ist die relative Besetzung dieses Energieniveaus im Vergleich zum Grundzustand $E_0 = 0 \, \text{eV}$ bei Raumtemperatur $\vartheta = 20° \, \text{C}$?

b) Die Substanz werde auf $1825°C$ erwärmt. Wie viel Prozent der für den Übergang $E_0 \rightarrow E_1$ passenden Strahlung werden jetzt absorbiert?

3. Bei einer spektroskopischen Laseranwendung tritt das Problem auf, einen Laserstrahl (geringer Leistung) noch weiter zu schwächen. Die vorhandene Intensität soll mittels einer absorbierenden Platte (Absorptionskoeffizient $\alpha = 1350 \text{ m}^{-1}$) auf 20% reduziert werden. Welche Dicke d muss die Platte haben?

4. Eine Substanz der Schichtdicke x schwäche Licht auf 20%. Der Wirkungsquerschnitt betrage $\sigma = 2{,}5 \cdot 10^{-20} \text{ cm}^2$. Die Teilchendichte sei $4{,}61 \cdot 10^{18} \text{ cm}^{-3}$. Wie groß ist x?

5. Bei einem Drei-Niveau-System soll durch eine Absorptionsmessung der Wirkungsquerschnitt σ_{10} für die stimulierte Emission bestimmt werden. Eine 100 mm dicke Schicht des Materials (Teilchendichte: $n_0 = 1{,}7 \cdot 10^{19} \text{ cm}^{-3}$) schwächt Licht passender Frequenz mit der Intensität $\psi_0 = 119 \text{ mW/m}^2$ auf $1{,}7 \text{ mW/m}^2$. Wie groß ist σ_{10}? (Wirkungsquerschnitt für Absorption und stimulierte Emission sollen identisch sein, $\sigma_{10} = \sigma_{01}$)

6. Wie hoch ist bei einem Drei-Niveau-System die Teilchendichte n_0, wenn bei einem Wirkungsquerschnitt $\sigma_{10} = 2{,}5 \cdot 10^{-20} \text{ cm}^2$ für die stimulierte Emission in einer 100 mm dicken Schicht des Materials Licht passender Frequenz von $\psi_0 = 80 \text{ mW/m}^2$ auf 3 mW/m^2 geschwächt wird (Wirkungsquerschnitt für Absorption und stimulierte Emission sollen identisch sein, $\sigma_{01} = \sigma_{10}$)?

7. Bei einem Vier-Niveau-Laser liege das untere Laserniveau bei 986 cm^{-1}. Das Verhältnis der Besetzungsdichte dieses Niveaus relativ zur Grundzustandsbesetzung ist 0,10.
   a) Wie hoch ist die Temperatur?
   b) Wie groß ist die Grundzustandsbesetzung n_0, wenn bei einer 5 mm dicken Schicht des Materials unter den oben genannten Bedingungen ($\sigma = 2{,}5 \cdot 10^{-20} \text{ cm}^2$) 15% der Strahlungsintensität absorbiert wird?

8. Bei einer Modellsubstanz befinden sich $5 \cdot 10^{27}$ Teilchen in einem Kubikmeter. Es sei angenommen, dass die Teilchen neben dem energetischen Grundzustand E_0 noch die beiden Niveaus mit der Energie $E_1 = 0{,}21 \text{ eV}$ und $E_2 = 0{,}3 \text{ eV}$ besitzen. Wieviel Prozent der Strahlung wird beim Übergang $E_1 \rightarrow E_2$ bei einer Temperatur von $T = 800 \text{ K}$ in einer 13,33 mm dicken Schicht absorbiert, wenn der Wirkungsquerschnitt für die Absorption bei $\sigma = 3 \cdot 10^{-21} \text{ cm}^2$ liegt?

9. Eine Substanz habe neben dem Grundzustand ($E_0 = 0 \text{ eV}$) zwei weitere Energieniveaus mit der Energie $E_1 = 0{,}12 \text{ eV}$ und $E_2 = 0{,}28 \text{ eV}$. Die Teilchenzahldichte beträgt $n = 2{,}455 \cdot 10^{23} \text{ m}^{-3}$, die Temperatur sei $T = 590 \text{ K}$. Wie groß ist der Wirkungsquerschnitt für die Absorption von E_1 nach E_2, wenn in einer 20 mm dicken Schicht 10% der Strahlung absorbiert werden?

2 Technische Realisierung von Laserlichtquellen

Im ersten Abschnitt wurden die quantenoptischen Grundlagen der Lichterzeugung dargestellt. Bevor nun die gängigsten Lasertypen genauer betrachtet werden, sollen einige für alle Lasertypen relevante Themen behandelt werden. Hierzu gehören die axialen und transversalen Moden oder die Güteschaltung bzw. das Modenkoppeln von Lasern ebenso wie die Frequenzverdopplung.

2.1 Allgemeine Grundlagen

Laserlicht zeichnet sich durch drei Besonderheiten aus: seine **starke Bündelung** und damit die hohe Intensität der Strahlung, seine **hohe Kohärenzlänge** und seine strenge **Monochromasie**, also seine strenge Einfarbigkeit. Mit letzterem, also den spektralen Besonderheiten der Laserstrahlung soll hier der Anfang gemacht werden.

2.1.1 Axiale Moden

Es soll hier Bezug genommen werden auf das in Kapitel 1.3.3 (Abb. 1.22) dargestellte rückgekoppelte System. Das System besteht aus zwei Spiegeln, die sich parallel zueinander im Abstand L gegenüberstehen. Zwischen diesen Spiegeln läuft eine elektromagnetische Welle hin und her. Auf der Spiegeloberfläche werden Knotenstellen erzwungen. Bei metallischen Spiegeln ist das leicht einsehbar, denn es kann keine Tangentialkomponente des elektrischen Feldes auf der Oberfläche geben. Die frei beweglichen Elektronen würden sie augenblicklich kompensieren. Es entsteht also eine stehende Welle, wie sie auch auf einem Seil entsteht, das zwischen zwei Wänden fest eingespannt ist. Diese verlangt die Bedingung:

$$L = i\frac{\lambda}{2} \qquad\qquad 2.1$$

Im Hohlraum, dem **Resonator**, können nur solche „stehenden Lichtwellen" anschwingen, für die das ganzzahlige Vielfache von $\lambda/2$ genau dem Abstand der Spiegelflächen, also der **Resonatorlänge** L entspricht. Die natürliche Zahl i wird **Modenindex** genannt. Da die Lichtwellenlänge in der Regel sehr klein im Vergleich zur Resonatorlänge ist ($\lambda \ll L$), wird i sehr groß. Als Beispiel sei hier ein 30 cm langer Resonator eines Helium-Neon-Gaslasers genannt, der bei der Wellenlänge von $\lambda = 632,8$ nm strahlt. Gemäß Gl. 2.1 ergibt sich

$$i = \frac{2L}{\lambda} \approx 948167 \qquad\qquad 2.2$$

Für den Modenindex i gibt es keine Einschränkungen, er kann gegen Unendlich gehen. Es gibt somit auch unendlich viele Eigenschwingungen und damit auch unendlich viele Wellenlängen, die im Resonator anschwingen können. Ihr Frequenzspektrum ist wegen $c = \lambda f$ gegeben durch

$$f_i = \frac{ic}{2L} \qquad\qquad 2.3$$

Die zum Modenindex $i+1$ gehörige Frequenz wäre dann

$$f_{i+1} = \frac{(i+1)c}{2L} \qquad\qquad 2.4$$

Der **Frequenzabstand zwischen diesen benachbarten Frequenzen**, man sagt **axialen Moden**, wäre dann

$$\Delta f = \frac{(i+1)c}{2L} - \frac{ic}{2L} \qquad \boxed{\Delta f = \frac{c}{2L}} \qquad 2.5$$

und ist damit unabhängig vom Modenindex i. Die möglichen axialen Moden sind also **äquidistant**, die zugehörigen Frequenzen haben gleiche Abstände. Δf kann wegen Gl. 2.3 formal auch als niedrigstmögliche Eigenfrequenz ($i=1$) des Resonators aufgefasst werden und wird daher auch **Resonatorgrundfrequenz** genannt. Im Falle des oben behandelten He-Ne-Lasers würde Δf etwa den Wert 500 MHz annehmen.

Die Angabe einer konkreten Wellenlänge für die Laserstrahlung ist auf der Basis des bisher Gesagten noch nicht verständlich. Das Spektrum ist zwar diskret, d.h. es treten nur bestimmte Wellenlängen auf. Andererseits treten auch wieder unendlich viele Linien in vergleichsweise engsten Abständen auf. Die Lösung findet sich in der Tatsache, dass die axialen Moden des Resonators in irgendeiner Weise angeregt werden müssen. Es muss Strahlung im Resonator entstehen und bei der Ausbreitung der Welle im Resonator entstehende Verluste müssen ausgeglichen, der Resonator also entdämpft werden. Hier kommt der „Lichtverstärker" aus Kapitel 1.3.3 ins Spiel. Er besitzt eine endliche spektrale Breite, so dass er nur einen winzigen Bruchteil aller im Resonator möglichen axialen Moden unterstützt bzw. entdämpft. Die restlichen sind nur „theoretisch möglich". Abb. 2.1 zeigt, dass die Zahl der anschwingenden axialen Moden entscheidend von der spektralen Breite des verstärkenden Mediums abhängt.

Bei der praktischen Ausführung eines Laserresonators ist einer der beiden Spiegel **teildurchlässig**, denn man will dem Resonator ja Nutzstrahlung entziehen. Die stehende Welle wird also laufend geschwächt. Der Verstärker muss diese Verluste ausgleichen und deshalb eine Verstärkung deutlich über Eins haben. Es schwingen also nur solche Frequenzen an, bei denen der Verstärkungsfaktor über der Verlustgeraden liegt. In Abb. 2.1 sind das die vier fett gezeichneten Linien. Bei den meisten kommerziellen Lasersystemen schwingen mehrere axiale Moden an. Für die Mehrzahl der Anwendungen, besonders bei der Materialbearbeitung, ist das unerheblich. Bei der Spektroskopie kann es aber mitunter sehr störend sein.

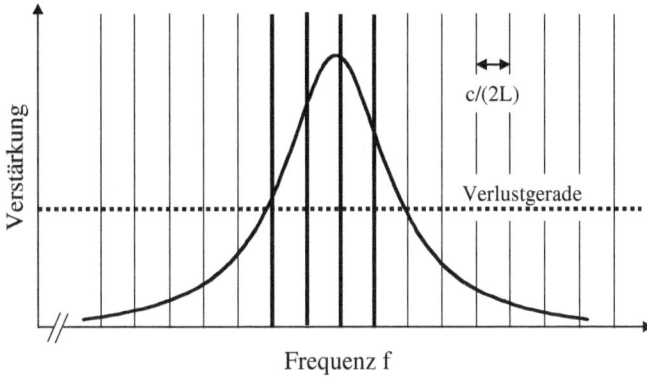

Abb. 2.1: Entstehung des Modenspektrums von Laseroszillatoren. Es schwingen im Resonator nur die vier fett gezeichneten Linien an. Nur bei ihnen ist die Verstärkung höher als die Resonatorverluste.

Theoretisch ist folgender Grenzfall denkbar: der sich nach Gl. 2.5 ergebende Modenabstand Δf wird aufgrund einer sehr kurzen Resonatorlänge sehr groß und die Linienbreite des verstärkenden Mediums ist sehr klein. Dann könnte es passieren, dass Δf ähnlich groß oder größer wird als die Linienbreite. Die Folge wäre, dass im Grenzfall nur eine (Abb. 2.2a) oder gar keine Linie (Abb. 2.2b) im Verstärkungsprofil liegt. In letzterem Fall würde der Laser keinerlei Strahlung liefern. In Tab. 2.1 sind die Linienbreiten einiger gängiger Lasermaterialien angegeben.

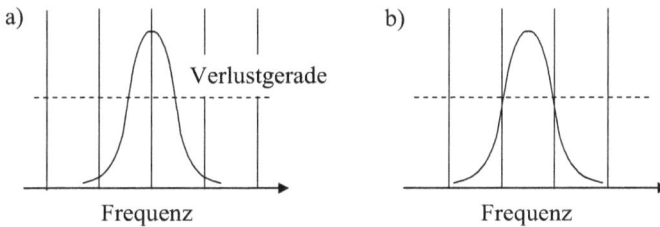

Abb. 2.2: Bei sehr kurzen Resonatoren kann es passieren, dass nur eine (a) oder gar keine (b) axiale Mode im Verstärkungsprofil liegt.

Tab. 2.1: Frequenzen und Linienbreiten der gängigsten Lasertypen.

Lasertyp	Bedingungen	Wellenlänge/ μm	Frequenz/ THz	Linienbreite/ GHz	Quelle
He-Ne-Laser	Bei Ausgangsleistung 5 bis 50 mW	0,6328	474	1,5	[Kneubühl 2005]
Ar-Ionen-Laser	Bei 2000 K	0,488	614	4	[Eichler, 2010]
CO_2-Laser	Bei 400 K	10,6	28,3	0,15	[Witteman, 1987]
Rubin-Laser	Bei 300 K	0,6943	431,8	329	[Koechner 1976]
Nd-YAG-Laser		1,0641	281,7	120	[Koechner 1976]
Halbleiterlaser	Typ. Werte	0,9	≈ 330	≈ 4000	

Sehr kurze Resonatorlängen (ca. 0,3 bis 0,5 mm) treten bei Halbleiterlasern auf. Bei dem sehr hohen Brechungsindex der Halbleitermaterialien von ca. 3,5 verlängert sich der optische Weg um den entsprechenden Faktor. Daraus resultiert ein Modenabstand Δf von ca. 0,09 bis 0,14 THz. Bei einer Linienbreite in der Größenordnung von einigen THz liegen damit immer noch genügend axiale Moden im Verstärkungsprofil. Anders sieht es hier schon beim CO_2-Laser aus. Hier können bei einer Linienbreite von 0,15 GHz bei kurzen Resonatorlängen schon Probleme auftreten.

2.1.2   Der Einfluss von Längenänderungen des Resonators

In der Regel entsteht beim Betrieb des Lasers Wärme, besonders im aktiven Medium. Das führt nach dem Kaltstart zu einer Erwärmung des Gehäuseinneren und in der Folge auch zu einer Erwärmung der mechanischen Komponenten, die den Abstand der Spiegel und damit die Resonatorlänge bestimmen. Ist α deren Ausdehnungskoeffizient und ändert sich die Temperatur um ΔT, so wird sich die Resonatorlänge um

$$\Delta L = \alpha L \Delta T \qquad\qquad 2.6$$

ändern. Angenommen, die Eigenschwingung mit dem Modenindex i befinde sich im kalten Zustand des Lasers genau im Zentrum des Verstärkungsprofils. Nach Gl. 2.3 muss sich die Frequenz nach Erwärmung entsprechend verändern:

$$f_i(L) = \frac{ic}{2L} \quad \rightarrow \quad f_i(L + \Delta L) = \frac{ic}{2(L + \Delta L)} \qquad\qquad 2.7$$

Die thermisch bedingte Verschiebung ist also

$$\Delta f_i = \frac{ic}{2L} - \frac{ic}{2(L + \Delta L)} = \frac{ic(L + \Delta L) - icL}{2L(L + \Delta L)} = \frac{ic\Delta L}{2L(L + \Delta L)} \qquad\qquad 2.8$$

Unter Verwendung von Gl. 2.3 und wegen $c = \lambda f$ erhält man daraus:

$$\Delta f_i = \frac{f_i \Delta L}{L + \Delta L} \qquad \boxed{\Delta f_i = \frac{c\Delta L}{\lambda_i (L + \Delta L)}} \qquad\qquad 2.9$$

Bei Erwärmung, also Verlängerung des Resonators, verringert sich die Frequenz der i-ten axialen Mode um Δf_i. Diese Verringerung führt dazu, dass sich die vertikalen Linien, die die Eigenfrequenzen des Resonators darstellen, in Abb. 2.3 nach links bewegen. Die strich-punktierten Linien sind die Frequenzen nach der Erwärmung bzw. Verschiebung. Im Falle der Abb. 2.3a liegen die axialen Moden noch eng genug, so dass sich stets mindestens eine Linie im Verstärkungsbereich befindet. Der Laser schwingt also in jedem Fall an. Während der Erwärmung kommt es aber zu einer **Modulation der Laserleistung**, während die einzelnen Linien über das Maximum der Verstärkungslinie wandern. Haben die axialen Moden einen großen Abstand wie in Abb. 2.3b, kann es dazu führen, dass die ursprünglich im Zentrum des Verstärkungsprofils liegende Linie ganz den Bereich der Verstärkung verlässt, bevor die nächste Mode in den Verstärkungsbereich eintritt. In diesem Falle würde der Laser verlöschen. Im Falle der Abb. 2.3c erlischt der Laser nicht, allerdings kommt es wegen der stark variierenden Verstärkung zu starken **Leistungsschwankungen**, während sich das System erwärmt. Die axialen Moden durchlaufen das Verstärkungsprofil, werden also an den Flanken des Profils weniger, im Zentrum mehr verstärkt. Die Laserleistung pendelt also während des Erwärmens zwischen einem Maximal- und einem Minimalwert. Ist die Temperatur stabil geworden, kann es sein, dass das Maximum des Verstärkungsprofils genau zwischen zwei axialen Moden liegt – der Laser würde dann nicht die maximal mögliche Leistung abgeben. In der Praxis lassen sich diese Schwankungen durch eine Längenstabilisierung zwar beseitigen, die Lösung ist praktisch aber relativ teuer.

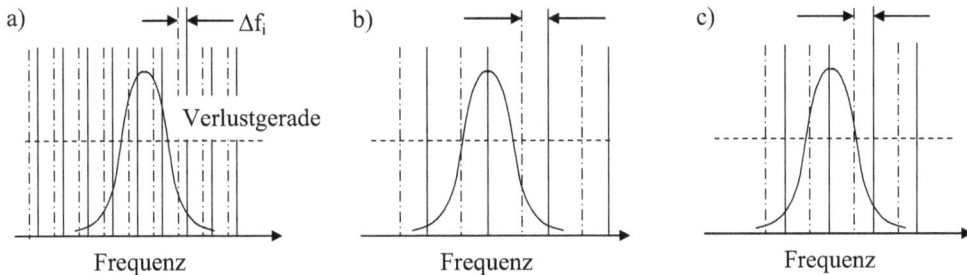

Abb. 2.3: Bei thermisch bedingter Verlängerung des Resonators verschieben sich die axialen Moden zu niedrigen Frequenzen (also nach links). Die durchgezogenen Linien sind die Positionen im kalten Zustand, die strichpunktierten Linien entsprechen dem warmen Zustand. Die Frequenzverschiebung Δf_i führt im Fall b) zu einem Verlöschen der Laserstrahlung, weil sich keine axiale Mode im Verstärkungsprofil befindet. Im Fall c) kommt es zu einer starken Modulation der Ausgangsleistung.

Bei einem 4 m langen Resonator eines CO_2-Lasers ($\lambda = 10,6\,\mu m$), dessen längenbestimmende Elemente aus **Invar-Stahl** (Längenausdehnungskoeffizient: $\alpha = 0,9 \cdot 10^{-6}\,1/K$) gefertigt sind, hat eine Temperaturschwankung ΔT von 20 K eine Frequenzverschiebung von $\Delta f_i = 509\,MHz$ zur Folge. Die Linienbreite unter Betriebsbedingungen beträgt nach Tab. 2.1 etwa 150 MHz. Es wird klar, dass diese spezielle axiale Mode nicht mehr verstärkt wird, wenn der Laser warm ist. Nun ist es aber so, dass der axiale Modenabstand gemäß Gl. 2.5 etwa $\Delta f = 37\,MHz$ beträgt, so dass während der Erwärmung mehrere benachbarte axiale Moden durch das Verstärkungsprofil gerückt sind. Da Δf in diesem Beispiel deutlich kleiner ist als die Linienbreite, wird die Laserstrahlung nicht aussetzen, es sei denn, die Resonatorverluste wären so hoch, dass die Verlustgerade sehr hoch liegt.

2.1.3 Güteschaltung

Bei Lasern stehen inzwischen Leistungen bis zu einigen Zehntausend Watt zur Verfügung. Die Grenze setzt hier die **Materialfestigkeit**, denn optische Komponenten sind nur bis zu einer gewissen Intensität belastbar. Es gibt nun viele Anwendungen, bei denen zwar extreme Intensitäten benötigt werden, aber nur für kurze Zeit. Dies entspricht etwa den Blitzlampen bei den klassischen Lichtquellen. Bei der Photographie etwa leuchtet man den zu photographierenden Gegenstand mit einem Blitzlicht aus. Es wird nur für den Moment der Aufnahme eine relativ hohe Beleuchtungsstärke benötigt. Man würde sehr starke Lampen brauchen, wollte man die Szenerie mit einem Dauerlicht in der gleichen Beleuchtungsstärke ausleuchten. Ähnlich verhält es sich bei vielen Lasermaterialbearbeitungen. Ja es ist sogar in vielen Fällen so, dass Bearbeitungen überhaupt erst mit extrem kurzen, intensiven Laserimpulsen möglich sind.

Die einfachste Art, Laserimpulse zu erzeugen, ist natürlich, einfach die Pumpquelle ein- und auszuschalten. Das liefert aber im eingeschalteten Zustand keine wesentlich höheren Leistungen als die, die das System auch im Dauerstrahlbetrieb liefern würde. Bei optisch gepumpten Systemen kann man Blitzlampen als Pumpquelle einsetzen. Sie liefern für kurze Zeit eine sehr hohe Pumpenergie. Die Folge ist ein entsprechender Laserimpuls. Eine weitere Möglichkeit der Erzeugung intensiver Impulse ist die **Güteschaltung**. Der Begriff „Güte" wird hier in dem Sinne angewandt, wie er auch bei Schwingkreisen in der Elektrotechnik verwendet wird. Der Laserresonator mit seiner stehenden Welle ist ein schwingfähiges System mit einer gewissen **Güte**, d.h. mit einer gewissen, vermeidbaren oder unvermeidbaren Dämpfung. Gedämpft wird der Laserresonator dadurch, dass einer der beiden Spiegel teildurchlässig ist, so dass ihm ständig optische Leistung entzogen wird. Je transparenter der Spiegel, desto höher sind die „**Auskoppelverluste**". Daneben wirken etwa optische Oberflächen mit etwaigen Restreflexionen oder Streuung im Resonator oder auch Restabsorptionen in Komponenten dämpfend.

Mit dem **Güteschalter** (engl. **Q-Switch**) greift man nun bewusst verschlechternd in die Güte des Resonators ein. Hält man etwa eine einfache, für die Strahlung undurchlässige Platte in den Resonator, unterbindet man damit weitgehend die stimulierte Emission. Spontan emittierte Photonen induzieren möglicherweise beim Verlassen des Verstärkers noch einige Übergänge, allerdings wird das emittierte Licht mangels Rückkopplung nicht weiter verstärkt. Wird der Pumpvorgang trotzdem kontinuierlich fortgesetzt, kann damit eine sehr hohe Besetzungsinversion „angehäuft" werden, da nur wenige spontan emittierte Photonen Übergänge induzieren. Gibt man den Resonator frei, löst das erste in Richtung der optischen Achse spontan emittierte Photon aufgrund der hohen Besetzungsinversion im aktiven Medium und der nun wieder wirkenden Rückkopplung sehr viele weitere Photonen aus und es kommt zu einer hohen Verstärkung. Ein sehr intensiver Laserimpuls ist die Folge.

Vergleichen kann man den Vorgang mit einem Bach, bei dem eine gewisse, nicht allzu große Wassermenge pro Zeiteinheit talwärts strömt. Bringt man ein Brett in den Bachlauf, staut sich das Wasser. Auf der Talseite versiegt der Wasserstrom. Ist der „Staudamm" voll und wird das Brett schlagartig herausgezogen, schießt eine große Wassermasse zu Tal. Sie entspricht dem intensiven Laserimpuls. Übrigens ist kein Staudamm beliebig groß, irgendwann wird er überlaufen und das Wasser wird im Falle des Baches seitlich in die Wiese laufen und dort versickern. Bei der Güteschaltung verhält es sich genauso: in keinem Material kann eine beliebig große Besetzungsinversion angehäuft werden. Die theoretische Grenze wäre erreicht, wenn alle Teilchen die Energie des oberen Laserniveaus angenommen haben. In der Praxis ist das natürlich nicht möglich, es gibt stets weitere, besetzte Niveaus. Außerdem sind die entsprechenden Relaxationszeiten endlich, es kommt stets zu spontanen Übergängen, die dem Überlaufen des Staudammes entsprechen. Das bedeutet, dass die Besetzungsinversion einen **Sättigungswert erreicht**, der nicht mehr erhöht wird, selbst wenn man noch so lange wartet.

Die einfachste Realisierung eines Güteschalters ist die oben erwähnte undurchlässige Platte. Will man eine periodische Folge von Laserimpulsen haben, bietet sich eine **Chopperscheibe** an (Abb. 2.4). Dies ist eine rotierende Scheibe mit Öffnungen, die schlitzförmig ausgeführt sind und deren Länge idealerweise noch variabel wäre. Über die Drehzahl lässt sich die Frequenz der Impulsfolge und über die Schlitzlänge das Tastverhältnis beeinflussen. Die Lochscheibe hat aber nur in den Fällen eine praktische Bedeutung erlangt, bei denen keine geeigneten Materialien für akusto- oder elektrooptische Güteschalter verfügbar sind. Um nämlich eine spürbare Intensitätsüberhöhung zu erhalten, muss die Öffnung des Resonators, also die Verbesserung der Güte, sehr schnell erfolgen. Die Abklingzeit des Resonators muss dagegen lang sein. Die **Abklingzeit** τ_{Res} (Gl. 1.152) ist die Zeit, in der die Welle bedingt durch die Resonatorverluste (ohne Güteschalterverluste) auf den e-ten Teil ihrer Intensität abgeklungen ist. Da dies nur mit sehr schnell rotierenden Scheiben und stark fokussierter Laserstrahlung angenähert möglich ist, wurden schnell andere Wege gesucht und gefunden.

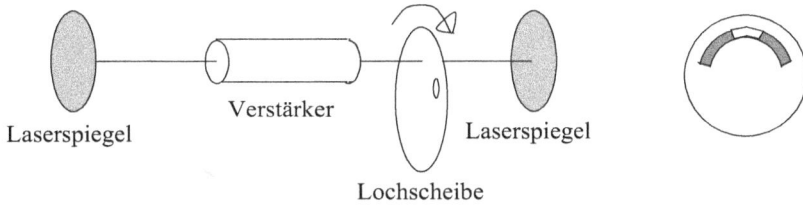

Laserspiegel Verstärker Laserspiegel

Lochscheibe

Abb. 2.4: Rotierende Lochscheibe als Güteschalter. Die Lochscheibe kann durch zwei übereinander liegende geschlitzte Scheiben gebildet werden, deren Schlitze gegeneinander verschoben werden können, so dass unterschiedliche Tastverhältnisse realisiert werden können.

Eine elegante Möglichkeit ist der **akustooptische Güteschalter**. Hier wird mit Hilfe einer **Ultraschallwelle** in einem transparenten Medium, im Sichtbaren häufig Quarz, über die Dichteschwankungen eine **Modulation der Brechzahl** bewirkt. Realisiert wird dies, indem man an das Medium seitlich einen piezoelektrischen Kristall anbringt und mit einer hochfrequenten Wechselspannung (10 bis 1000 MHz) versorgt. Im Güteschalter entsteht damit eine Welle mit ebenen Phasenfronten. Der Abstand zweier Verdichtungszonen entspricht der Wellenlänge Λ_S der Schallwelle. Fällt Licht wie in Abb. 2.5 skizziert auf die Verdichtungszonen, erfolgt eine Ablenkung, die formal wie eine Bragg-Reflexion an Netzebenen eines Kristallgitters behandelt werden kann. Die beiden an den Verdichtungszonen „reflektierten" Strahlen 1 und 2 überlagern konstruktiv, wenn der Gangunterschied zwischen den beiden Strahlen einem ganzzahligen Vielfachen der Lichtwellenlänge λ entspricht:

$$2a - b = i\lambda \quad \text{mit } i = 1; 2; 3; ... \hspace{3cm} 2.10$$

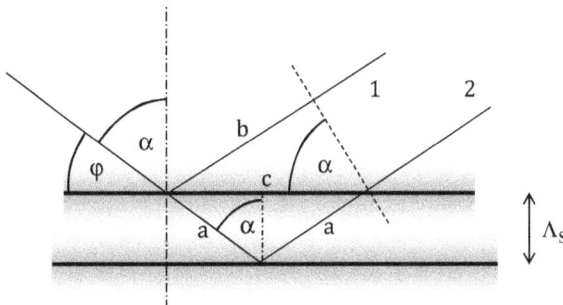

Abb. 2.5: Die Lichtbeugung an den Verdichtungszonen der Ultraschallwelle entspricht formal der Bragg-Reflexion.

Aus der Abbildung liest man ab:

$$\Lambda_s = a\cos\alpha \qquad \frac{c}{2} = a\sin\alpha \qquad \frac{b}{c} = \sin\alpha \qquad\qquad 2.11$$

Durch Auflösen der ersten beiden Gleichungen nach a und c und anschließendem Einsetzen in die dritte Gleichung folgt:

$$b = \frac{2\Lambda_S \sin^2\alpha}{\cos\alpha} \qquad\qquad 2.12$$

Aus Gl. 2.10 wird damit:

$$\frac{2\Lambda_S}{\cos\alpha} - \frac{2\Lambda_S \sin^2\alpha}{\cos\alpha} = 2\Lambda_S\left(\frac{1-\sin^2\alpha}{\cos\alpha}\right) = 2\Lambda_S \cos\alpha = i\lambda \qquad\qquad 2.13$$

Führt man den bei der Bragg-Reflexion gebräuchlichen Winkel ϕ ein, so gilt wegen $\alpha = 90° - \phi$:

$$\boxed{2\Lambda_S \sin\phi = i\lambda} \qquad\qquad 2.14$$

Ersetzt man noch die Wellenlänge λ im Modulatormedium durch λ_0 / n, wobei λ_0 die Vakuumwellenlänge und n die Brechzahl des Modulatormaterials ist, dann erhält man für Gl. 2.14:

$$2\Lambda_S \sin\phi = \frac{i\lambda_0}{n} \quad \text{bzw.} \quad \boxed{\sin\varphi = \frac{i\lambda_0}{2\Lambda_S n}} \qquad\qquad 2.15$$

Die Gleichung zeigt, dass über die Schallwellenlänge und damit die Schallfrequenz der Ablenkwinkel beeinflusst werden kann. Da die Reflexion nicht an diskreten Netzebenen erfolgt, sondern an sinusförmigen Brechzahlschwankungen, kann man zeigen, dass **nur die Ordnungen i = 1 und i = –1** (Abb. 2.6b) auftreten. Das Verhalten des Modulators kann in diesem Fall als eine Bragg-Reflexion aufgefasst werden, der Modulator arbeitet dann im **Bragg-Bereich**. Wird die seitliche Ausdehnung b des Modulators klein, wird also die Fläche der Phasenfronten klein, dann verhält sich der Modulator ähnlich einem Beugungsgitter und es können höhere Beugungsordnungen auftreten. Man sagt dann, der Modulator arbeitet im **Raman–Nath-Bereich**. Als Kriterium, in welchem Bereich ein Modulator arbeitet, wurde die folgende Größe entwickelt [Higgins 1991]:

$$\boxed{Q = \frac{2\pi\lambda b}{n\Lambda_S^2}} \qquad\qquad 2.16$$

b ist die seitliche Ausdehnung der Schallwelle bzw. des Modulators. Ist Q **niedriger als 1**, arbeitet der Modulator im **Raman–Nath-Bereich**, ist Q **größer als 1**, arbeitet er im **Bragg-Bereich**.

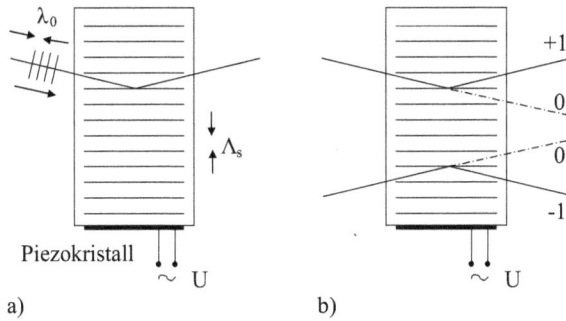

Abb. 2.6: Beim akustooptischen Modulator kommt es zur Beugung der Lichtwelle an den periodischen Dichte-schwankungen, die eine Ultraschallwelle verursacht (a). Ein im Bragg-Bereich arbeitender Modulator beugt nur in die Ordnungen +1 und −1 (b).

An dem durch die Schallwelle erzeugten Phasengitter findet eine Beugung des Lichtes statt, so dass ein Teil aus seiner ursprünglichen Richtung gebeugt wird. In den Resonator eines Lasers eingesetzt, verschlechtert das die Güte des Resonators und bringt ihn idealerweise unter die Laserschwelle, so dass er mit der Ultraschallwelle ein- bzw. ausgeschaltet werden kann. Die maximale Frequenz, mit der das geschehen kann, ist theoretisch durch die Zeit τ bestimmt, die die Schallwelle benötigt, um den Laserstrahl mit dem Durchmesser $2w$ zu durchqueren. Es gilt:

$$f_{max} = \frac{1}{\tau} = \frac{c_S}{2w} \qquad\qquad 2.17$$

Dabei ist c_S die Schallgeschwindigkeit im Modulatormaterial. Im Bragg-Bereich können theoretisch bis zu 100% der Strahlung in die erste Ordnung gebeugt werden [Das 1991]. Die optischen Verluste, die ein akustooptischer Modulator beim Einbringen in den Resonator verursacht, sind bei Verwendung von antireflexbeschichteten Oberflächen minimal.

Schneller und mit besserem Löschungsverhältnis lässt es sich mit **elektrooptischen Modula-toren** schalten. Sie beruhen darauf, dass bestimmte Kristalle beim Anlegen einer Hochspan-nung **doppelbrechend** werden. Bei geeignetem Zuschnitt des Kristalls und einer genau be-rechneten Länge und der dazu passenden Spannung kann damit eine definierte **Drehung der Polarisationsrichtung** des durchgehenden Lichtes bewirkt werden. Das setzt einen polari-sierten Laserstrahl voraus. Der Kristall wird so bemessen, dass beim Einfachdurchlauf ge-mäß Abb. 2.7a die Polarisation im Resonator zunächst um $45°$ gedreht wird. Nach erfolgter Reflexion am Laserspiegel (Abb. 2.7b) kann beim Rücklauf die Polarisation um weitere $45°$ gedreht werden (Abb. 2.7c). Das Licht wird somit – da jetzt $90°$ in der Polarisation gedreht – durch den Polarisator blockiert. Die Güte des Resonators ist somit deutlich verschlechtert. Die elektrooptische Güteschaltung ist die teuerste, aber auch schnellste Art der Güteschal-tung. Es sind damit **hohe Löschungsverhältnisse und Schaltzeiten unter 10 ns** realisierbar.

a)

Elektrooptischer Kristall

Polarisator   U   45°   Spiegel

b)

Elektrooptischer Kristall

Polarisator   U   45°   45°   Spiegel

c)   Elektrooptischer Kristall

Polarisator   U   45°   Spiegel

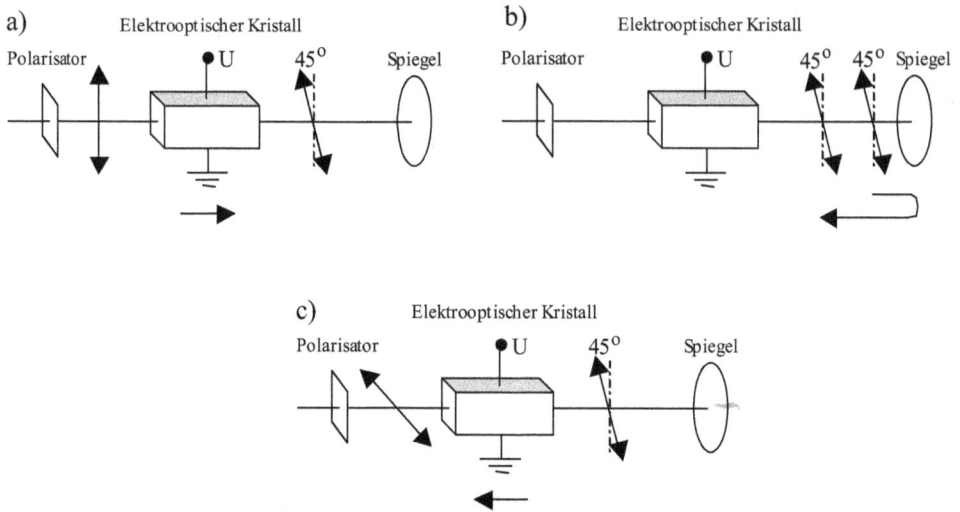

Abb. 2.7: Güteschaltung mit dem elektrooptischen Modulator.

2.1.4   Modenkopplung

Das Güteschalten liefert kurze, intensive Laserimpulse. Wesentlich kürzere, intensivere Impulse sind mithilfe der **Modenkopplung** zu erzielen. Es soll hierzu noch einmal das Spektrum der **axialen Moden** in Augenschein genommen werden, wobei zunächst angenommen werden soll, dass sich nur zwei axiale Moden mit Modenindex i und $i+1$ innerhalb des Verstärkungsprofils befinden und eine Verstärkung oberhalb der Verlustgeraden erfahren. Angenommen, einer der beiden Laserspiegel ist – wie üblich – teildurchlässig, dann kann man unmittelbar hinter dem Spiegel eine zeitabhängige Feldstärke beobachten, die sich aus den beiden Feldstärken E_i und E_{i+1} der beiden axialen Moden

$$E_i(t) = E_0 \sin(\omega_i t + \phi_i)$$ 2.18

$$E_{i+1}(t) = E_0 \sin(\omega_{i+1} t + \phi_{i+1})$$ 2.19

zusammensetzt:

$$E(t) = E_0 \sin(\omega_i t + \phi_i) + E_0 \sin(\omega_{i+1} t + \phi_{i+1})$$ 2.20

Es sei bei diesem vereinfachenden Modell angenommen, dass die Amplituden der beiden Wellen gleich sind. Durch eine trigonometrische Umformung gewinnt man:

$$E(t) = 2E_0 \sin\left(\frac{\omega_i t + \phi_i + \omega_{i+1} t + \phi_{i+1}}{2}\right) \cos\left(\frac{\omega_{i+1} t + \phi_{i+1} - \omega_i t - \phi_i}{2}\right)$$ 2.21

Mit Gl. 2.3. erhält man:

$$\omega_i = 2\pi f_i = 2\pi \frac{ic}{2L} = i\frac{\pi c}{L} \quad \text{bzw.} \quad \omega_{i+1} = (i+1)\frac{\pi c}{L}$$ 2.22

Damit gilt für die Differenz der Kreisfrequenzen:

$$\omega_{i+1} - \omega_i = \frac{\pi c}{L}$$ 2.23

Unter Berücksichtigung der **Resonatorumlaufzeit** $T_u = 2L / c$ wird daraus:

$$\omega_{i+1} - \omega_i = \frac{2\pi}{T_u} = \Omega_u$$ 2.24

T_u ist dabei die Zeit, die vergeht, bis Licht innerhalb des Resonators wieder an der gleichen Stelle vorbeikommt. $1/T_u$ ist die dazugehörige Frequenz, Ω_u die entsprechende Kreisfrequenz. Damit kann Gl. 2.21 wie folgt umgeschrieben werden:

$$E(t) = 2E_0 \sin\left(\frac{\omega_{i+1} + \omega_i}{2}t + \frac{\varphi_i + \varphi_{i+1}}{2}\right)\cos\left(\frac{\Omega_u}{2}t + \frac{\varphi_{i+1} - \varphi_i}{2}\right)$$ 2.25

Die Feldstärke $E(t)$ wird also durch einen zeitlich schnell und einen langsam schwingenden Anteil dargestellt. Der Sinus oszilliert mit der Kreisfrequenz $(\omega_{i+1} + \omega_i) / 2$. Es ist dies der Mittelwert der Kreisfrequenzen der beiden beteiligten axialen Moden und entspricht etwa der Frequenz des emittierten Lichtes; im Sichtbaren sind das etwa $5 \cdot 10^{14}$ Hz . Der Cosinus oszilliert langsamer, mit der Kreisfrequenz $\Omega_u / 2$. Bei einem 1,5 m langen Resonator beträgt die Resonatorumlaufzeit etwa 10 ns, die entsprechende Frequenz wäre also ca. 100 MHz, die Kreisfrequenz $\Omega_u = 0,63$ GHz . Dies sind viele Größenordnungen weniger als bei der Frequenz des Lichtes. Es resultiert eine „Schwebung", wie sie in der Abb. 2.8 für deutlich niedrigere Frequenzen und Frequenzdifferenzen dargestellt ist. Bei der Rechnung wurde E_0 willkürlich Eins gesetzt, so dass wegen $\psi(t) \propto E^2(t)$ und dem Faktor 2 in Gl. 2.25 der Maximalwert von $\psi(t)$ gleich vier ist.

Außerhalb des Resonators beobachtet man also eine Folge von Maxima im zeitlichen Abstand der Resonatorumlaufzeit T_u . Da die Amplituden der beiden beteiligten Wellen als gleich (nämlich eins) angenommen wurden, ist die Modulationstiefe 100%. Man beachte außerdem, dass die eingeführten Nullphasenwinkel ϕ_i und ϕ_{i+1} lediglich die Lage des Zeitnullpunktes beeinflussen, nicht aber die grundsätzliche Zeitabhängigkeit der Intensität. Eine Veränderung dieser Winkel würde lediglich den Nullpunkt verschieben.

Was hier für zwei axiale Moden durchgeführt wurde, kann auch für drei oder mehr Moden gerechnet werden. Hier beeinflussen die Nullphasenwinkel der einzelnen Moden den zeitlichen Verlauf der Intensität dramatisch.

In Abb. 2.9 sind zehn axiale Moden mit willkürlich gewählten Nullphasenwinkeln überlagert. Es ergibt sich eine rein statistisch erscheinende Folge von Feldstärkespitzen, die jedoch ebenfalls die Periodizität T_u besitzen. Das Muster ändert sich, sobald auch nur einer der Nullphasenwinkel verändert wird. Natürlich könnte kein Detektor die schnellen Fluktuationen der Feldstärke auflösen; was gemessen wird, ist der **zeitliche Mittelwert**. Doch nun zum eigentlichen „Modenkoppeln". Angenommen, es würde gelingen, dass zu einem bestimmten Zeitpunkt an einem gegebenen Ort alle axialen Moden „in Phase" sind, also ihren Maximalwert haben. Natürlich würden sich dann alle Amplituden aufsummieren und eine hohe Intensität wäre die Folge. Abb. 2.10 zeigt diese Situation. Man erkennt, dass man im Maximum tatsächlich die relative Intensität 5^2, also 25 erhält. Die Impulse haben wieder den zeitlichen Abstand der Resonatorumlaufzeit T_u. Zwischen den Impulsen nimmt die Intensität sehr geringe Werte an.

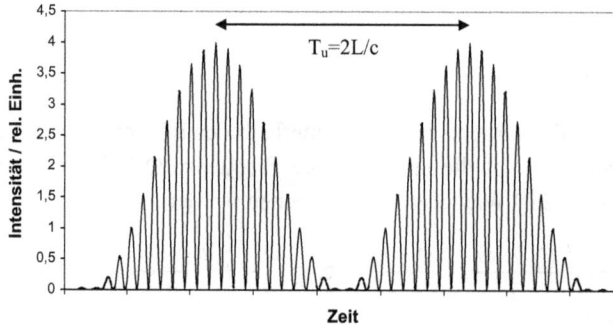

Abb. 2.8: Zeitlicher Verlauf der Intensität außerhalb des Resonators für zwei axiale Moden.

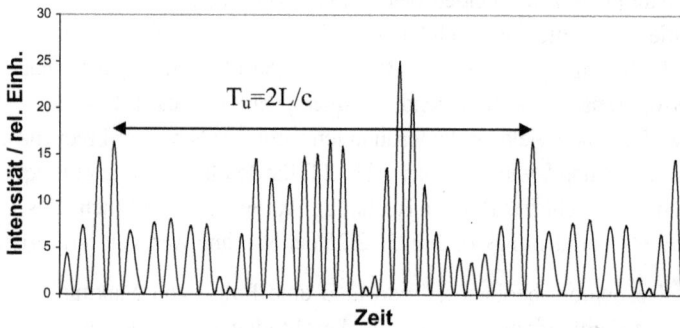

Abb. 2.9: Zeitlicher Verlauf der Intensität außerhalb des Resonators für zehn axiale Moden mit willkürlich gewählten Phasenbeziehungen.

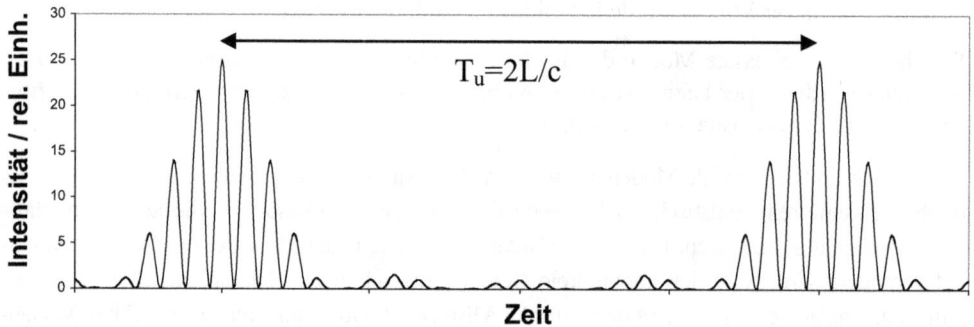

Abb. 2.10: Zeitlicher Verlauf der Intensität außerhalb des Resonators für fünf „gekoppelte" axiale Moden.

Noch kürzer und damit intensiver werden die Impulse, wenn man zehn axiale Moden mit gekoppelter Phase überlagert. Das Ergebnis zeigt Abb. 2.11. Die Amplitude nimmt hier in den Maxima den Wert 100 an. Man vergleiche dieses Ergebnis mit dem Resultat der zehn axialen Moden mit willkürlicher Phasenlage in Abb. 2.9, bei dem nur etwa die Intensität 25 erreicht wurde. Die Breite der Impulse hat sich deutlich verringert. Die schnelle Modulation innerhalb der Impulse entspricht der Lichtfrequenz.

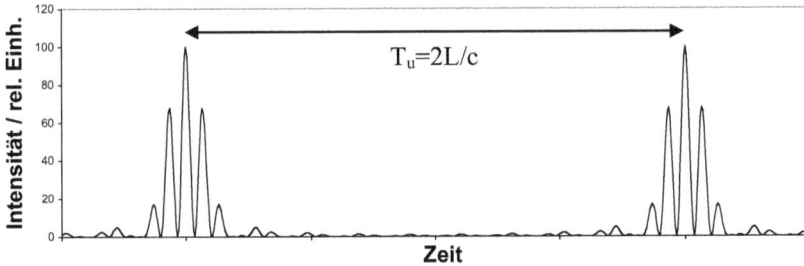

Abb. 2.11: Zeitlicher Verlauf der Intensität außerhalb des Resonators für zehn „gekoppelte" axiale Moden.

Dies alles zeigt, dass es möglich ist, die Energie im Resonator in zeitlich sehr kurzen und intensiven Impulsen, die im Resonator hin- und herlaufen, quasi zu bündeln. Nach außen gibt der Laser wegen des teildurchlässigen Spiegels eine Folge von Impulsen mit dem Abstand T_u ab.

Doch wie gelingt es nun, den Laser dazu zu bringen, axiale Moden zu „koppeln"? Würde man die Zahl der axialen Moden weiter erhöhen, würden die Impulse immer kürzer und während der zwischen ihnen liegenden Zeit wäre die Intensität quasi Null. Das würde aber bedeuten, dass man an einer gegebenen Stelle im Resonator eine undurchsichtige Platte einbringen könnte, während der Impuls gerade an einer anderen Stelle „unterwegs" ist. Man müsste sie nur schnell genug wieder herausziehen, wenn er zurückkommt. Hier kommt der Güteschalter ins Spiel. Bei der Güteschaltung war es nicht notwendig, dass der Schalter im Takt der Resonatorumlaufzeit schaltet. In der Regel wird er viel langsamer sein. Für die **Modenkopplung** muss er schnell genug sein, um während der Resonatorumlaufzeit T_u ein- und wieder auszuschalten. Hierfür kommt fast ausschließlich ein elektrooptischer Güteschalter in Frage. Setzt man ihn, wie in Abb. 2.12 gezeigt, in die Nähe eines Resonatorspiegels, muss er mit der Frequenz $1/T_u$ schalten; in der Mitte des Resonators müsste er pro Umlauf zweimal öffnen, er müsste also mit der Frequenz $2/T_u$ arbeiten.

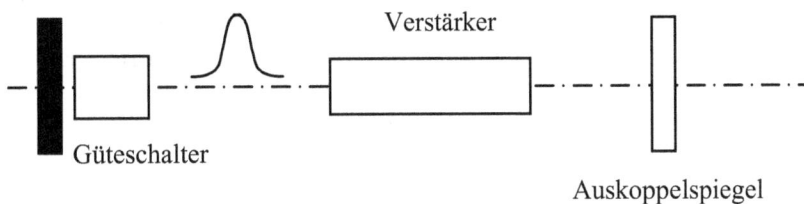

Abb. 2.12: Güteschalter im Resonator.

Man könnte also den Modulator im Wesentlichen undurchlässig schalten, solange man im Takt der Umlaufzeit T_u kurz öffnet, um den Impuls „durchzulassen". Genau das tut man beim **aktiven Modenkoppeln**. „Aktiv" deshalb, weil man von außen aktiv in die Güte eingreift. Es gibt auch noch eine passive Modenkopplung. Doch woher wissen die axialen Moden beim Start des Lasers, dass sie in Phase anschwingen sollen? Nun, der Güteschalter erzwingt dies. Wenn nach dem Einschalten die Besetzungsinversion aufgebaut ist, werden zunächst spontan Photonen in alle Richtungen mit statistischer Phasenverteilung emittiert. Einige davon werden in Richtung der Resonatorachse ausgesandt und könnten somit eine stehende Welle im Resonator aufbauen. Haben diese Photonen statistisch verteilte Nullphasenwinkel, entspricht ihr zeitlicher Verlauf etwa dem der Abb. 2.9. „Entspräche", müsste man eigentlich sagen, denn der die meiste Zeit geschlossene Güteschalter wird sie löschen. Erst wenn zufällig eine Anzahl emittierter Photonen in Phase ist und sich damit die Energie auf die kurze Öffnungszeit des Güteschalters bündelt, „überlebt" der Impuls nicht nur im Resonator, sondern er wird auch noch verstärkt. Da weiter keine axialen Moden außer den gekoppelten im Resonator vorhanden sind, steht diesen auch die ganze Besetzungsinversion des Verstärkers zur Verfügung. Sie wachsen daher zu sehr intensiven Impulsen heran.

Die Herausbildung eines Impulses lässt sich aber auch im Frequenzbild erklären: angenommen, es entsteht im Resonator eine einzelne, axiale Mode durch spontane Emission. Dann wird die Welle durch den Güteschalter in ihrer Intensität moduliert. Entspricht die Modulationsfrequenz genau Ω_u, wird also im Zeittakt der Resonatorumlaufzeit T_u geschaltet, erhält man wegen Gl. 2.24 genau die Differenzfrequenz zweier benachbarter axialer Moden. Man moduliert also – ähnlich wie bei Abb. 2.8 – die Strahlung und erzwingt damit das Auftreten weiterer axialer Moden. Plural deshalb, weil nämlich gleich zwei neue Moden entstehen, eine mit der um Ω_u verringerten und eine mit der um Ω_u erhöhten Frequenz. Diese neuen Moden werden gleichermaßen „geschaltet" und es entstehen weitere axiale Moden, die, wie alle vorherigen, in ihrer Phasenlage gekoppelt sind.

Die Modenkopplung lässt sich auch durch einen **sättigbaren Absorber** bewirken; man spricht dann von **passiver Modenkopplung**. Es wird ein Absorbermaterial verwendet, das eine gewisse **Kleinsignaltransmission** besitzt. Bei hohen Intensitäten werden Teilchen in hoher Zahl von einem Grundzustand in einen höheren Zustand versetzt (siehe hierzu auch Abb. 1.18), bis die Besetzungsdifferenz zwischen dem oberen und unteren Zustand so klein wird, dass keine Strahlung mehr absorbiert wird. Das Material wird dadurch **transparent**, der Übergang ist **gesättigt**. Das Material wird auch **ausbleichbarer Absorber** genannt.

Angenommen, im Resonator entstünde wieder eine gewisse Anzahl axialer Moden mit willkürlicher Phasenbeziehung. Der zeitliche Verlauf entspräche dann etwa dem der Abb. 2.9. Zufällig entsteht hier eine Spitze (etwa in der Mitte der Abb.) mit der Höhe von 25 Einheiten. Erreicht diese Spitze den sättigbaren Absorber, werden die schwächeren Bereiche der Welle absorbiert, die Spitzenintensität (25 Einheiten) wird den Absorber aber sättigen bzw. ausbleichen und damit **weniger absorbiert**. Die höchste Spitze in den Fluktuationen wird also relativ zum Untergrund verstärkt. Über mehrere Umläufe betrachtet wird der Wellenberg zu einem intensiven Impuls herangewachsen sein, während der Untergrund völlig unterdrückt wurde.

Werden nur wenige intensive Impulse benötigt, kann man auch die **Pumpquelle** pulsen. Mit Blitzlampen erreicht man im Falle optisch gepumpter Laser für kurze Zeit hohe Besetzungsinversionen. Während dieser Zeit lässt sich durch passive Modenkopplung eine Folge intensiver Laserimpulse erzeugen. Das Ganze lässt sich auch noch mit der aktiven Modenkopplung unterstützen. Einen solchen Impulszug eines blitzlampengepumpten, **aktiv-passiv modengekoppelten Nd-YAG-Laser** zeigt Abb. 2.13. Die damit erzielbaren Impulse haben einen zeitlichen Abstand von 10 ns, eine Einzelimpulsenergie (im Maximum) von ca. 2–3 mJ und eine Dauer der Größenordnung 10 ps.

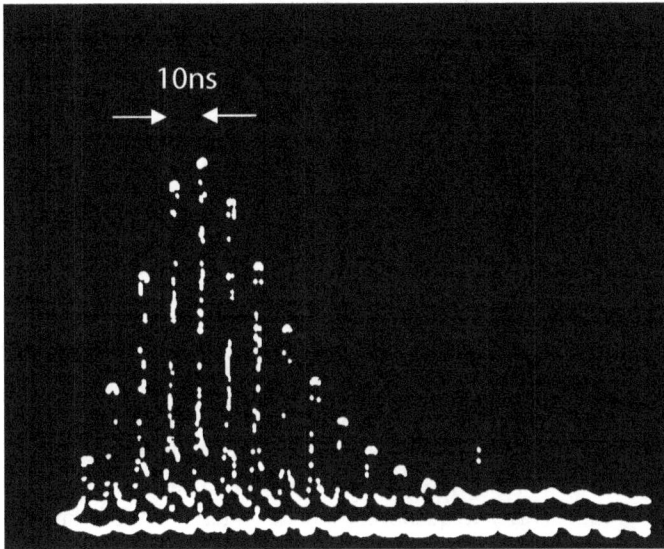

Abb. 2.13: Impulszug eines blitzlampengepumpten aktiv-passiv modengekoppelten Nd-YAG-Lasers [Dohlus 1987].

2.1.5 Frequenzvervielfachung

Häufig werden in Lasern Kristalle zur **Frequenzverdopplung** oder auch **Frequenzverdreifachung** verwendet, um weitere, mit dem Laser nicht oder noch nicht darstellbare Frequenzen zu erzeugen. Die Vorgänge bei der Erzeugung von Oberwellen führen in den Bereich der **nichtlinearen Optik**. Breitet sich eine Lichtwelle mit der elektrischen Feldstärke

$$E(t) = E_0 \sin \omega t \qquad\qquad 2.26$$

in einem Dielektrikum aus, verschiebt sich durch die Coulombkraft die Elektronenhülle der Atome gegen ihren Kern. Es entsteht ein elektrischer Dipol, der wegen der Trägheit des Elektrons mit einer Phasenverschiebung ϕ gegen die elektromagnetische Welle schwingt.

Die Gesamtheit aller Dipole wird durch die **elektrische Polarisation** P des Materials beschrieben. Bei kleinen Strahlungsflussdichten, wie sie im Bereich der Optik üblicherweise vorkommen, besteht eine Proportionalität zwischen der Polarisation P und der elektrischen Feldstärke E und das Material verhält sich **linear**:

$$P(t) = \chi \varepsilon_0 E(t) = \chi \varepsilon_0 E_0 \sin(\omega t + \phi) \qquad\qquad 2.27$$

Die **elektrische Suszeptibilität** χ ist eine Materialkonstante, $\varepsilon_0 = 8,854 \cdot 10^{-12}\,\text{As}/(\text{Vm})$ ist die elektrische Feldkonstante. Die im Material entstehende Polarisationswelle breitet sich in der gleichen Richtung aus wie die auslösende Welle. Allerdings schwingt eben jeder Dipol mit einer kleinen Phasenverschiebung ϕ. Dadurch baut sich bei der Polarisationswelle von Dipol zu Dipol eine Verzögerung auf, die dazu führt, dass ihre Ausbreitungsgeschwindigkeit geringer ist als die der elektromagnetischen Welle im Vakuum.

Bei hohen Strahlungsflussdichten, wie sie mit einem Laser mühelos erreicht werden können, ist nun die Gl. 2.27 nicht mehr gültig. Das durch die elektromagnetische Welle entstehende Dipolmoment ist nicht mehr proportional zur Feldstärke E. Die elektrische Suszeptibilität ist dann keine Konstante mehr, sondern lässt sich in der Form

$$\chi(E) = \chi_0 + \chi_1 E + \chi_2 E^2 + \ldots \qquad\qquad 2.28$$

als Funktion von E in eine Potenzreihe entwickeln. Bricht man die Reihe nach dem zweiten Summanden ab, entsteht in Gl. 2.27 mit genau diesem zweiten Summanden u.a. eine Polarisationswelle mit der doppelten Frequenz:

$$P_1 = \chi_1 \varepsilon_0 E_0^2 \sin^2(\omega t + \phi) = \chi_1 \varepsilon_0 \frac{E_0^2}{2}\left(1 - \cos(2\omega t + 2\phi)\right) \qquad\qquad 2.29$$

Diese Frequenzverdopplung der Welle ist jedoch zunächst nicht praktisch verwertbar. Alle denkbaren Materialien zeigen im nutzbaren Spektralbereich **normale Dispersion**. Das bedeutet, dass ihre Brechzahl mit der Frequenz ansteigt. Die Phasengeschwindigkeit der Welle sinkt also mit der Frequenz. Der frequenzverdoppelte Anteil der Welle breitet sich also langsamer im Material aus als der lineare Anteil. Das bedeutet, dass die im Verlauf der Ausbreitung der Welle entstehenden E^2-Anteile gegeneinander um Δx versetzt sind und sich darum gegenseitig auslöschen (Abb. 2.14). Darum lässt sich auf diese Weise keine nennenswerte frequenzverdoppelte Nutzstrahlung gewinnen.

Eine Möglichkeit, dass sich lineare und quadratische Anteile der Polarisationswelle mit der gleichen Phasengeschwindigkeit durchs Material bewegen, bieten **doppelbrechende Kristalle**. Wird die elektromagnetische Welle der Frequenz ω als **ordentlicher Strahl** unter einem geeigneten Winkel zur optischen Achse des Kristalls eingestrahlt, kann sich der quadratische Anteil der Polarisationswelle mit der Frequenz 2ω als **außerordentlicher Strahl** im Kristall ausbreiten. Die Schwingungsrichtung des Feldstärkevektors $\vec{E}$ der Grundwelle steht dabei senkrecht auf der optischen Achse. Der Vektor $\vec{P}$ des quadratischen Anteils der Polarisationswelle dagegen zeigt in Richtung der optischen Achse. Der lineare und quadratische Anteil der Polarisationswelle sind **senkrecht zueinander polarisiert**. Zudem kann man erreichen, dass für die beiden Anteile die Brechzahl exakt gleich ist. Die entstehenden nichtlinearen Anteile der Polarisationswelle überlagern daher gleichphasig und es entsteht eine intensive, nutzbare frequenzverdoppelte Welle (Abb. 2.15). Ist der Kristall lang genug, kann der lineare Anteil vollständig in eine frequenzverdoppelte Welle umgewandelt werden. Der theoretisch erzielbare Wirkungsgrad ist 100%. Praktisch spielen aber nichtideale Kristalleigenschaften und die Linienbreite der Laserstrahlung eine nicht zu vernachlässigende Rolle. Der Wirkungsgrad der Konversion steigt quadratisch mit der Strahlungsflussdichte an. Die Laserstrahlung wird daher in der Regel in den Kristall fokussiert. Eine präzise Justierung der Einfallsrichtung ist unverzichtbar.

Linearer Anteil der Polarisationswelle

Quadratischer Anteil der Polarisationswelle

Δx

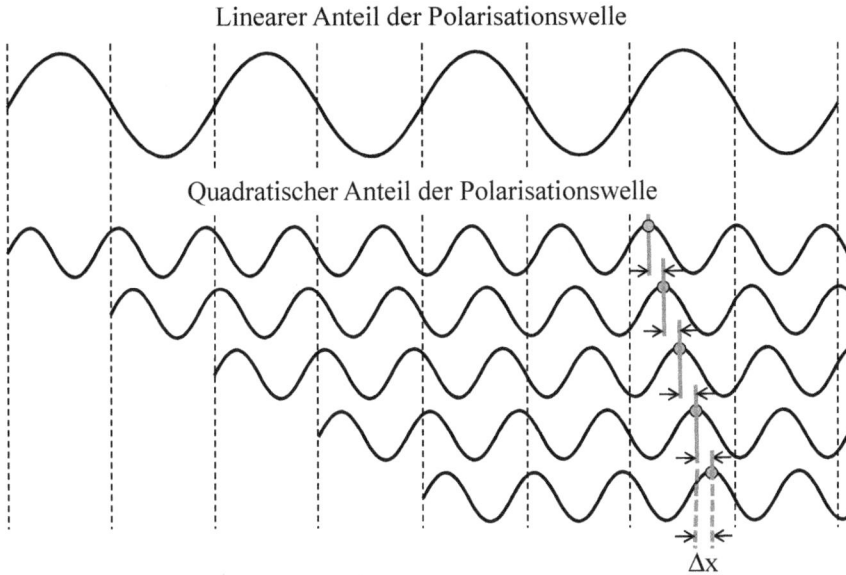

Abb. 2.14: Quadratische Anteile der Polarisationswelle in einem Medium mit normaler Dispersion. Da sich die entstehenden Polarisationswellen der Frequenz 2ω langsamer ausbreiten als der lineare Anteil, sind die entstehenden, zu E^2 proportionalen Anteile der Polarisationswelle wegen der kürzeren Wellenlänge gegeneinander um Δx versetzt, so dass sich die Wellen bei der Ausbreitung auslöschen.

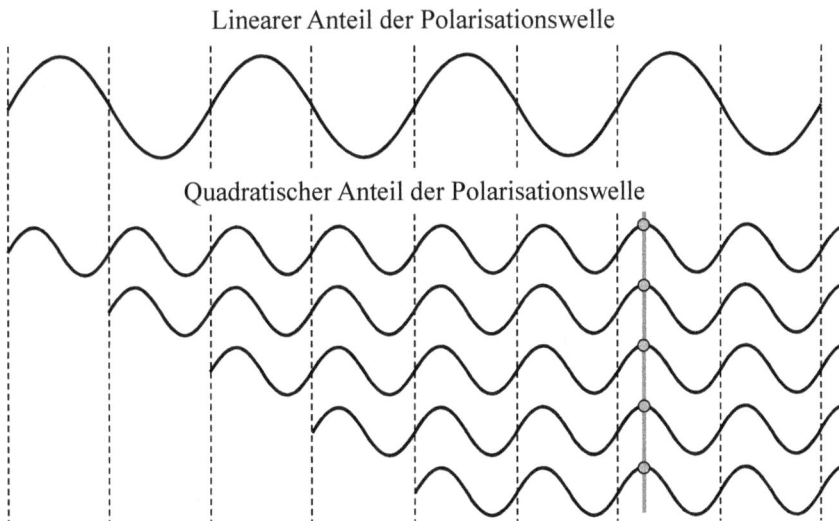

Linearer Anteil der Polarisationswelle

Quadratischer Anteil der Polarisationswelle

Abb. 2.15: Stimmen die Brechzahlen und damit die Phasengeschwindigkeiten des linearen und quadratischen Anteils der Polarisationswelle überein, schwingen die nach und nach entstehenden Anteile der nichtlinearen Polarisationswelle phasengleich und interferieren konstruktiv.

Die bekanntesten Frequenzverdoppler-Kristalle sind Lithiumniobat (LiNbO$_3$), Kaliumdihydro-genphosphat (KDP, KH$_2$PO$_4$) und Ammoniumdihydrogenphosphat (ADP, (NH$_4$)H$_2$PO$_4$). Die Kristalle können außerhalb des Resonators im Laserstrahl positioniert werden oder auch inner-halb des Resonators eingebaut werden. Die Verwendung im Resonator hat den Vorteil der höhe-ren Strahlungsflussdichte und damit des höheren Wirkungsgrades.

Aufgaben

1. Bei der Verlustgeraden betrage die Breite des Verstärkungsprofils eines CO$_2$-Lasers 86 MHz. Wie viele axiale Moden schwingen bei einer Resonatorlänge von 3,5 m an?

2. Bei einem Resonator der Länge $L = 0,21$ m liege eine axiale Mode mit Modenindex $n = 663717$ genau im Zentrum der Verstärkungslinie.
    a) Wie groß ist die Wellenlänge des Lasers?
    b) Um wieviel darf sich die Resonatorlänge vergrößern, damit genau die nächst höhere axiale Mode ins Zentrum der Linie wandert?

3. Die längenbestimmenden Elemente eines Laserresonators der Länge $l = 0,35$ m haben einen Ausdehnungskoeffizienten von $\alpha = 1,8 \cdot 10^{-6}$ K^{-1}. Eine axiale Mode mit Modenin-dex $n = 1.106.195$ liege genau im Zentrum der Verstärkungslinie. Angenommen, der Re-sonator erwärmt sich um $\Delta\vartheta = 10°$ C, um wieviel verändert sich der Modenindex für die im Zentrum liegende Linie?

4. Bei einem Resonator der Länge 0,4 m beobachtet man bei einer Längenänderung Δl die Frequenzverschiebung von 12,91 GHz bei einem Modenindex von $n = 689089$. Wie groß ist Δl?

5. Bei einem 1,1 m langen Invarresonator mit Längenausdehnungskoeffizient $\alpha = 0,9 \cdot 10^{-6}$ K^{-1} kommt es bei einer axialen Mode mit Modenindex $n = 207547$ bei Erwärmung zu einer Frequenzverschiebung von 127,3 MHz. Um wieviel hat sich die Temperatur geändert?

6. Bei einem Resonator der Länge $L = 0,4$ m liege eine axiale Mode mit dem Modenindex $n = 1000000$ genau im Zentrum der Verstärkungslinie.
    a) Um welchen Betrag ΔL hat sich die Resonatorlänge verändert, wenn die drittnächste axiale Mode im Zentrum der Verstärkungslinie liegt?
    b) Wie groß ist die Wellenlänge des Lasers?

7. Ein Laserresonator habe eine Länge von $L = 1$ m und liefere Strahlung der Wellenlänge $\lambda = 500$ nm. Um welchen Betrag ΔL müsste man den Resonator verlängern, damit bei einer Frequenzerniedrigung von $\Delta f = 1,1757 \cdot 10^{13}$ Hz der Modenindex unverändert bleibt?

2.2   Optische Resonatoren und Gauß-Bündel

2.2.1   Transversale Moden

Typisches Kennzeichen eines Lasers ist neben der (vermeintlichen) Monochromasie der stark gebündelte Strahl, der emittiert wird. Betrachtet man die stimulierte Emission, so ist zunächst nicht einzusehen, warum der Strahl so stark gebündelt wird. Angenommen, in einem aktiven Medium, in dem Besetzungsinversion herrscht, wird ein einzelnes Photon durch spontane Relaxation des Laserübergangs erzeugt. Dieses löst durch induzierte Emission weitere Photonen gleicher Wellenlänge und gleicher Richtung aus (Abb. 2.16). Eine lasertypische Bündelung des Strahls wird hierbei nicht verständlich. Trotzdem lässt sich ein solcher „Laser" realisieren, z.B. auf einfache Art durch einen Funken im Stickstoff der Luft. Allerdings liegt die Emission im UV. Ob man tatsächlich gerichtete und intensive Strahlung erhält, hängt vom Verstärkungsfaktor des aktiven Materials ab. Ist er hoch genug, wirkt das System als **Superstrahler**. Es genügt dann ein Photon, um eine Lawine loszutreten. Bei vielen laseraktiven Materialien ist allerdings die Verstärkung für die Realisierung eines solchen Superstrahlers nicht hoch genug. Es müssen dann Maßnahmen getroffen werden, um trotzdem kontinuierliche Laserstrahlung zu bekommen. Hier erweist sich der im Kapitel 1.3.3 eingeführte Resonator als hilfreich. Wählt man die Reflektivität der Laserspiegel geeignet, können resonatorintern sehr hohe Intensitäten auftreten, während die Resonatorverluste pro Umlauf durch Auskopplung von Nutzstrahlung klein gehalten werden können. Gleichzeitig kann – wie in den folgenden Abschnitten gezeigt werden soll – die Bündelung des Strahls in weiten Grenzen beeinflusst werden.

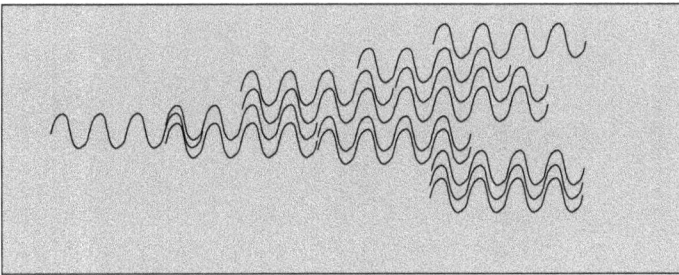

Abb. 2.16: Bei einem Superstrahler fehlt der Resonator vollständig, die Verstärkung ist so hoch, dass ein einfacher Durchlauf des verstärkenden Mediums reicht, um intensive Strahlung zu erzeugen.

Die Spiegel, die in Abschnitt 1.3.3 den Resonator gebildet haben, wurden dort hinsichtlich ihrer Krümmungsradien nicht weiter spezifiziert. Diese sind es jedoch, die darüber entscheiden, ob ein Laser überhaupt „anschwingen" kann. Angenommen, ein Resonator bestehe wie in Abb. 2.17 skizziert aus zwei Spiegeln mit den Krümmungsradien $R_1 > 0$ und $R_2 < 0$. Der Weg eines Lichtstrahls, der innerhalb dieses Resonators umläuft, kann simuliert werden, indem man den Strahlengang entfaltet und die Spiegel durch Linsen gleicher Brennweite ersetzt. Es entsteht damit der in Abb. 2.17 skizzierte Strahlengang. Es hängt nun offensichtlich sehr empfindlich von den Brennweiten der beiden Linsen ab, ob ein paraxialer Strahl, der in das System eintritt oder besser, der im System entsteht, auch bei sehr vielen Linsendurchtritten im System bleibt, d.h. nicht irgendwann die nächste Linse verfehlt und damit verloren ist. Im Beispiel der Abb. 2.17 ist sicher die Zerstreuungslinse von Nachteil, sie führt zur Divergenz und kann nur durch eine entsprechende Sammellinse mit sehr hoher Brechkraft kompensiert werden. Es kann gezeigt werden [Kogelnik 1966], dass die Bedingung für die Stabilität gegeben ist durch:

$$\boxed{0 < g_1 g_2 < 1} \quad \text{mit} \quad g_1 = 1 - \frac{L}{R_1} \quad \text{und} \quad g_2 = 1 - \frac{L}{R_2} \tag{2.30}$$

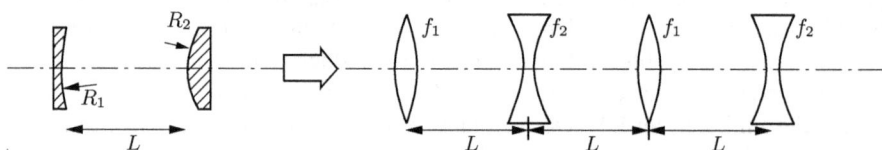

Abb. 2.17: Der Resonator kann „entfaltet" werden, indem man die Spiegel durch Linsen gleicher Brennweite ersetzt und im Abstand der Resonatorlänge anordnet.

Abb. 2.18 zeigt die Bereiche stabiler Resonatoren in graphischer Darstellung. Somit wäre ein Resonator der Länge $L - 0,75\,\text{m}$ mit den Spiegelradien $R_1 = 1\,\text{m}$ und $R_2 = -0,5\,\text{m}$ stabil, denn für das Produkt $(1 - L / R_1)(1 - L / R_2)$ würde man den Wert 0,625 erhalten, was zwischen 0 und 1 liegt. Der in der Praxis am häufigsten verwendete Resonatortyp ist der **plankonkave** Resonator. Für die **semikonfokale** Ausführung gilt neben $R_1 \to \infty$ für den zweiten Spiegel $R_2 = 2L$. In der Regel ist der Planspiegel der Auskoppelspiegel.

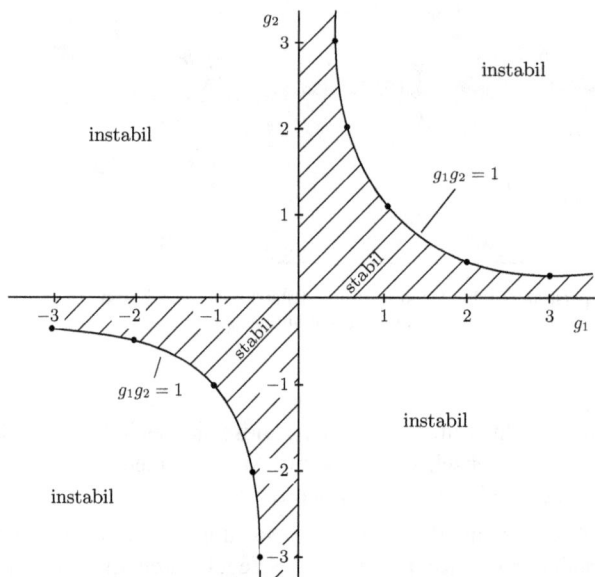

Abb. 2.18: Nur wenn für einen Resonator das Produkt $g_1 g_2$ im Stabilitätsdiagramm im Bereich der schraffierten Flächen liegt, ist der Resonator stabil.

Ist ein Resonator stabil, beeinflussen die Radien der Spiegel die **Divergenz** des Laserstrahles. Die entstehende Intensitätsverteilung im Strahl selbst wird durch einen weiteren Faktor, nämlich die den Strahl begrenzende Blendenöffnung im Resonator, bestimmt. Wird die kleinstmögliche Blende gewählt, entsteht der **Grundmode**. Höhere Moden entstehen, wenn größere Blendenradien verwendet werden. Die entstehenden Schwingungsformen werden **transversale elektromagnetische Moden** genannt und mit „**TEM**"abgekürzt. Abb. 2.19 und 2.20 zeigen Beispiele verschiedener möglicher transversaler Moden. Sie kommen durch Beugungseffekte an den begrenzenden Aperturen des Resonators zustande. Die beiden ganzen Zahlen, die zur Charakterisierung an das „TEM" angehängt werden, entspringen der theoretischen Ableitung der Intensitätsverteilung, bei der **Hermitesche Polynome** entstehen und die hier nicht wiedergegeben werden soll. Der Grundmode wird mit TEM_{00} bezeichnet und bei fast allen Lasern angestrebt. In Abb. 2.19 sind Moden gezeigt, die bei Verwendung kreisförmiger Spiegel entstehen. Hier bedeutet die erste Ziffer die Zahl der Dunkelzonen, die man vom Zentrum radial nach außen gehend durchläuft. Die „0" als zweite Ziffer bedeutet, dass ein „heißes" Zentrum vorliegt, die „1*" steht für ein „kaltes" Zentrum. Ist die erste Ziffer die „0" und die zweite eine natürliche Zahl, bekommt man sternförmige Moden. Der zweite Index gibt die Zahl der geradlinigen Dunkelzonen an, die man sternförmig durch das Zentrum legen müsste, um das Modenbild aus einem hellen kreisrunden Fleck zu erzeugen. Bei der Rechtecksymmetrie (Abb. 2.20), also bei Verwendung rechteckiger Spiegel, geben die Indizes die Zahl der geradlinigen Dunkelzonen in vertikaler bzw. horizontaler Richtung an.

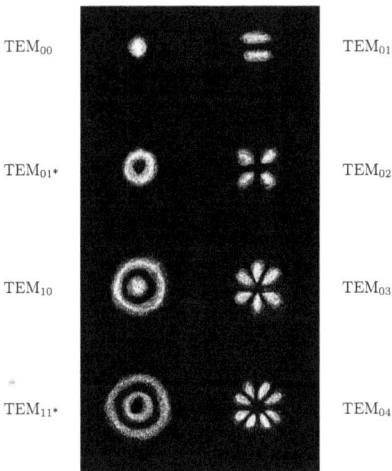

Abb.2.19: Zylindersymmetrische transversale Moden.

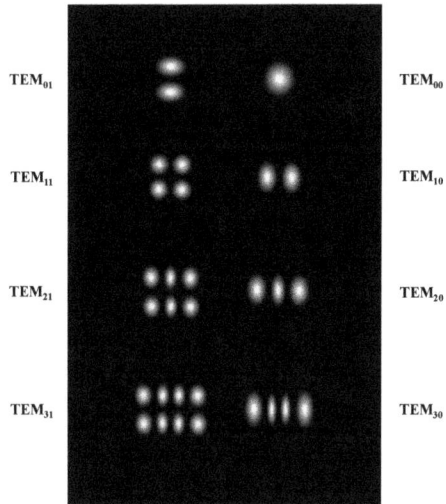

Abb.2.20: Transversale Moden in Rechtecksymmetrie.

Da der Grundmode bei den meisten Lasern verwendet wird, soll nur er detailliert besprochen werden. Die radiale Feldstärkeverteilung für diesen **TEM_{00}-Mode** entspricht einer **Gauß-funktion**:

$$E(r) = E_0 e^{-r^2/w^2} \qquad\qquad 2.31$$

w ist der Radius, bei dem in radialer Richtung die **Feldstärke auf den e-ten Teil ihrer Größe** E_0 auf der Strahlachse gefallen ist. Bei der Ausbreitung des Laserstrahls bleibt die Gaußform erhalten, es verändert sich aber der Strahlradius w und der Spitzenwert E_0. Da die Intensität sich quadratisch zur Feldstärke verhält, lautet die entsprechende Gleichung für die Intensität

$$\psi(r) = \psi_0 e^{-2r^2/w^2} \qquad\qquad\qquad 2.32$$

Die letzten beiden Gleichungen setzen Zylindersymmetrie voraus, die im Folgenden stets angenommen werden soll. Wegen

$$\frac{\psi_0}{e^2} = \psi_0 e^{-2r^2/w^2} \quad \text{bzw.} \quad -2 = -\frac{2r^2}{w^2} \quad \text{bzw.} \quad r = w \qquad\qquad 2.33$$

ist der Strahlradius w der Radius, bei dem die Intensität auf $1/e^2$ abgeklungen ist. Der Laserstrahl behält diese radial gaußförmige Intensitätsverteilung, die in Abb. 2.21 dargestellt ist, auch nach Passieren optischer Komponenten wie Linsen oder Spiegel. Man beachte aber, dass in der Praxis häufig radiale Abhängigkeiten der Brechzahl in verstärkenden Medien entstehen, die zusätzlich fokussierend oder defokussierend wirken. Der Strahlradius kann sich auch hierbei verändern [Kogelnik 1965].

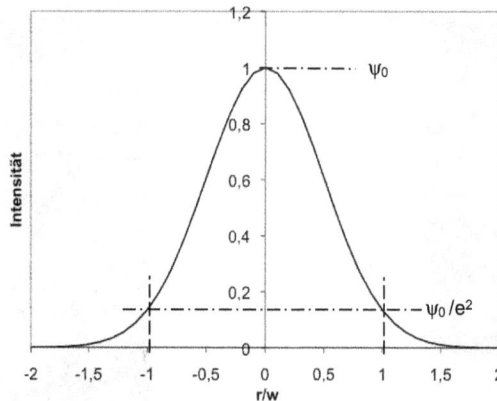

Abb. 2.21: Gauß-Profil des Grundmodes.

2.2.2   Entstehung eines Gauß-Bündels im optischen Resonator

Es ist üblich, beim Strahlverlauf den Strahlradius w als Funktion des Ortes zu zeichnen. In Abb. 2.22 ist der Strahlverlauf in einem Laserresonator für den Grundmode dargestellt. Der Strahlradius hat einen kleinsten Wert w_0, den er an der engsten Stelle, der **Strahltaille** annimmt. Die Strahltaille kann auch virtuell sein, also außerhalb des Resonators liegen. Am Ort der Strahltaille ist die Phasenfläche eben, überall sonst ist es eine Kugelfläche mit einem bestimmten Radius R, der von der Position z abhängt. Die Radien der Phasenflächen müssen am Ort der Spiegel mit deren Krümmungsradien R_1 und R_2 übereinstimmen. Ist einer der beiden Spiegel plan, hat das eine ebene Phasenfront zur Folge und die Strahltaille liegt somit auf diesem Spiegel.

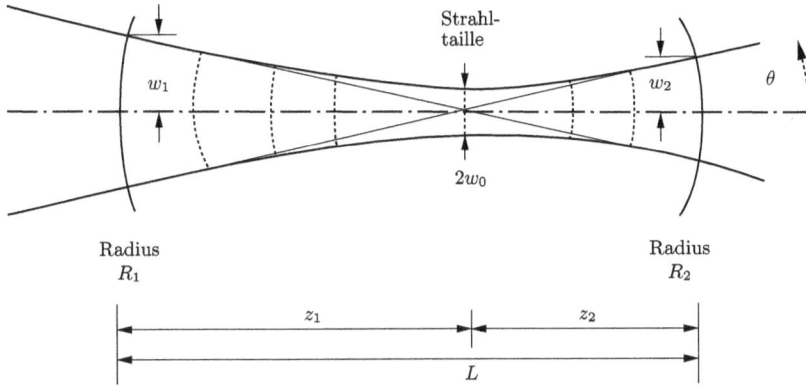

Abb. 2.22: Verlauf des Strahlradiuses w in einem Resonator der Länge L mit Spiegelradien R_1 und R_2.

Die **Strahlradien w_1 und w_2 auf den Spiegeln** sind gegeben durch [Kogelnik 1966]:

$$w_1 = \sqrt[4]{\left(\frac{\lambda R_1}{\pi}\right)^2 \frac{R_2 - L}{R_1 - L} \cdot \frac{L}{R_1 + R_2 - L}}$$
(2.34)

$$w_2 = \sqrt[4]{\left(\frac{\lambda R_2}{\pi}\right)^2 \frac{R_1 - L}{R_2 - L} \cdot \frac{L}{R_1 + R_2 - L}}$$
(2.35)

Hierbei ist zu beachten, dass ein aus Resonatorsicht **konkaver Spiegel mit positivem Radius in die Formel einzusetzen ist, während ein konvexer Spiegel einen „negativen Radius"** hat. Mit den Spiegelparametern aus Gl. 2.30 können diese beiden Gleichungen durch konsequentes Einsetzen von

$$R_1 = \frac{L}{1 - g_1} \quad \text{und} \quad R_2 = \frac{L}{1 - g_2}$$
(2.36)

umgewandelt werden in

$$w_1 = \sqrt[4]{\left(\frac{\lambda L}{\pi}\right)^2 \frac{g_2}{g_1} \cdot \frac{1}{1 - g_1 g_2}} \quad \text{und} \quad w_2 = \sqrt[4]{\left(\frac{\lambda L}{\pi}\right)^2 \frac{g_1}{g_2} \cdot \frac{1}{1 - g_1 g_2}}$$
(2.37)

Am Ort der Strahltaille ist der $1/e^2$-Radius der Intensität am kleinsten. Im Resonator gilt:

$$w_0 = \sqrt{\frac{\lambda L}{\pi}} \sqrt[4]{\frac{g_1 g_2 (1 - g_1 g_2)}{(g_1 + g_2 - 2 g_1 g_2)^2}}$$
(2.38)

Die Abstände z_1 und z_2 der Strahltaille von den Spiegeln mit Radius R_1 und R_2 sind [Kogelnik 1966]:

$$z_1 = L - z_2 = \frac{L(R_2 - L)}{R_1 + R_2 - 2L} \qquad\qquad 2.39$$

$$z_2 = L - z_1 = \frac{L(R_1 - L)}{R_1 + R_2 - 2L} \qquad\qquad 2.40$$

Die Anwendung der Formeln soll an einem Beispiel erläutert werden. Aus zwei Spiegeln mit den Krümmungsradien $R_1 = 3\,\mathrm{m}$ und $R_2 \to \infty$ soll ein Resonator der Länge $L = 1,5\,\mathrm{m}$ gebildet werden. Zunächst muss die Stabilität überprüft werden. Man erhält für die Spiegelparameter die Werte $g_1 = 0,5$ und $g_2 = 1$. Der Resonator ist also stabil. Für die Strahlradien auf den Spiegeln erhält man bei einer emittierten Wellenlänge λ von 1064 nm nach Gl. 2.37 die Werte $w_1 = 1,0$ mm und $w_2 = 0,71$ mm. Da der zweite Spiegel ein Planspiegel ist, liegt die Strahltaille auf diesem Spiegel. Also ist $w_0 = w_2$.

Für die Berechnung der Strahlradien und Phasenfrontkrümmungen existieren Simulationsprogramme, mit denen Resonatoren und auch resonatorexterne Strahlengänge berechnet werden können. Abb. 2.23 zeigt das Ergebnis einer solchen Simulation für die Strahltaille als Funktion von z für das eben besprochene Beispiel.

Für den Anwender eines Lasers ist in der Regel der Strahlverlauf innerhalb des Resonators weniger interessant, er interessiert sich eher für den Verlauf außerhalb sowie die Veränderung der Strahlparameter durch Linsen. Häufig hat der Auskoppelspiegel auf beiden Seiten unterschiedliche Krümmung, so dass er für den austretenden Strahl als Linse zu betrachten ist.

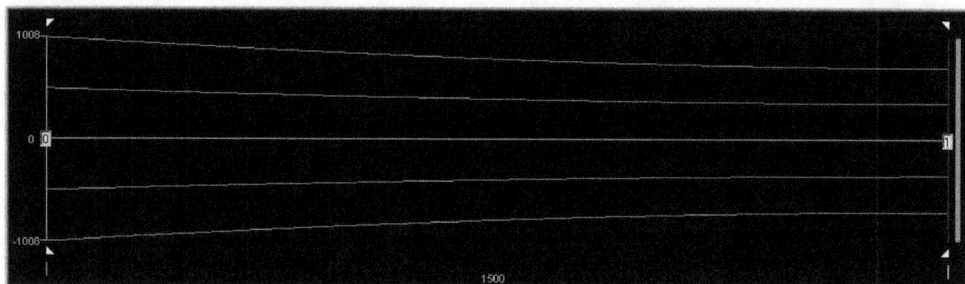

Abb. 2.23: Simulation des Strahlradiuses mit Hilfe von LASCAD. Der obere und untere der fünf Graphen gibt jeweils den $1/e^2$-Radius der Intensität wieder. Die beiden inneren, der optischen Achse benachbarten Graphen entsprechen dem halben $1/e^2$-Radius bzw. dem $1/\sqrt{e}$-Radius der Intensität.

2.2.3 Veränderung der Bündelparameter durch dünne Linsen und Spiegel

Die Beeinflussung des Strahls durch Linsen soll am Beispiel eines plankonkaven Auskoppel-spiegels gezeigt werden, der eine Zerstreuungslinse bildet (Abb. 2.24). Bei Sammellinsen bzw. bei weiteren Linsen im Strahlengang geht man in analoger Weise vor. Mit den Vorzeichen der Krümmungsradien wird es jetzt etwas schwierig, denn der Auskoppelspiegel ist für den Reso-nator ein Spiegel während er für den ausgekoppelten Strahl als Linse wirkt. **Es werden hier unterschiedliche Vorzeichenkonventionen** verwendet. In der technischen Optik wird ein Radius als negativ angenommen, wenn der Krümmungsmittelpunkt einer Fläche links von der Fläche liegt. Der Radius ist positiv bei einem Mittelpunkt rechts von der Linse. Während ein Konkavspiegel in die Gleichungen zur Berechnung der Strahlparameter (Gl. 2.30, 2.34, 2.35, 2.39, 2.40) mit positivem Radius einzusetzen ist, geht also die gleiche Oberfläche in die Glei-chung zur Berechnung der Brennweite mit negativem Radius ein, denn der Krümmungsmittel-punkt liegt links von der Linse. Sind r_1 und r_2 die Krümmungsradien der Linsenoberfläche, erhält man im hier betrachteten Fall mit $r_1 = -R_2$ und $r_2 \rightarrow \infty$ für die Brennweite der Linse:

$$\frac{1}{f'} = (n-1)\left(\frac{1}{r_1} - \frac{1}{r_2}\right) = (n-1)\left(\frac{1}{-R_2} - 0\right) \qquad\qquad 2.41$$

n ist der Brechungsindex des Spiegel- bzw. Linsenmaterials. Zur Unterscheidung sollen die Strahlparameter nach Linsendurchtritt mit einem * gekennzeichnet werden. Um die Transforma-tion eines Gauß-Strahls durch den Auskoppelspiegel bzw. eine Linse zu errechnen, müssen Strahlradius w und Krümmungsradius R der Phasenfront am Linsenort bekannt sein. Im Falle des Auskoppelspiegels ist das nicht schwer, denn die **Phasenfrontkrümmung stimmt mit der Spiegelkrümmung** überein, es gilt also $R = R_2$ und $w = w_2$ ist nach Gl. 2.37 auch bekannt. Im Fall einer Linse im resonatorexternen Strahlengang müssen beide Parameter erst errechnet wer-den. Dies geschieht nach den beiden Gleichungen [Kogelnik 1966]:

$$w(z) = w_0\sqrt{1+\left(\frac{\lambda z}{\pi w_0^2}\right)^2} \qquad\qquad 2.42$$

$$R(z) = z\left[1+\left(\frac{\pi w_0^2}{\lambda z}\right)^2\right] \qquad\qquad 2.43$$

Diese beiden Gleichungen beschreiben die Ausbreitung eines Gauß-Bündels im freien Raum. Der Strahlradius nimmt seinen kleinsten Wert w_0 bei $z = 0$, also in der Strahltaille, an. Ansonsten gilt stets $w > w_0$. Fasst man die z-Achse als Koordinatenachse auf, d.h. nimmt man links von der Strahltaille negative z-Werte an, verhält sich $w(z)$ bezüglich der Strahl-taille symmetrisch, d.h. positive und negative Werte von z liefern den gleichen Radius w. Für $z \rightarrow 0$ erhält man für die Phasenfrontkrümmung $R \rightarrow \infty$, d.h. in der Strahltaille ist die Phasenfront eben. R verhält sich bezüglich der Strahltaille spiegelbildlich, d.h. es gilt $-R(-z) = R(z)$. Ist R positiv, wölbt sich die Phasenfront in Ausbreitungsrichtung, ist R

negativ, wölbt sie sich entgegengesetzt zur Ausbreitungsrichtung. Das Gauß-Bündel verhält sich im Resonator ebenfalls nach den Gl. 2.42 und 2.43.

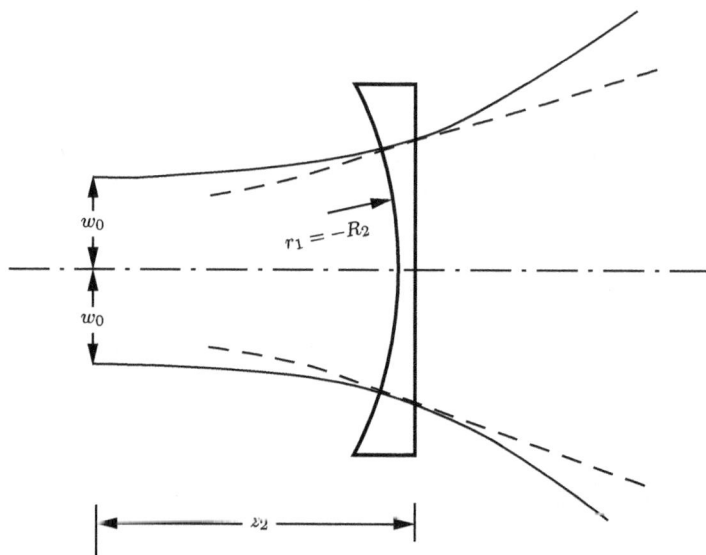

Abb. 2.24: Strahlverlauf beim Auskoppelspiegel bzw. bei einer Linse.

Beim Durchgang durch eine Linse verändert sich der **Krümmungsradius der Phasenfront** gemäß

$$\frac{1}{R^*} = \frac{1}{R} - \frac{1}{f}$$

$\qquad\qquad$ 2.44

R ist der Krümmungsradius am Ort der Linse; im Falle des betrachteten Resonators gilt R $R = R(z_2) = R_2$. R^* ist der Krümmungsradius unmittelbar nach Linsendurchtritt. Die Linse wird hier als dünn betrachtet und verändert daher den Strahlradius bei Linsendurchtritt nicht. Es gilt also $w^* = w$. w ist der Strahlradius bei Linseneintritt, im Falle des Resonators gilt also $w = w(z_2) = w_2$.

Mit w^* und R^* sind zwei Parameter des transformierten Strahls bekannt. Der „neue" Strahl gehorcht wieder den Gl. 2.42 und 2.43. Allerdings hat sich w_0 zu w_0^* verändert und die Lage der Strahltaille hat sich verschoben. Die Linse befindet sich also nicht mehr an der Stelle z, sondern an der neuen Position z^*. Natürlich hat nicht die Linse die Position verändert, sondern der Bezugspunkt hat sich verschoben. z^* und w_0^* können nun berechnet werden, indem man Gl. 2.42 und 2.43 nach diesen Größen auflöst. Die umfangreiche Rechnung soll hier nicht wiedergegeben werden:

$$z^* = \frac{\pi^2 w^{*4} R^*}{\pi^2 w^{*4} + \lambda^2 R^{*2}} \qquad w_0^* = \frac{\lambda R^* w^*}{\sqrt{\pi^2 w^{*4} + \lambda^2 R^{*2}}}$$

$\qquad\qquad$ 2.45

Damit sind alle Größen des transformierten Strahls bekannt. Für die Abhängigkeit der Phasenfrontkrümmung und des Strahlradius vom jeweiligen Abstand von der (neuen) Strahltaille gelten die Gl. 2.42 und 2.43 unter Verwendung des neuen Parameters w_0^*. Der Abstand z ist auf die neue Strahltaille zu beziehen.

Es soll hierzu als Beispiel ein CO_2-Laserstrahl berechnet werden. Er soll erzeugt werden in einem 1 m langen Resonator mit einem planen Endspiegel und einem plan-konkaven Auskoppelspiegel mit Radius 10 m. Das Spiegelmaterial ist Zinkselenid und hat damit bei der Laserwellenlänge von 10,6 µm eine Brechzahl von $n = 2,4$. Die Spiegelparameter g_1 und g_2 errechnen sich nach Gl. 2.30 zu $g_1 = 1$ und $g_2 = 0,9$. Damit ist der Resonator stabil. Gl. 2.38 liefert mit diesen Werten am Ort der Strahltaille einen Strahlradius von $w_0 = 3,18\,\text{mm}$. Die Gl. 2.37 ergeben für den Strahlradius am Ort der Spiegel die Werte $w_1 = 3,18\,\text{mm}$ und $w_2 = 3,35\,\text{mm}$. Es ist $w_1 = w_0$, die Strahltaille liegt am Ort des Planspiegels. Gl. 2.39 und Gl. 2.40 liefern entsprechend $z_1 = 0$ und $z_2 = 1\,\text{m}$.

Der plan-konkave Auskoppelspiegel hat als Linse die Brennweite von $f' = -7,14\,\text{m}$, wie man aus Gl. 2.41 errechnet. In die Formel ist der Krümmungsradius der konkaven Spiegelfläche negativ einzusetzen. Der Auskoppelspiegel wirkt als Zerstreuungslinse. Die Phasenfrontkrümmung am Ort des Auskoppelspiegels ist gleich dem Krümmungsradius R_2 des Spiegels und der Strahlradius am gleichen Ort ist w_2. Mittels Gl. 2.44 transformiert man die Phasenfrontkrümmung und erhält einen Wert von $R^* = 4,17\,\text{m}$. R^* bleibt also positiv, d.h. die Phasenfronten wölben sich in Ausbreitungsrichtung. Mit R^* und dem unveränderten Wert $w^* = w_2$ für den Strahlradius erhält man mit Gl. 2.45 den „neuen" Radius $w_0^* = 2,62\,\text{mm}$ in der Strahltaille sowie den „neuen" Wert $z^* = 1,62\,\text{m}$. z^* ist die Position des betrachteten Spiegels bezüglich der „neuen" Strahltaille. Diese liegt außerhalb des Resonators, und zwar hinter dem Endspiegel, und ist damit virtuell. Abb. 2.25 zeigt den Verlauf des Strahls.

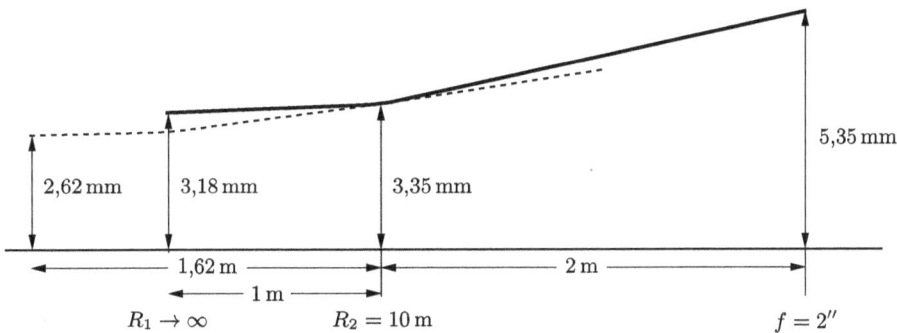

Abb. 2.25: Strahlverlauf für das gerechnete CO_2-Laser-Beispiel. Skalierungen für w und z sind unterschiedlich.

Das Beispiel soll noch weitergeführt werden. Angenommen, im Abstand von 2 m vom Auskoppelspiegel befinde sich die bikonvexe Zinkselenidlinse einer Materialbearbeitungsstation mit einem Krümmungsradius der Oberflächen von $r_1 = -r_2 = 14,22\,\text{cm}$. Gemäß Gl. 2.41 erhält man mit dem Brechungsindex von 2,4 für Zinkselenid eine Brennweite der Linse von

$f = +5,08\,\text{cm}$, also 2 Zoll. Um die Veränderung der Strahlparameter bei Linsendurchtritt zu berechnen, müssen die Parameter am Ort der Linse bekannt sein. Die Linse hat vom Aus-koppelspiegel den Abstand 2 m und der Auskoppelspiegel ist wiederum 1,62 m von der Strahltaille entfernt. Die neue Linse sitzt also am Ort $z = 2\text{m} + 1,62\text{m} = 3,62\text{m}$. Man beachte, dass die Strahlparameter vor Linsendurchtritt wieder ohne * geschrieben werden. Damit errechnet man gemäß Gl. 2.42 und 2.43 die Strahlparameter $w = 5,35\,\text{mm}$ und $R = 4,76\,\text{m}$. Dem lag ein w_0 von 2,62 mm zugrunde. R kann jetzt nach Gl. 2.44 transformiert werden: $R^* = -0,051\text{m}$. Der Wert ist negativ, d.h. die Phasenfronten wölben sich jetzt entgegen der Ausbreitungsrichtung aus. Das bedeutet, dass eine Strahltaille in Ausbreitungsrichtung des Strahls auftritt; sie ist also nicht virtuell wie oben, sondern tatsächlich vorhanden. Der Ab-stand dieser Strahltaille von der Linse ist 0,051 m, aus Gl. 2.45 folgt nämlich $z^* = -0,051\text{m}$. Der Strahlradius am Ort der Strahltaille ist $w_0^* = 32\,\mu\text{m}$.

Das eben beschriebene Beispiel ist in Abb. 2.26 mit einem Simulationsprogramm gerechnet. Nach dem Fokus der Zinkselenidlinse besitzt der Strahl eine starke Divergenz.

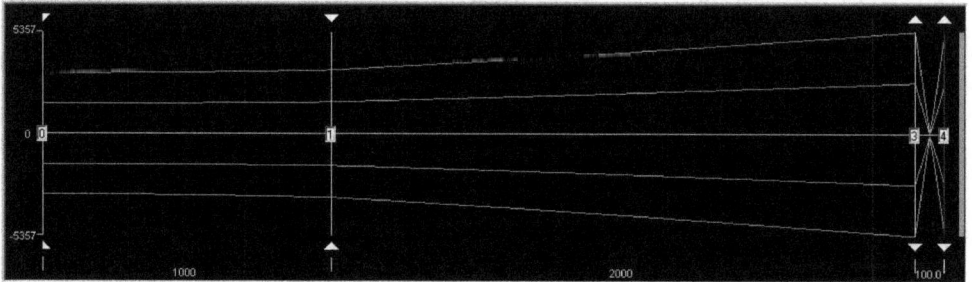

Abb. 2.26: Gesamter Strahlverlauf des Beispiels, gerechnet mit LASCAD. Die Linien 0 und 1 stellen die Resona-torspiegel dar, 3 die Linse.

Betrachtet man den Strahlradius als Funktion des Ortes (Gl. 2.42) in graphischer Darstellung (Abb. 2.22), so erkennt man, dass sich $w(z)$ für $z \to \infty$ asymptotisch einer Geraden annä-hert. Der Winkel Θ zwischen Asymptote und z -Achse wird **Divergenzwinkel** genannt. Für ihn gilt:

$$\tan(\Theta) = \lim_{z \to \infty} \frac{w(z)}{z} = \lim_{z \to \infty} \frac{w_0}{z} \sqrt{1 + \left(\frac{\lambda z}{\pi w_0^2}\right)^2} = \lim_{z \to \infty} w_0 \sqrt{\frac{1}{z^2} + \left(\frac{\lambda}{\pi w_0^2}\right)^2} \qquad 2.46$$

Bildet man den Grenzwert, erhält man:

$$\boxed{\Theta \approx \frac{\lambda}{\pi w_0}} \qquad 2.47$$

Dieser **Divergenzwinkel** ist der kleinstmögliche Winkel, den eine begrenzte Lichtwelle annehmen kann. Der Divergenzwinkel des ersten dunklen Rings im Beugungsbild einer Lochblende ist deutlich größer. Das Gaußbündel stellt insofern einen Grenzfall dar und wird als **beugungsbegrenzt** bezeichnet. Gl. 2.47 zeigt außerdem, dass die Divergenz eines Gauß-Bündels umso größer wird, je kleiner der Strahlradius w_0 in der Strahltaille ist.

Bei der Fokussierung zu Zwecken der Materialbearbeitung sollen häufig hohe Intensitäten erzielt werden. Es ist also ein möglichst kleiner Strahlradius erforderlich. Dieser ließe sich theoretisch mit kurzbrennweitigen Linsen erzielen. Leider werden dabei die Krümmungsradien der Linsenoberflächen immer kleiner, die Linsen also immer dicker. Dabei erhöhen sich die Abbildungsfehler der Linse derart, dass oft kurze Brennweiten nicht mehr sinnvoll sind, da die Linsenfehler den Strahlradius wieder vergrößern. Darüber hinaus gibt es eine **theoretische Grenze** für den minimalen erzielbaren Strahlradius im Fokus. Sie hängt von der Linsenbrennweite, dem Linsendurchmesser sowie der Wellenlänge ab:

$$w_{0\min} > \frac{2f\lambda}{\pi D} \qquad\qquad 2.48$$

f und D sind Brennweite und Durchmesser der Linse.

Manchmal werden in Strahlführungen auch Spiegel eingesetzt. Ihre Wirkung entspricht der von Linsen der Brennweite

$$f = \frac{r_s}{2} \qquad\qquad 2.49$$

r_s ist der **Krümmungsradius des Spiegels**. Ein Konkavspiegel ist mit positivem Radius einzusetzen, ein Konvexspiegel mit negativem. Der Einsatz von gekrümmten Spiegeln zur Strahlumlenkung ist kritisch, denn bei nichtsenkrechtem Einfall wird das Gauß-Bündel elliptisch. Der in der **Meridionalebene** bestimmte Strahlradius ist dann ein anderer als der in der **Sagittalebene** bestimmte. Die Meridionalebene wird durch die optische Achse und den einfallenden Strahl aufgespannt, die Sagittalebene enthält den einfallenden Strahl und steht senkrecht auf der Meridionalebene.

2.2.4 Spitzenintensität und Leistung

Bei bekannter Strahlleistung kann bei einem Gauß-Bündel aus dem Strahlradius an jedem Ort die **Spitzenintensität** im Zentrum des Strahls ermittelt werden. Die Gesamtleistung des Strahls ergibt sich, wenn die Intensität über die gesamte Fläche des Strahls integriert wird:

$$P = \int_0^\infty \int_0^{2\pi} \psi_0 e^{-2r^2/w^2} r\,d\varphi\,dr \qquad\qquad 2.50$$

$r\,d\varphi\,dr$ ist das Flächenelement in Zylinderkoordinaten. Die φ-Integration ist leicht ausführbar:

$$P = \int_0^\infty 2\pi\psi_0 e^{-2r^2/w^2} r\,dr \qquad\qquad 2.51$$

Da $\dfrac{d}{dr}e^{-2r^2/w^2}=-\dfrac{4r}{w^2}e^{-2r^2/w^2}$ gilt, erhält man dafür:

$$P=\int\limits_{0}^{\infty}2\pi\psi_0\left(-\frac{w^2}{4r}\right)\left(-\frac{4r}{w^2}\right)e^{-2r^2/w^2}\,rdr=\left[2\pi\psi_0\left(-\frac{w^2}{4}\right)e^{-2r^2/w^2}\right]_{0}^{\infty}\qquad 2.52$$

Daraus folgt der Zusammenhang zwischen Leistung und Spitzenintensität ψ_0 bei gegebenem Strahlradius w :

$$P=\left[0-2\pi\psi_0\left(-\frac{w^2}{4}\right)\right]\quad\text{bzw.}\quad\boxed{P=\frac{\pi\psi_0 w^2}{2}}\;\;\text{oder}\;\;\boxed{\psi_0=\frac{2P}{\pi w^2}}\qquad 2.53$$

Die **Intensität** ψ_0 im Zentrum des Strahls ist also umgekehrt proportional zum Quadrat des Strahlradiuses, aber proportional zur **Leistung** P des Gesamtstrahls.

Auf eine Besonderheit des Strahls innerhalb des Resonators soll noch hingewiesen werden. Zwar gelten für den resonatorinternen Strahl die Gl. 2.42 und 2.43, jedoch treten hier durch das verstärkende Medium weitere Besonderheiten auf. Neben einer **thermischen Linse,** also einem Brechungsindexgradienten zwischen optischer Achse und achsfernen Punkten treten meist räumliche Inhomogenitäten bei der Besetzungsinversion und somit bei der Verstärkung auf. Oft ist die Verstärkung auf der optischen Achse höher als am Rand. Dies führt zu einer Veränderung des Strahlradiuses beim Durchlaufen des aktiven Mediums. Bei einer räumlich homogenen Verstärkung wäre das nicht der Fall, hier würden die äußeren Flanken des Gauß-Bündels um den gleichen Faktor erhöht wie das Zentrum des Profils. Der Strahlradius w bliebe dabei unverändert. Wird aber in der Mitte mehr verstärkt als am Rand, „wächst" die Mitte stärker als die Flanken. Nimmt man weiter ein Gauß-Profil an (was nicht unbedingt gegeben sein muss), dann würde das zu einer Verringerung des Strahlradiuses führen. Abb. 2.27 zeigt ein Beispiel einer solchen Einschnürung des Bündels. Das verstärkende Medium hat eine Länge von 1 m und liegt zwischen den vertikalen Linien 1 und 2; zwischen Verstärker und Spiegeln ist jeweils noch ein Abstand von 0,1 m. Die fünf Graphen sind jetzt gedoppelt, denn es wird der Hin- und Rücklauf im Resonator unterschieden. Der jeweilige Strahl verengt sich beim Durchlaufen des verstärkenden Mediums merklich. Natürlich müssen die Kurven beim Resonator in sich geschlossen sein.

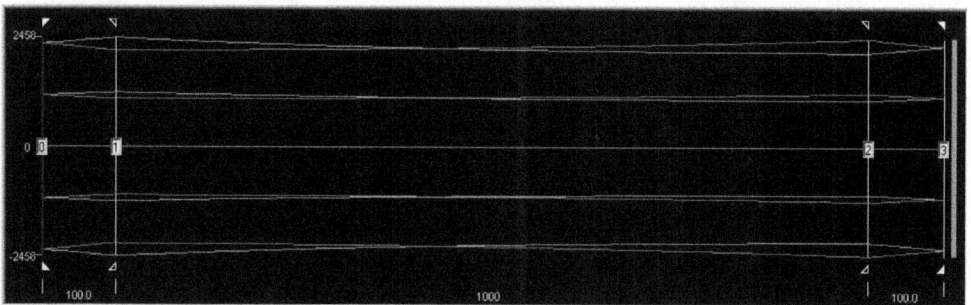

Abb. 2.27: Einschnürung des Strahls innerhalb des verstärkenden Mediums durch eine radial veränderliche Verstärkung.

2.2.5   Beugungsmaßzahl und Brillanz

Reale Laser emittieren oft keine reine TEM_{00}-Mode, sondern es können auch höhere Moden anschwingen. Auch ist die Verstärkung wie eben erwähnt räumlich nicht immer homogen. Dies kann zu Abweichungen von der Gauß-Form führen [Weber 1988], die mittels einer **Beugungsmaßzahl** M^2 bewertet werden [DIN EN ISO 11146-2]. M kann als Faktor aufgefasst werden, um den w_{0real} und Θ_{real} gegenüber den beugungsbegrenzten Werten w_0 und Θ erhöht ist. Aus Gl. 2.47 folgt also für den realen Strahl:

$$\Theta_{real} w_{0real} = (M\Theta)(Mw_0) = M^2 \frac{\lambda}{\pi} \qquad\qquad 2.54$$

Der M^2-Wert für das ideale Gauß-Bündel ist also 1. Aus Gl. 2.47 folgt unmittelbar, dass ein realer Laserstrahl bei gleichem Radius w_0 in der Strahltaille eine um M^2 höhere Divergenz hat als das ideale Gauß-Bündel (Abb. 2.28). Die Beugungsmaßzahl M^2 hat Auswirkungen auf die Fokussierbarkeit des Laserstrahls: der Fokusdurchmesser ist deutlich größer als beim Gauß-Bündel. Zur exakten Bestimmung der Beugungsmaßzahl nach DIN EN ISO 11146 müssen mindestens zehn Strahldurchmesser an verschiedenen Stellen auf beiden Seiten um die Strahltaille herum bestimmt werden. Etwa die Hälfte der Messwerte sollen innerhalb der **Rayleigh-Länge** liegen. Dies ist der positive Abstand z_R von der Strahltaille, bei dem sich der Strahlradius ausgehend von w_0 um den Faktor $\sqrt{2}$ vergrößert hat. Nach Gl. 2.42 gilt:

$$\sqrt{2} \cdot w_0 = w_0 \sqrt{1 + \left(\frac{\lambda z_R}{\pi w_0^2}\right)^2} \quad \text{bzw.} \quad z_R = \frac{\pi w_0^2}{\lambda} \qquad\qquad 2.55$$

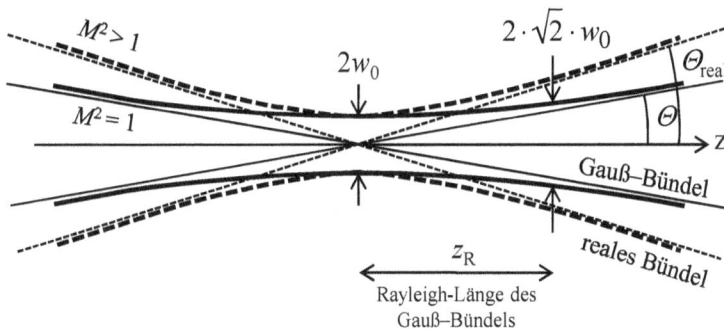

Abb. 2.28: Verlauf des $1/e^2$-Radius der Intensität für ein Gauß-Bündel und für ein reales Bündel mit jeweils gleichem Radius w_0 in der Strahltaille.

Aus den ermittelten Werten ist dann die Beugungsmaßzahl zu berechnen. Da das Verfahren relativ aufwändig ist, werden in der Praxis oft weniger genaue, halbautomatische Verfahren zur Ermittlung von Näherungswerten angewandt. Oft wird statt der Beugungsmaßzahl M^2 auch ihr Kehrwert, die **Strahlqualität** K angegeben:

$$K = \frac{1}{M^2}$$ 2.56

Ein weiteres Maß für die Fokussierbarkeit eines Laserstrahls ist das **Strahlparameterprodukt** (engl. Beam Parameter Product):

$$BPP = \Theta_{real} w_{0real} = M^2 \frac{\lambda}{\pi}$$ 2.57

Es wird meist in der Einheit $mm \cdot mrad$ angegeben und sinkt mit der Wellenlänge. Je kleiner das Strahlparameterprodukt, desto besser ist der Strahl fokussierbar. Da für die Materialbearbeitung die Strahlungsflussdichte im Fokus von Interesse ist, spielt die **Leistung** P des Strahls eine Rolle. Eine Größe, die sie berücksichtigt, ist die **Brillanz**:

$$B = \frac{P}{\pi^2 (BPP)^2} = \frac{P}{(M^2)^2 \lambda^2}$$ 2.58

Die Brillanz ist hoch, wenn das Strahlparameterprodukt BPP sehr klein und Leistung P des Strahls sehr hoch ist.

Aufgaben

1. Ein Resonator der Länge $L = 2m$ habe einen konvexen Spiegel mit Radius $R_1 = -6m$. Wie müsste der Radius R_2 des zweiten, konkaven Spiegels gewählt werden, damit der Resonator stabil ist?

2. Ein Nd-YAG-Laser bestehe aus zwei gleichen Konkavspiegeln mit Radius R. Die Strahltaille liegt somit in der Mitte des 1,5 m langen Resonators. Wie groß ist der Radius R, wenn der Strahlradius in der Strahltaille $w_0 = 0,6633mm$ ist?

3. Ein Laserresonator besteht aus zwei konkaven Spiegeln mit unterschiedlichen Krümmungsradien R_1 und R_2. Die Strahltaille liegt asymmetrisch im Resonator, wobei die Resonatorlänge – wie in Abb. 2.29 skizziert – im Verhältnis 2:1 geteilt wird. Für die Spiegelparameter $g_1 = 1 - L / R_1$ und $g_2 = 1 - L / R_2$ gilt der Zusammenhang $g_1 g_2 = 0,5$. Berechnen Sie die Radien R_1 und R_2 in Abhängigkeit von L!

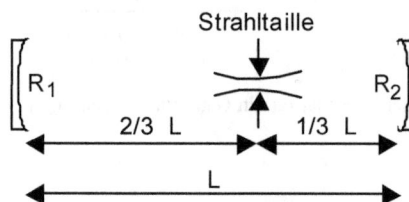

Abb. 2.29: Resonator mit asymmetrisch liegender Strahltaille.

4. Ein symmetrischer Resonator habe die Spiegelradien $R_1 = R_2 = R = 3L/2$, wobei L die Länge des Resonators ist. Werden die Spiegelradien auf den Wert $R' = kL$ geändert, vergrößert sich der Strahlradius auf den Spiegeln um den Faktor $\sqrt{2}$. Wie groß ist k?

5. Gegeben sei der in Abb. 2.30 skizzierte Resonator der Länge L. Der Endspiegel sei konkav mit Radius R_{11}, der Auskoppelspiegel sei plan. Auf welchen Wert R_{12} müsste der Krümmungsradius des Endspiegels geändert werden, damit sich bei einer Halbierung der Betriebswellenlänge von λ_1 auf $\lambda_2 = \lambda_1/2$ die Strahldivergenz außerhalb des Resonators nicht ändert?

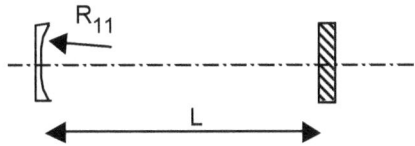

Abb. 2.30: Der Krümmungsradius R_{11} des Endspiegels soll so verändert werden, dass bei Halbierung der Betriebswellenlänge die Strahldivergenz außerhalb des Resonators konstant bleibt.

6. Gegeben sei ein plan-konkaver Auskoppelspiegel eines Lasers. Die konkave Seite sei teilreflektierend und zur Resonatorinnenseite gewandt. Welchen Brechungsindex müsste das Spiegelmaterial haben, damit sich bei Strahlaustritt der Krümmungsradius der Phasenfronten genau halbiert?

7. Ein CO_2-Laser besitze einen plan-konkaven Resonator der Länge 2 m mit einem planen Auskoppelspiegel. Der Laserstrahl hat außerhalb des Resonators die Divergenz Θ von 0,916 mrad. Wie groß ist der Krümmungsradius des Endspiegels?

8. Ein Konkavspiegel mit Krümmungsradius $R = 20$m reflektiere einen auftreffenden Laserstrahl exakt identisch in sich zurück. Die Strahltaille sei $w_0 = 5,406$mm und liege im Abstand von 5 m vor dem Spiegel. Wie groß ist die Wellenlänge des Lasers?

9. Ein CO_2-Laser ($\lambda = 10,6\mu$m) besitze einen planparallelen Auskoppelspiegel. Der Strahlradius w_0 am Ort dieses Spiegels betrage 2,3 mm. Um welchen Faktor muss dieser Wert durch ein Teleskop unmittelbar beim Auskoppelspiegel reduziert werden, damit in einer Entfernung von 2,5 m vom Auskoppelspiegel der Strahlradius 84,2 mm beträgt?

10. Bei einem gaußschen Bündel gelte an einem Ort z der Zusammenhang $z/R(z) = 3/4$, d.h. der Abstand zur Strahltaille verhält sich zum Krümmungsradius der Phasenfronten wie 3:4. Wie groß ist $w(z)/w_0$, d.h. wie verhält sich der Strahlradius an diesem Ort zum Strahlradius in der Strahltaille?

11. Ein Laserstrahl der Wellenlänge $\lambda = 10,6\mu$m und der Strahltaille von $w_0 = 80\mu$m falle im Abstand $z_1 = 1$m von der Strahltaille auf eine Sammellinse. Nach der Linse habe sich der Radius in der Strahltaille verdoppelt (Abb. 2.31). Berechnen Sie:
    a) den Abstand z_2 der Linse von der Strahltaille und
    b) die Brennweite f der Linse!

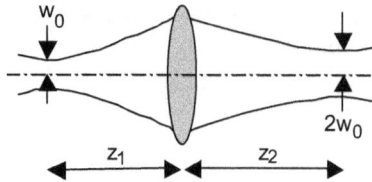

Abb. 2.31: Eine Linse soll eine Verdopplung des Radiuses in der Strahltaille bewirken.

12. Welches a muss im Teleskop der Abb. 2.32 eingestellt werden, damit sich die Strahlradien w_a und w_e eines Nd-YAG-Lasers ($\lambda = 1,064\mu m$) wie 2:1 verhalten?

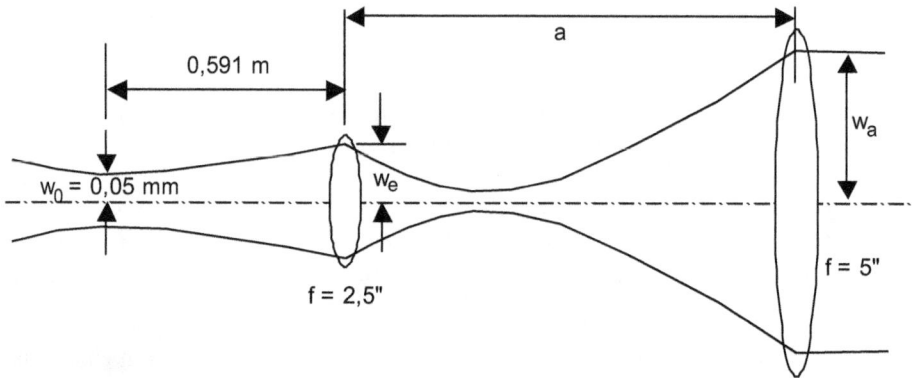

Abb. 2.32: Ein Teleskop soll den Laserstrahl um den Faktor 2 aufweiten.

13. Sie haben einen CO_2-Laser ($\lambda = 10,6\mu m$) der Leistung $P = 60$ W erworben. Der Hersteller verrät Ihnen die Spiegelbestückung sowie die Resonatorlänge nicht. Sie wissen aber, dass die Strahltaille auf dem plan-planen Auskoppelspiegel liegt. Sie messen folglich unmittelbar hinter dem Auskoppelspiegel den Strahlradius und erhalten $w_0 = 3,18mm$. 2 m vom Auskoppelspiegel entfernt soll eine optische Komponente geringer Belastbarkeit eingesetzt werden. Wie hoch ist dort die Spitzenintensität ψ_0 ?

14. Ein Laserstrahl habe in der Entfernung $z = 1,5m$ von der Strahltaille den Strahlradius $w = 1,524mm$ und den Krümmungsradius der Phasenfronten von $R = 1,526m$.
   a) Wie groß ist der Strahlradius w_0 in der Strahltaille?
   b) Welche Wellenlänge λ hat der Strahl?

15. Der in Abb. 2.33 skizzierte plan-konkave Nd-YAG-Laser hat eine Resonatorlänge von 1,5 m und einen Auskoppelspiegel aus BK7 mit Radius 3 m (auf der dem Resonator zugewandten Seite). Die Phasenfrontkrümmung des Laserstrahls unmittelbar nach Austritt aus dem Resonator beträgt 2,494 m. Welche Krümmung R_2^* hat der Spiegel auf der dem Resonator abgewandten Seite?

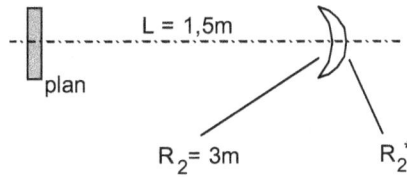

Abb. 2.33: Der gezeichnete Auskoppelspiegel wirkt als Sammellinse und verringert die Divergenz des Laserstrahls.

16. Ein Resonator habe die Länge $L = 1{,}5\,\text{m}$ und zwei Konkavspiegel mit $R_1 = 3\,\text{m}$ und $R_2 = 2\,\text{m}$. Die Wellenlänge des Lasers sei 1064,1 nm.
    a) Zeigen Sie, dass der Resonator stabil ist!
    b) Berechnen Sie die Strahlradien am Ort der Spiegel!
    c) Berechnen Sie den Strahlradius am Ort der Strahltaille!
    d) Wo liegt die Strahltaille im Resonator?
    e) Wie groß ist die Divergenz des externen Strahls unter der Annahme, dass R_2 der Auskoppelspiegel ist und auf der Außenseite plan ist!

17. Ein Konkav-Konvex-Resonator (Abb. 2.34) eines Nd-YAG-Lasers ($\lambda = 1064{,}1\,\text{nm}$) habe die Länge 3 m. Der Konkavspiegel habe den Radius 4 m, der Konvexspiegel einen solchen von 1,5 m.
    a) Ist der Resonator stabil?
    b) Wo liegt (theoretisch) die Strahltaille?
    c) Skizzieren Sie grob (nicht maßstäblich) die Lage der Strahltaille!
    d) Berechnen Sie die Strahlradien auf den Spiegeln!
    e) Angenommen, R_2 sei der Auskoppelspiegel und plan-konvex. Sein Brechungsindex sei $n = 1{,}5$. Wo liegt der Ort der Strahltaille?
    f) Wie groß ist der Strahlradius am Ort der Strahltaille?
    g) Wie groß ist der Divergenzwinkel Θ in diesem Fall? Welche Besonderheit liegt hier vor?

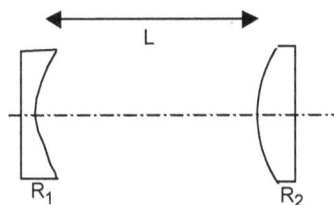

Abb. 2.34: Konvexe Resonatorspiegel kommen bei Lasern eher selten vor, können aber einen stabilen Resonator bilden.

18. Der Resonator eines CO_2-Lasers bestehe wie in Abb. 2.35 skizziert aus einem Endspiegel mit Radius $R_1 = 20\,\text{m}$ und einem Auskoppelspiegel mit inneren Radius $R_2 = 10\,\text{m}$ und dem äußeren Radius $R_3 = 15\,\text{m}$. Die Krümmungsrichtung ist der Abbildung zu entnehmen. Die Länge des Resonators ist L=2m. Die Brechzahl des Spiegelmaterials ist $n = 2{,}4$.

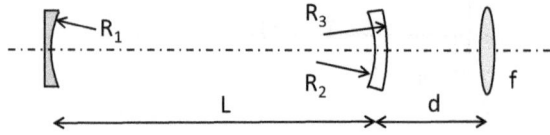

Abb. 2.35: In einem Abstand d nach dem Resonator soll eine Linse den Laserstrahl fokussieren.

a) Zeigen Sie, dass der Resonator stabil ist!

b) Wo liegt die Strahltaille des Resonators?

c) Wie groß ist der Strahlradius w_0 in dieser Strahltaille?

d) Wie groß sind die Strahlradien auf den Spiegeln?

e) Wie groß ist der Krümmungsradius der Phasenfront unmittelbar nach dem Auskoppelspiegel?

f) Wie groß ist die Strahldivergenz des Lasers außerhalb des Resonators?

g) Im Abstand $d = 0{,}1$m vom Auskoppelspiegel tritt der Laserstrahl durch eine Linse mit der Brennweite $f' = 0{,}5$m. In welchem Abstand zur Linse liegt die erzeugte Strahltaille?

h) Wie groß ist der Strahlradius in der Strahltaille?

19. Der plan-konkave Resonator eines Nd-YAG-Lasers habe die Länge 1,2 m. Der Konkavspiegel habe einen Krümmungsradius von $R_1 = 3$m .

a) Ist der Resonator stabil? Begründung!

b) Im Abstand $z = 0{,}2$m vom Spiegel R_2 soll ein Frequenzverdopplerkristall in den Resonator eingesetzt werden (Abb. 2.36). Welche Spitzenintensität ψ_0 muss das Material aushalten, wenn die resonatorinterne Leistung $P = 140$W beträgt?

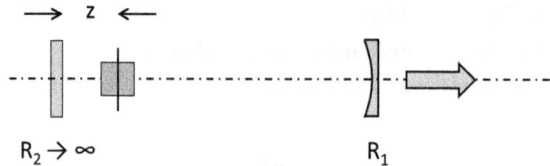

Abb. 2.36: Ein Frequenzverdopplerkristall wird zweckmäßigerweise in der Nähe der Strahltaille in den Resonator gebracht, um eine möglichst hohe Strahlungsflussdichte zu erreichen.

c) Wie groß ist die Divergenz des Laserstrahls außerhalb des Resonators, wenn die Linsenwirkung des plan-konkaven Auskoppelspiegels R_1 berücksichtigt wird (Brechungsindex des Spiegelmaterials: $n = 1{,}52$)?

d) 25 cm hinter dem Auskoppelspiegel wird der Strahl mit einem Konkavspiegel mit Radius 0,5 m umgelenkt. Wie groß ist die neue Divergenz?

20. Der 0,75 m lange Resonator eines Argon-Ionen-Lasers ($\lambda = 514{,}5$nm) bestehe aus einem planen Endspiegel und einem konkaven Auskoppelspiegel ($n = 1{,}52049$) mit Radius 1,5 m.

a) Berechnen Sie die Strahlradien auf den Spiegeln!

b) Wie groß ist die Strahldivergenz außerhalb des Resonators, wenn der Auskoppelspiegel außen plan ist?

c) Im Abstand von 1,205 m vom Auskoppelspiegel soll ein Spiegel Verwendung finden. Wie groß ist der Krümmungsradius der Phasenfronten am Ort des Spiegels?

d) Welchen Radius muss der Spiegel haben, wenn sich der Radius der Phasenfronten nach Reflexion am Spiegel verdoppeln soll?

21. Ein CO_2-Laser habe einen konkaven Endspiegel mit Radius $R = 20m$ und einen planen Auskoppelspiegel. Die Resonatorlänge ist $L = 4m$. Der Strahl wird 5,8 m nach dem Auskoppelspiegel durch einen Planspiegel um 90° umgelenkt und nach 0,2 m durch eine bikonvexe ZnSe-Linse mit Krümmungsradius der Oberflächen von $r = 10cm$ fokussiert. Die Lage des Laserstrahls wird durch einen He-Ne-Laser markiert, der wie in Abb. 2.37 skizziert über den Planspiegel in den Strahlengang eingekoppelt wird. Welche Divergenz Θ müsste der He-Ne-Laserstrahl haben, damit die Strahltaillen beider Laser nach der Linse an der exakt gleichen Stelle liegen und der He-Ne-Laser in dieser Strahltaille den Radius 10 µm hat? Die Brechungsindizes der Linse für die beiden Wellenlängen sind $n_{He\text{-}Ne} = 2,594$ und $n_{CO_2} = 2,40272$.

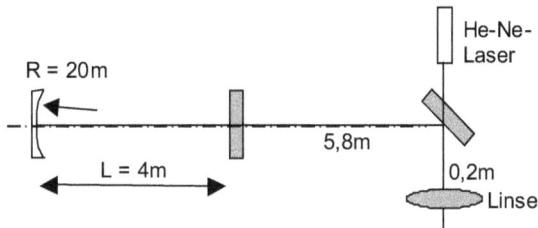

Abb. 2.37: Um einen nicht sichtbaren Laserstrahl justieren und verfolgen zu können, werden Pilotlaser verwendet. Sie werden über dichroitische Spiegel in den Strahlengang eingeführt.

22. Ein Laserstrahl der Wellenlänge $\lambda = 632,8nm$ treffe mit einer Phasenfrontkrümmung von $R = 50cm$ und einem Strahlradius von $w_L = 300µm$ auf einen gekrümmten Spiegel.

a) Wie groß muss der Krümmungsradius R_s des Spiegels sein, damit sich die Phasenfrontkrümmung nach der Reflexion halbiert? Muss der Spiegel konkav oder konvex sein?

b) Welchen Abstand z_1 hatte die Strahltaille des auftreffenden Strahls vom Spiegel?

c) Welchen Strahlradius w_{02} hat der reflektierte Strahl in der Strahltaille?

23. Ein Laserstrahl der Wellenlänge $\lambda = 10,6µm$ mit einem Strahlradius $w_0 = 3,3mm$ in der Strahltaille trifft 2 m hinter der Strahltaille auf eine Sammellinse ($f' > 0$).

a) Angenommen, der Strahl hätte eine Leistung von 1000 W. Welche Spitzenintensität herrscht am Ort der Linse im Strahlzentrum?

b) Wie groß müssen im Falle einer symmetrisch gebauten, bikonvexen Linse die Krümmungsradien gewählt werden ($n = 2,4$), damit die Linse gerade eben den Strahl fokussiert?

24. Ein Laserstrahl der Wellenlänge 10,6 µm und der Leistung 52,1 W habe die Divergenz 1,12 mrad.

a) Wie groß ist der Strahlradius w_0 in der Strahltaille?

b) Im Abstand $z = 4,373\,\text{m}$ von der Strahltaille soll ein Konkavspiegel derart aufgestellt werden, dass der Strahl identisch in sich zurückreflektiert wird, d.h. die Strahltaille des reflektierten Strahls liegt genau am Ort der ursprünglichen Strahltaille. Welchen Krümmungsradius muss der Konkavspiegel haben?

c) Wie groß ist die maximal auf dem Spiegel auftretende Intensität?

25. Beim Nd-YAG-Laser kann durch einen speziellen Kristall im Resonator eine Verdopplung der Frequenz erreicht werden. Um welchen Faktor erhöht sich die Spitzenintensität auf den Spiegeln gegenüber der ursprünglichen Wellenlänge unter der (praktisch nicht realisierbaren) worst-case-Annahme einer 100%igen Konversion?

26. Der plan-konkave Resonator eines Nd-YAG-Lasers ($\lambda = 1064,1\,\text{nm}$) habe auf den Spiegeln die Radien $w_1 = 0,712\,\text{mm}$ und $w_2 = 1,01\,\text{mm}$. Wie groß ist der Spiegelradius R sowie die Resonatorlänge L ?

27. Ein CO_2-Laser der Wellenlänge $\lambda = 10,6\,\mu\text{m}$ liefere in der Entfernung von $z = 50\,\text{m}$ vom plan-planen Auskoppelspiegel im Zentrum des Strahl auf dem Schirm eine Intensität von $\psi_0 = 120,5\,\text{kW/m}^2$ (Abb. 2.38). Seine Ausgangsleistung beträgt 200 W.

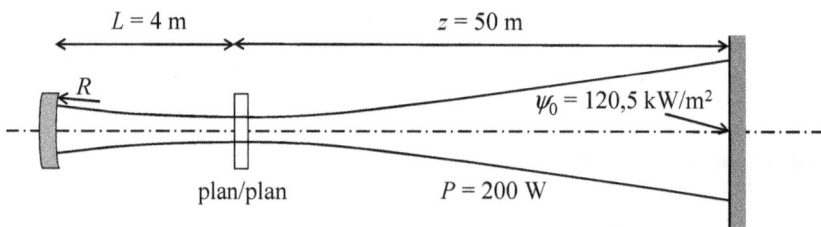

Abb. 2.38: Ein CO_2-Laser der Ausgangsleistung 2000 W erzeuge im Abstand von 50 m im Strahlzentrum eine Intensität von 120,5 kW/m².

a) Wie groß ist der Strahlradius w in der Schirmebene?

b) Berechnen Sie die Divergenz Θ des Strahls!

c) Wie groß ist der Radius w_0 in der Strahltaille?

d) Welchen Radius R hat der Endspiegel?

28. Ein Nd-YAG-Laserstrahl habe einen Strahlradius in der Strahltaille von 542 µm. Im Abstand $z = 1,5\,\text{m}$ von der Strahltaille befinde sich eine Sammellinse.

a) Wie groß ist der Radius R der Phasenfrontkrümmung am Linsenort?

b) Was wäre die Folge, wenn die Linsenbrennweite exakt gleich dem unter a) berechneten Krümmungsradius der Phasenfronten ist?

c) Berechnen Sie für diesen Fall den Radius in der Strahltaille nach Linsendurchtritt!

29. Ein Laserresonator habe die Länge $L = 4\,\text{m}$ und einen konkaven Spiegel mit Radius $R_1 = 3\,\text{m}$. In welchem Bereich darf der Radius R_2 des zweiten Spiegels liegen, damit der Resonator stabil ist?

2.3   Festkörperlaser

Bei der Besprechung der Laser soll mit dem Festkörperlaser begonnen werden. Dies entspricht auch der geschichtlichen Entwicklung, war doch der erste realisierte Laser ein Rubinlaser und damit ein Festkörperlaser [Maiman 1960a und 1960b]. Die eigentlichen Laseratome gehören meist zu den **Übergangsmetallen** oder den **seltenen Erden**. Mit ihnen werden Glas- oder Kristallmaterialien dotiert. In der Regel werden zylindrische Stäbe, Scheiben oder Glasfasern hergestellt, die optisch gepumpt werden. Besetzungsinversion wird also durch Bestrahlung mit Licht erzielt.

2.3.1   Dotierungen und Wirtsmaterialien

Lasertätigkeit zeigen Ionen der Metalle **Scandium**, **Yttrium** und **Lanthan** sowie eine ganze Reihe der Ionen der seltenen Erden (Abb. 2.39). Die in der Praxis meistverwendeten sind wohl **Neodym**, **Chrom**, **Titan**, **Holmium** und **Erbium**. Am beliebtesten ist das Nd^{3+}-Ion, denn es zeigt einige für die Lasertätigkeit günstige Eigenschaften: es hat eine **scharfe Fluoreszenzlinienbreite** und eine hinreichend **hohe Relaxationszeit** beim oberen Laserniveau. Außerdem liegt das untere Laserniveau hoch genug, um **keine thermische Besetzung** zu bekommen. Chrom wird als Lasermedium nicht nur im Rubinlaser verwendet, sondern auch im durchstimmbaren Alexandritlaser sowie in einigen weiteren Systemen. Titan hat Bedeutung erlangt wegen seines außerordentlich hohen Abstimmbereichs von ca. 400nm. Obwohl die Dotierung oft nur im Promillebereich liegt, erreicht man wegen der dichten Packung der Atome im Kristallgitter deutlich höhere Dichten (ca. $10^{25}\,m^{-3}$) als bei Gaslasern mit der Folge, dass hohe Verstärkungen und hohe Ausgangsleistungen möglich sind.

H																	He
Li	Be											B	C	N	O	F	Ne
Na	Mg											Al	Si	P	S	Cl	Ar
K	Ca	Sc	Ti	V	Cr	Mn	Fe	Co	Ni	Cu	Zn	Ga	Ge	As	Se	Br	Kr
Rb	Sr	Y	Zr	Nb	Mo	Tc	Ru	Rh	Pd	Ag	Cd	In	Sn	Sb	Te	I	Xe
Cs	Ba	La	Hf	Ta	W	Re	Os	Ir	Pt	Au	Hg	Tl	Pb	Bi	Po	At	Rn

Ce	Pr	Nd	Pm	Sm	Eu	Gd	Tb	Dy	Ho	Er	Tm	Yb	Lu

Fr	Ra	Ac	.	.

Th	Pa	U	Np	Pu	Am	Cm	Bk	Cf	Es	Fm	Md	No	Lr

Abb. 2.39: Elemente des Periodensystems, die in Festkörperlasern als aktives Material Anwendung finden.

Das einfachste Wirtsmaterial bei Festkörperlasern ist **Glas**. Obwohl bei den meisten Lasertypen Kristallmaterialien Verwendung finden, gibt es doch noch eine Reihe von Anwendungen, bei denen Glaslaser eingesetzt werden. Glas ist leicht in guter optischer Qualität und auch in großen Abmessungen herstellbar. Nachteilig wirkt sich die im Vergleich zu Kristallen **schlechtere Wärmeleitfähigkeit** sowie die **breitere Fluoreszenzlinienbreite** aus. Letztere führt zu einer höheren Laserschwelle. Bereits im Jahr 1961 wurde Lasertätigkeit an Nd-dotiertem Barium-Kronglas beobachtet [Snitzer 1961]. Nd-Glaslaser können aufgrund ihres niedrigen Wirkungsquerschnittes viel Energie speichern und sind daher besonders gut für die Erzeugung kurzer Laserimpulse geeignet. Die Dotierungskonzentration an Nd^{3+}-Ionen kann bis zu 8 Gewichtsprozent betragen, üblich sind etwa 3. Die Stäbe können in guter Homogenität und mit geringer Doppelbrechung hergestellt werden. Er-Glaslaser haben Bedeutung erlangt wegen ihrer Emissionslinie bei 1,54μm, einer für den Bau augensicherer Laser günstigen Wellenlänge.

Gegenüber Glas haben Kristalle als Wirtsmaterial einige Vorteile: **höhere Bruchfestigkeit**, **bessere Wärmeleitfähigkeit** und **niedrigere Laserschwellen**. Dem steht aber in der Regel ein aufwendiges Kristallzuchtverfahren mit einem entsprechend höheren Preis gegenüber. Der wohl bekannteste Wirtskristall ist das **Yttrium-Aluminium-Granat** (YAG, $Y_3Al_5O_{12}$), das sich nach langen Versuchen als geeignetstes Wirtsmaterial für Nd^{3+} erwiesen hat. YAG gehört zur umfangreichen Familie der **Granate**. Granate sind sehr hart, sind optisch isotrop und haben eine gute Wärmeleitfähigkeit, so dass weitere Vertreter dieser Familie in der Lasertechnik als Wirtsmaterial Anwendung finden, z.B. **Yttrium-Gallium-Granat** (YGAG, $Y_3Ga_5O_{12}$), **Gadolinium-Gallium-Granat** (GdGaG, $Gd_3Ga_5O_{12}$) und **Gadolinium-Scandium-Aluminium-Granat** (GdScAG, $Gd_3Sc_2Al_3O_{12}$).

Ein weiterer Kristall ist **Yttrium-Lithium-Fluorid** (YLF, $LiYF_4$). Das obere Laserniveau des Neodym hat in diesem Kristall eine mehr als doppelt so hohe Lebensdauer als im YAG-Kristall. Es kann eine deutlich höhere optische Energie gespeichert werden. Ein weiterer interessanter Wirtskristall für Neodym und Erbium ist **Ytterbium-Vanadat** (YVO_4). Zusammen mit Neodym als Lasermedium ist er für diodengepumpte Systeme einer der effizientesten verfügbaren Laserkristalle. Seine hohe Absorptionsbandbreite für die Pumpwellenlänge machen ihn zum geeigneten Kandidaten fürs Pumpen mit Laserdioden, da die auftretenden Wellenlängenschwankungen keine große Auswirkung auf die Ausgangsleistung des Gesamtsystems haben.

Die meisten Kristalle für den Laserbau werden mit der **Czochralski-Methode** gezogen. Ein an einer drehbaren Achse befestigter Saatkristall wird bis an die Oberfläche einer Schmelze (beim Nd:YAG etwa 2000°C heiß) bestehend aus den gewünschten Bestandteilen abgesenkt. In einem wochenlangen Verfahren wird er dann mit minimalster Vorschubgeschwindigkeit und unter ständiger Drehung nach oben bewegt. Im gleichen Maß wächst unten der Kristall. Temperatur und Ziehgeschwindigkeit bestimmen maßgeblich den Durchmesser des gezogenen Kristalls.

Die Konzentration der Dotierungssubstanz im Kristall ist nicht identisch mit der in der Schmelze. Ein großes Atom wie Neodym, das ein kleines Atom wie Yttrium im YAG ersetzen soll, wird sich nur widerwillig in das Gitter einfügen, so dass die Konzentration im entstehenden Kristall deutlich niedriger ist als in der Schmelze. Um eine vorgegebene Konzentration zu erreichen, muss die Schmelze entsprechend höher konzentriert werden. Im Falle des Nd:YAG beträgt das Verhältnis etwa 5:1. Beim GdGaG verhält es sich bei Dotierung mit Chromionen umgekehrt: Chromatome sind kleiner und können daher leicht den Platz des Galliums einnehmen. Die Schmelze muss also geringer dotiert sein, nämlich etwa 1:4.

Die optische Qualität des Kristalls, sein Polarisationsverhalten sowie seine Streu- und Absorptionsverluste hängen stark vom Ziehverfahren ab. Wenig beeinflusst werden dagegen die optischen Eigenschaften wie Emissions- und Absorptionsquerschnitte sowie Lebensdauern.

2.3.2   Pumpanordnungen

Festkörperlaser werden **optisch gepumpt**, d.h. das Licht einer geeigneten Lichtquelle muss möglichst verlustfrei in den Laserkristall eingekoppelt und dort homogen verteilt werden. Die klassische Anordnung hierfür sind **zylindrische Stäbe** und lineare Lichtquellen, deren Länge etwa der des Stabes entspricht. In der Anfangszeit waren das meist Langbogenlampen. Um möglichst das ganze erzeugte Licht in den Stab zu projizieren, wurde schon in den Sechziger Jahren des vorigen Jahrhunderts die **elliptische Pumpkammer** vorgeschlagen. Sie macht sich die Eigenschaft der Ellipse zunutze, dass Licht, welches im einen Brennpunkt erzeugt wird, an der Ellipse dergestalt reflektiert wird, dass es in den zweiten Brennpunkt fokussiert wird (Abb. 2.40). Das gleiche gilt sinngemäß auch für den elliptischen Zylinder, wobei die beiden Brennpunkte zu **Brennlinien** werden: bei einem unendlich langen elliptischen Zylinder wird Licht, welches auf einer der Brennlinien entsteht, an der Wandung so reflektiert, dass es die zweite Brennlinie trifft. Natürlich kann man keinen unendlich langen Zylinder bauen; jedoch lässt er sich durch verspiegelte, senkrecht zu den Brennlinien aufgebrachte Deck- und Bodenflächen simulieren.

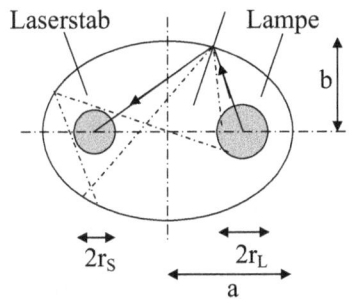

Abb. 2.40: Querschnitt durch eine elliptische Pumpkammer. Da die Lampe eine gewisse räumliche Ausdehnung hat, treffen nicht alle von ihr ausgehenden Strahlen auch den Stab.

Soweit die Theorie. Praktisch sieht das Ganze etwas anders aus, denn sowohl der Laserkristall als auch die Lampe haben einen gewissen Radius. Licht, welches nicht exakt auf der Brennlinie entsteht, kann den Stab also durchaus verfehlen. Welcher Anteil der von der Lichtquelle emittierten Strahlung den Laserstab trifft, hängt nicht nur von den Radien ab, sondern auch von der **Exzentrizität der Ellipse**. Bereits in der Anfangszeit der Festkörperlaser wurden hierzu umfangreiche Rechnungen durchgeführt. Man kann einen geometrischen Übertragungskoeffizienten η errechnen, der angibt, welcher relative Anteil der von der Lampe emittierten Lichtstrahlen den Laserstab trifft; η ist also eine Art Wirkungsgrad für die Pumpkammer. Abb. 2.41 zeigt das

Ergebnis für verschiedene numerische Exzentrizitäten $\varepsilon = \dfrac{\sqrt{a^2-b^2}}{a}$. r_S ist der Radius des Laserkristalls und r_L der Lampenradius [Schuldt 1963]. Es wurde dabei vereinfachend angenommen, dass es sich bei der Lichtquelle um einen **Lambertschen Strahler** handelt und dass sich die Lichtquelle nicht selbst abschattet. Außerdem wurde nur eine einzige Reflexion an der Ellipsenwand berücksichtigt. η ist in Abb. 2.41 als Funktion des Quotienten r_S / r_L dargestellt. Man erkennt, dass der geometrische Übertragungskoffizient bei gleichem Verhältnis r_S / r_L mit steigender Exzentrizität sinkt. Oder anders ausgedrückt, η wird größer, wenn die Ellipse „kreisähnlicher" wird. Bei konstanter Exzentrizität steigt η mit wachsendem r_S / r_L an. Es ist also günstig, den Stab möglichst dick und die Lampe möglichst schlank zu machen. Dem sind natürlich technisch-konstruktive Grenzen gesetzt.

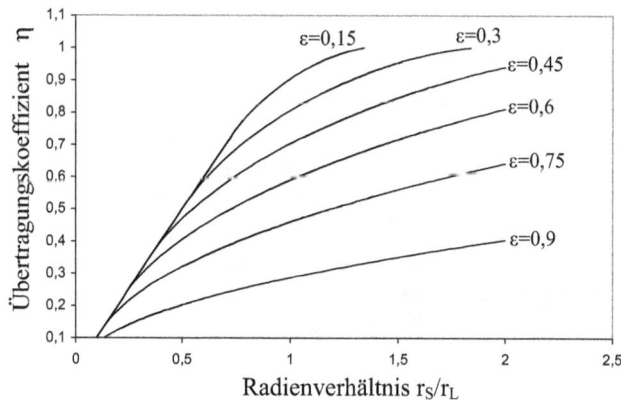

Abb. 2.41: Geometrischer Übertragungskoeffizient als Funktion des Verhältnisses von Stab- zu Lampenradius r_S / r_L nach [Schuldt 1963].

Ein Beispiel soll die Sache verdeutlichen. Eine Pumpkammer mit elliptischem Querschnitt habe die große Halbachse $a = 3\,\text{cm}$ und die kleine Halbachse $b = 1{,}98\,\text{cm}$. Stab und Lampe liegen in den Brennlinien. Wie muss das Verhältnis r_S / r_L gewählt werden, damit der geometrische Übertragungskoeffizient $\eta = 0{,}6$ erreicht wird? Man berechnet die Exzentrizität der Ellipse zu $\varepsilon = 0{,}75$. Man wählt dann die entsprechende Kurve in Diagramm 2.41 und liest ein Verhältnis von ca. 1,7 ab.

Auf der Suche nach der idealen Pumpkammer sind theoretische Berechnungen zwar nützlich, können aber niemals die vielen Faktoren berücksichtigen, die eine Rolle spielen. Es wurde deshalb eine Vielzahl experimenteller Untersuchungen durchgeführt, aus denen sich ergibt, dass der Reflektor Stab und Lampe möglichst eng umschließen sollte und dass Stab und Lampe möglichst eng beieinander liegen sollten. Letzteres ergibt sich auch aus der Forderung kleiner Exzentrizitäten. Im Übergang zu einer kreisförmigen Ellipse fallen die beiden Brennlinien aufeinander. Zur Leistungssteigerung wurden besonders in der Anfangszeit

Doppel- und Mehrfachellipsen verwendet (Abb. 2.42). Sie haben ihre Rechtfertigung lediglich in der hohen, absoluten Leistung, die sich damit erzielen lässt. Man erhöht einfach die Zahl der Pumplampen. Ihr Wirkungsgrad ist aber schlecht, denn die jeweilige Ellipse ist angeschnitten und die Strahlen, die in den Raum der gegenüberliegenden Ellipse eindringen, werden in der Regel nicht mehr den Laserkristall erreichen.

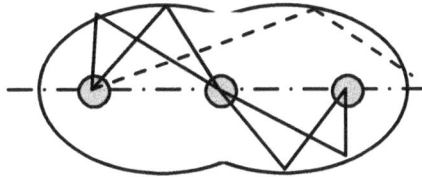

Abb. 2.42: Doppelellipse als Pumpkammer.

Neben der elliptischen Pumpkammer sind noch weitere Konstruktionen gebräuchlich. Zum Beispiel kann man auch ganz auf eine reflektierende Fläche verzichten und Lampe und Stab einfach in eine diffus reflektierende **Keramikkammer** setzen. Das Pumplicht wird an den Wänden gestreut und erreicht – möglicherweise erst nach mehreren Streuungen – den Laserstab. Diese Konstruktion ist besonders bei blitzlampengepumpten Systemen beliebt.

Besondere Bedeutung kommt beim Betrieb des Lasers der Kühlung der Lampe und des Laserkristalls zu. Insbesondere für die Langbogenlampen ist die Kühlung lebenswichtig. Hier muss ein gewisser Mindestdurchsatz an Wasser erreicht werden, wobei keine Totwasserbereiche entstehen dürfen, denn bei mehreren Kilowatt Lampenleistung würden sich sofort Dampfblasen bilden. Die einfachste Konstruktion ist hier, die gesamte Pumpkammer mit Kühlwasser zu durchspülen. Hier muss durch spezielle Konstruktion dafür Sorge getragen werden, dass eine hinreichende Strömungsgeschwindigkeit längs des Stabes und der Lampe erreicht wird. Der Vorteil dieser Konstruktion besteht darin, dass eine kompakte Bauweise der Pumpkammer möglich ist. Weniger kompakt aber dafür strömungstechnisch günstiger ist es, Stab und Lampe in Strömungsrohre zu setzen (Abb. 2.43). Der Stab kann hier unabhängig von der Lampe gekühlt werden. Außerdem ist es möglich, durch geeignete Additive im Kühlwasser unerwünschte Wellenlängen, die lediglich den Stab aufheizen würden, aber fürs Pumpen keinen Nutzen brächten, zu absorbieren. Die Strömungsrohre können auch eine selektiv reflektierende Schicht tragen, die unnütze Strahlung sofort in die Lampe zurückreflektiert.

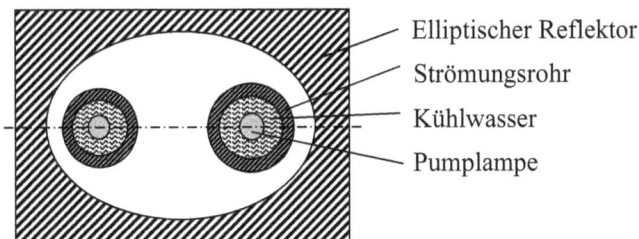

Elliptischer Reflektor
Strömungsrohr
Kühlwasser
Pumplampe

Abb. 2.43: Einfachelliptische Pumpkammer mit Strömungsrohren.

Die Kühlung des Stabes über seine Wandung führt in jedem Falle dazu, dass sich bei hohen Pumpleistungen ein Temperaturgradient zwischen Stabachse und Wandung ausbildet. Da der Brechungsindex temperaturabhängig ist, führt das dazu, dass der Stab wie eine Linse wirkt. Das wäre an sich noch nicht so schlimm, wenn die Brennweite dieser Linse konstant wäre. Bei den meisten Anwendungen jedoch wird die Pumpleistung und damit der Wärmeeintrag in gewissen Grenzen verändert. Das führt zu einer veränderlichen Brennweite dieser **thermischen Linse**. Für viele Anwendungen erweist sich dieser Effekt – obwohl anscheinend sehr schwach – als sehr störend. Wie in Kap. 2.2.2 gezeigt wurde, sind die verwendeten Krümmungsradien der Laserspiegel und damit ihre Brennweiten sehr gering. Eine auch nur geringe thermische Linse hat daher große Auswirkungen. Eine Konstruktion, die dem entgegen wirken soll, zeigt Abb. 2.44.

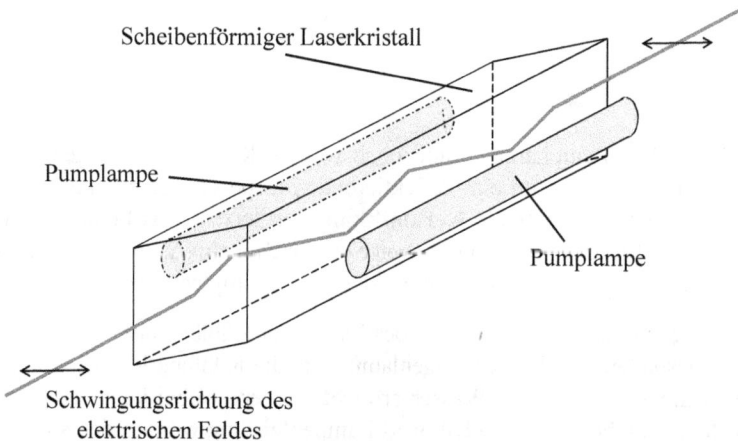

Abb. 2.44: Beim Scheiben-Laser wird der Laserkristall von beiden Seiten mit Wasser gekühlt. Zwei Pumplampen sichern effizientes Pumpen von beiden Seiten ohne thermische Linse.

Der Kristall liegt hier nicht in Stab- sondern in **Scheibenform** vor [Schürer 1989]. Die Eintrittsfläche ist schräg geschnitten, zweckmäßigerweise unter dem **Brewsterwinkel**. Licht, das parallel zur **Einfallsebene** polarisiert ist und unter diesem Winkel auf die Oberfläche trifft, tritt verlustfrei in den Kristall ein und aus. Die Einfallsebene wird durch den einfallenden Strahl und die Flächennormale gebildet. Senkrecht zur Einfallsebene polarisiertes Licht wird teilweise an der Oberfläche reflektiert. Damit sind die Resonatorverluste für senkrecht polarisiertes Licht viel höher als für parallel polarisiertes, so dass der Laser definiert polarisiertes Licht (in Abb. 2.44 schwingt der Vektor der elektrischen Feldstärke in der Horizontalen) abgibt. Der Schnitt im Brewsterwinkel erspart eine Antireflexbeschichtung der Oberflächen. Nach Eintritt in die Scheibe wird der Strahl an den Seitenflächen mehrmals total reflektiert. Der Vorteil der Anordnung besteht darin, dass die auftretenden Temperaturgradienten wegen der geringen Dicke der Scheibe kleiner sind als beim Stab. Außerdem durchläuft der gesamte Strahl warme und kalte Bereiche der Scheibe, so dass sich thermische Effekte nicht bemerkbar machen können. Das Konzept des Scheibenlasers wird auch bei Gaslasern in abgewandelter Form verwandt.

Die Idee, das aktive Medium in Scheibenform auszuführen, wird auch bei den modernsten Festkörperlasern verwendet, den laserdiodengepumpten Systemen. Laserdioden als Pumpquelle besitzen den Vorteil, dass sie **exakt für die effizienteste Pumpwellenlänge** des aktiven Materials hergestellt werden können. Es wird also – anders als bei Langbogenlampen – deutlich weniger „nutzlose" Strahlung produziert. Das vermindert die thermische Belastung des Laserkristalls. Abb. 2.45 zeigt einen typischen Aufbau eines solchen Lasers. Der Laserkristall liegt in Form eines **dünnen Scheibchens** vor. Der Endspiegel des Resonators wird in Form eines auf das Scheibchen gedampften metallischen Spiegels realisiert. Die Vorderseite besitzt eine Antireflexschicht. Das Scheibchen wird mit der Seite des metallischen Spiegels mittels einer **Indiumschicht** auf eine Wärmesenke aufgebracht, so dass der entstehende Wärmegradient in Richtung der Strahlachse wirkt. Eine thermische Linse wird damit vermieden. Nicht jedes aktive Medium ist für diese Geometrie geeignet [Stewen 2000]. Da die Pumpstrahlung aufgrund der geringen Dicke der Scheibe (meist etwa 100–200 μm) nur unzureichend absorbiert wird, ist man zu Mehrfachdurchläufen der Pumpstrahlung gezwungen.

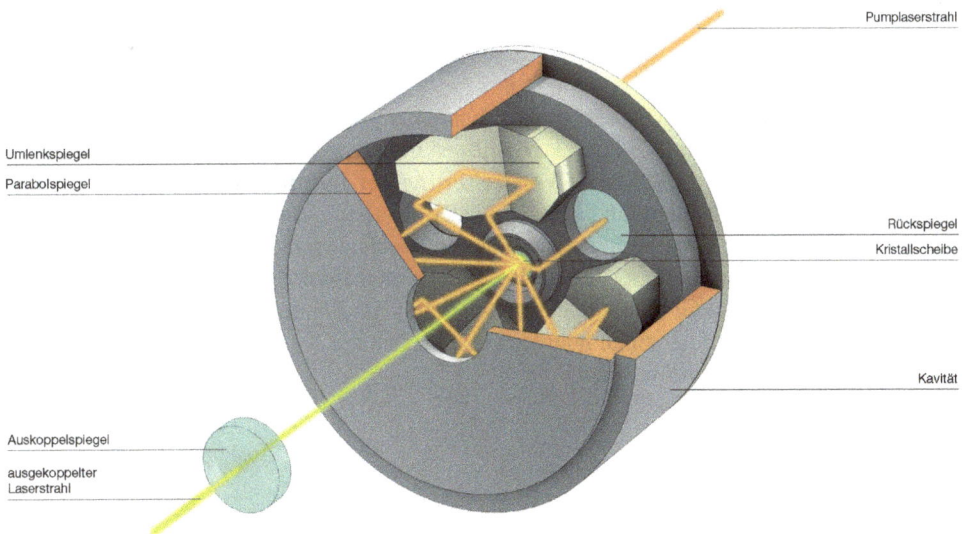

Abb. 2.45: Aufbau eines modernen Scheibenlasers. Der Pumpstrahl durchläuft das Kristallscheibchen mit Hilfe von Umlenk- und Parabolspiegeln mehrmals. Quelle: TRUMPF GmbH + Co. KG

Ebenso wird auch die Laserstrahlung im Vergleich zum Laserstab pro Resonatorumlauf nur noch gering verstärkt, so dass man höher reflektierende Auskoppelspiegel verwenden muss, um die nötige Verstärkung zu erzielen.

Für den Bau eines Scheibenlasers ist daher ein aktives Medium wünschenswert, das einen hohen Wirkungsquerschnitt für die Absorption der Pumpstrahlung, die Möglichkeit einer hohen Dotierbarkeit sowie einen hohen Wirkungsquerschnitt der stimulierten Emission besitzt. Ein sehr gut geeignetes Material hierfür ist **Ytterbium-dotierter Yttrium-Aluminium-Granat (Yb:YAG)**.

Der Pumpstrahl der Laserdiode wird über einen parabolischen Spiegel dergestalt auf das Scheibchen reflektiert, dass der am metallischen Laserendspiegel reflektierte Pumpstrahl wieder auf den Parabolspiegel trifft, von dort auf eine **Retrooptik** geworfen wird und dann wieder zurück auf den Parabolspiegel und auf den Laserkristall und so fort. Der Parabolspiegel hat mittig ein Loch, so dass der optische Weg zum Auskoppelspiegel frei ist.

Auch stabförmige Laserkristalle können mit Laserdioden gepumpt werden. Hier werden sowohl longitudinale als auch transversale Pumpanordnungen verwendet. Damit lässt sich der Wirkungsgrad auf 30–50 % steigern. Durch serielle Anordnung mehrerer diodengepumpter Laserstäbe werden Leistungen bis 12 kW erreicht [Akiyama 2003].

Eine weitere Möglichkeit, thermischen Effekten im aktiven Material entgegenzuwirken, ist der **Faserlaser**. Das verstärkende Material liegt hier in Form eines Lichtwellenleiters vor. Damit lassen sich große Längen realisieren, was die Nutzung gering absorbierender Materialien ermöglicht. Die Zerstörung der Strahlqualität durch eine thermische Linse kann beim Faserlaser vermieden werden, denn die Strahlqualität hängt allein vom **Brechungsindexprofil** der Faser ab. Ein **Monomode-Faserlaser** liefert unabhängig von der eingekoppelten Leistung ein beugungsbegrenztes Bündel. Zwei Grundprinzipien lassen sich realisieren [Zellmer 1997]: der einfache, **laseraktive Lichtwellenleiter** und der **Doppelkern-Faserlaser.**

Die erste, einfachere Lösung besteht einfach aus einer Lichtleitfaser aus Quarz-, Phosphat- oder Fluoridgläsern, die mit den laseraktiven Ionen dotiert werden. Die Wechselwirkung der Ionen mit der Glasmatrix bewirkt eine **Verbreiterung der Pumpbanden**, so dass die Anforderungen an die Frequenzstabilität der Laserdioden deutlich geringer sind als beim kristallinen Wirtsmaterial. Der Kern besitzt einen höheren Brechungsindex als der Mantel, der häufig aus reinem Quarzglas besteht (Abb. 2.46). Der Durchmesser des Kerns ist so gering, dass sich nur der transversale Grundmode ausbreiten kann. Als Schutzbeschichtung wird ein **Polymermantel** verwendet, der einen höheren Brechungsindex als der Mantel hat, so dass sich im Mantel kein Licht ausbreiten kann.

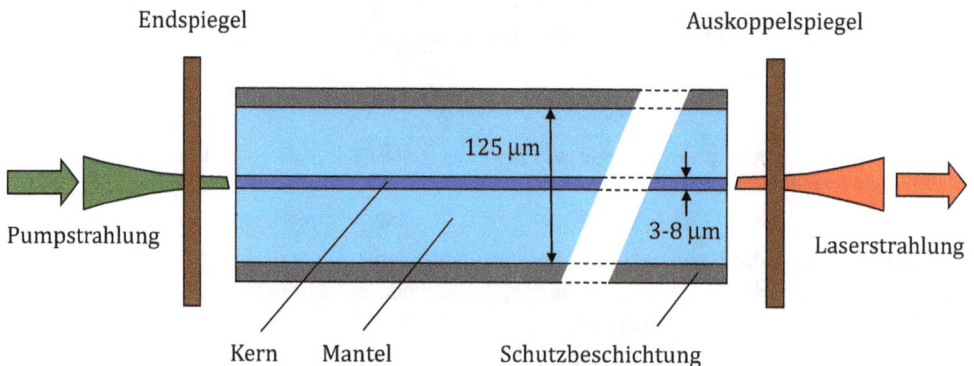

Abb. 2.46: Prinzipieller Aufbau eines Faserlasers mit Pumplichtführung im Kern.

Im Falle des **Doppelkern-Faserlasers** wird Lichtausbreitung im Mantel ausdrücklich gewünscht, denn das Pumplicht wird in den Mantel eingekoppelt. Dieser muss daher einen höheren Brechungsindex haben als die Schutzbeschichtung. Sie besteht daher entweder aus einem niedrigbrechenden **Polymer** oder aus **fluordotiertem Quarzglas**. Da für die Einkopplung der Pumpstrahlung ein größerer Durchmesser zur Verfügung steht, lässt sich auch die Multimodestrahlung leistungsstarker Laserdioden als Pumplicht nutzen.

Die meisten modernen Faserlaser arbeiten nach dem Prinzip des Doppelkerns. Allerdings ist die cw-Leistung einer solchen Faser zunächst auf ca. 100 W begrenzt, denn bei höheren Leistungen treten nichtlineare Effekte wie **stimulierte Brillouin-Streung** und **stimulierte Ramanstreuung** auf. Um sie zu vermeiden, muss die Leistungsdichte im Kern der Faser verringert werden. Nun gilt als Bedingung für die Einmodigkeit bei der Stufenindexfaser die Beziehung [Pedrotti 2002]:

$$\pi d \frac{\sqrt{n_{\mathrm{Kern}}^2 - n_{\mathrm{Mantel}}^2}}{\lambda} < 2,405 \qquad\qquad 2.59$$

n_{Kern} und n_{Mantel} sind die Brechzahlen von Kern und Mantel und λ ist die Wellenlänge der Laserstrahlung. Eine Verringerung der Leistungsdichte geht einher mit einer Vergrößerung des Volumens des Kerns und damit des Durchmessers d der Faser. Will man die Monomode-Eigenschaft der Faser erhalten, bleibt nach Gl. 2.59 nur, die Brechzahldifferenz zwischen Kern und Mantel zu verringern. Es können Brechzahlunterschiede von 0,001 noch prozesssicher gefertigt werden, was Kerndurchmesser von ca. 15 µm ermöglicht. Solche Fasern mit **vergrö-ßertem Modenfelddurchmesser** werden **LMA-Fasern** genannt (Large Mode Area). Die cw-Leistung des Faserlasers kann damit auf über 1000 W gesteigert werden.

Die Gefahr der Dejustierung der Resonatorspiegel sowie deren Verschmutzung können vermieden werden, indem man die Laserspiegel in die Faser integriert. Dies gelingt durch **Faser-Bragg-Gitter** (FBG). Sie bestehen aus periodischen Brechzahlunterschieden längs der Faserachse, mit denen man sowohl vollreflektierende als auch teilreflektierende Spiegel realisieren kann. Erzeugt werden die Gitter in nichtverstärkendem Fasermaterial, dessen Kern mit **Germanium** dotiert ist. Durch UV-Laserlicht kann die Brechzahl durch chemische Reaktionen modifiziert werden. Um ein Bragg-Gitter zu erhalten, wurden einige Verfahren entwickelt. Die Gitterzonen können einzeln durch einen intensiven UV-Laserstrahl in das Kernmaterial geschrieben werden. Zur Erzeugung des gesamten Gitters mit einer Belichtung können zwei Teilstrahlen eines Lasers wie in Abb. 2.47a skizziert unter einem bestimmten Winkel im Faserkern gekreuzt werden, so dass ein stationäres Intensitätsgitter entsteht, das die chemischen Prozesse auslöst. Die Strahlen müssen hierzu sehr präzise justiert werden, so dass sich dieses Verfahren nicht für die Massenproduktion eignet. Das in Abb. 2.47b gezeigte Verfahren ist hier deutlich leichter zu beherrschen. Das Interferenzmuster wird durch eine Phasenmaske in die Faser geschrieben.

Abb. 2.48 zeigt den prinzipiellen Aufbau eines Faserlasers. Das Pumplicht mehrerer Diodenlaser wird über Schmelzkoppler zusammengeführt und in den Mantel eingekoppelt. Die bei Faserlasern erreichbare optische Konversionseffizienz zwischen Pump- und Laserlicht liegt bei über 70% [Zellmer 2005]. Die erzielten Leistungen rücken die Erwärmung der Faser durch Pumpstrahlung und Laserstrahl in den Vordergrund [Zintzen 2008]. Eine aktive Kühlung ist erforderlich. Faserlaser erreichen ein Strahlparameterprodukt von weniger als $2,5\,\mathrm{mm} \cdot \mathrm{mrad}$ bei Leistungen im Multi-kW-Bereich [Himmer 2008]. Es sind daher bei der Materialbearbeitung besonders dünne Schweißnähte und schmale Schneidfugen möglich, so dass der Faserlaser bei filigranen Anwendungen die erste Wahl ist.

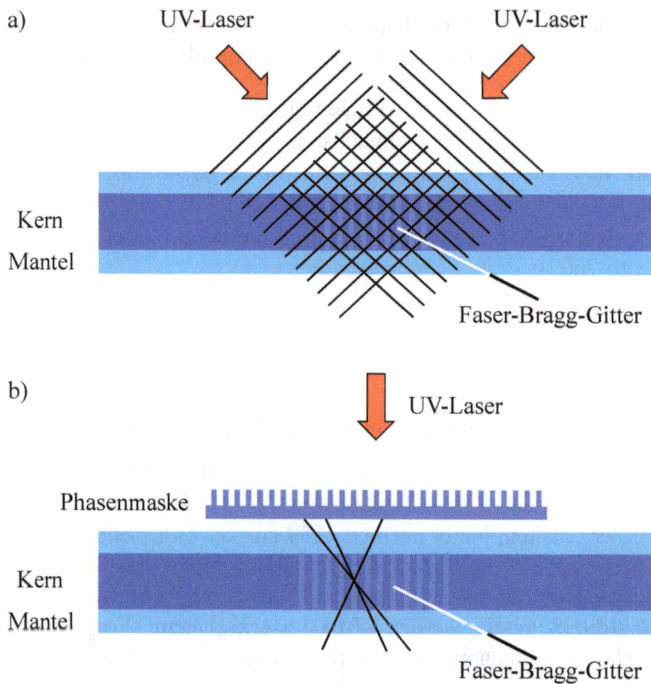

Abb. 2.47: Zur Herstellung eines Faser-Bragg-Gitters können zwei UV-Strahlen eines Lasers in der Faser zur Überlagerung gebracht werden (a). Das entstehende Interferenzstreifenmuster erzeugt die Brechzahlmodulation. Auch eine Phasenmaske kann zur Erzeugung des Gitters benutzt werden (b).

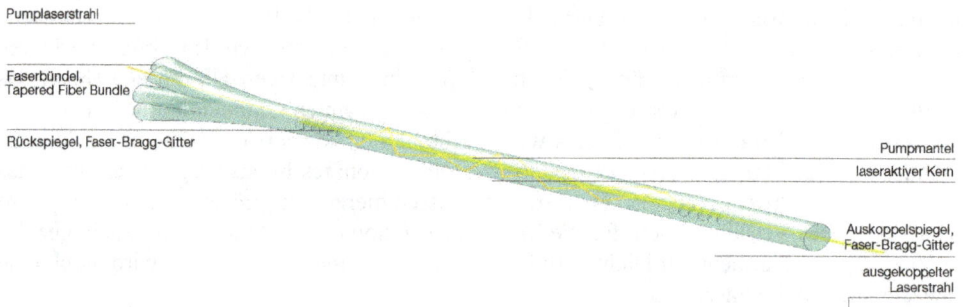

Abb. 2.48: Zur Steigerung der Pumpleistung wird die Strahlung mehrerer Pumpquellen über Pumpkoppler gebündelt und in den Pumpmantel geführt. Quelle: TRUMPF GmbH + Co. KG.

2.3.3   Einige Festkörper-Lasermaterialien im Detail

Rubin

Der **Rubinlaser** war zwar der erste realisierte Laser, hat heute aber keine praktische Bedeutung mehr. Der Wirtskristall ist hier **Saphir**, also Al_2O_3, bei dem etwa 0,05 Gewichtsprozent der Al^{3+}-Ionen durch Cr^{3+}-Ionen ersetzt sind. Die Kristalle werden nach der oben beschriebenen

Czochralski-Methode aus einer Schmelze von hochreinem Al_2O_3 gezogen, der eine kleine Menge Cr_2O_3 zugegeben wird. Es sind Rubinkristalle in sehr hoher Qualität darstellbar; sie sind chemisch stabil und haben eine gute Wärmeleitfähigkeit (Tab. 2.2). Die Pumpbanden ($^4F_1$ und $^4F_2$) haben eine Breite von etwa 100 nm (Abb. 2.49). Die Relaxation aus diesen Niveaus in das obere Laserniveau ist mit 10^{-7} s außerordentlich kurz. Das obere Laserniveau selbst ist in zwei Unterniveaus mit einem Abstand von 29 cm^{-1} geteilt. Im Normalfall schwingt die Linie bei **694,3 nm** an; erst wenn diese durch dispersive Elemente im Resonator unterdrückt wird, schwingt die **692,9 nm-Linie** an. Das untere Laserniveau ist der Grundzustand und damit sehr stark besetzt: der Rubinlaser ist also ein **Drei-Niveau-Laser** mit einem entsprechend schlechten Wirkungsgrad. Die nötigen Pumpenergien lassen sich optisch nur für kurze Zeit bereitstellen, so dass der Rubinlaser in der Regel mit Blitzlampen gepumpt und damit gepulst betrieben wird. Ein Dauerstrichbetrieb ist aber bei niedrigen Ausgangsleistungen (1 mW) möglich. Blitzlampen sind in der Regel mit Xenon, Krypton oder Quecksilberdampf befüllt. Die Quecksilberlinien bei 404,7 nm (24710 cm^{-1}) und 546,1 nm (18.312 cm^{-1}) passen gut zu den Pumpbanden.

Tab. 2.2: Physikalische Eigenschaften des Rubin.

Dichte:	3,98 kgdm^{-3}
Schmelzpunkt:	2311 K
Wärmeleitfähigkeit bei 300K:	42 Wm^{-1}K^{-1}
Brechzahl senkrecht zur opt. Achse:	1,763
Brechzahl parallel zur opt. Achse:	1,755
Fluoreszenzlebensdauer:	3 ms
Linienbreite:	0,53 nm
Wirkungsquerschnitt f. stim. Emission:	2,5 · 10^{-24} m^2
Laserwellenlängen:	692,9 nm und 694,3 nm

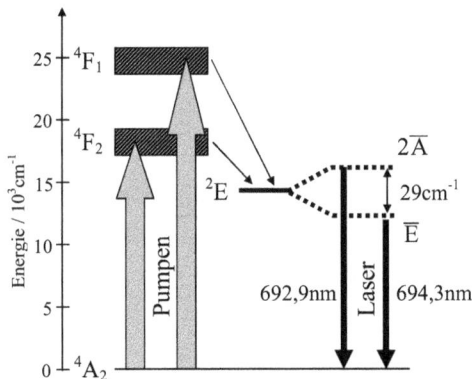

Abb. 2.49: Energieniveauschema des Rubin. Die gepunktete Aufsplittung der Energieniveaus ist nicht maßstäblich.

Nd-Glas-Laser

Nd-dotiertes Glas hat eine Reihe von Vorzügen: es ist im Vergleich zu Kristallen billig in der Herstellung, lässt sich hoch dotieren, ist optisch isotrop und es lassen sich viele Geometrien herstellen: meterlange Stäbe sind ebenso herstellbar wie Lichtwellenleiter für Faserlaser. Nachteil der Gläser ist die geringe Wärmeleitfähigkeit: sie liegt bei etwa 1 $Wm^{-1}K^{-1}$ und ist damit deutlich schlechter als die der Kristalle (Tab. 2.3). Außerdem ist die Linienbreite der Nd^{3+}-Fluoreszenz im Glas mit ca. 300 cm^{-1} deutlich größer als bei der Einbettung in Kristallen. Nach einer Schwellenbedingung, die schon vor der Realisierung des ersten Lasers aufgestellt wurde [Schawlow 1958], benötigt man mit wachsender Linienbreite eine höhere Besetzungsinversion, um die Laserschwelle zu erreichen. Allerdings lässt sich mehr Energie im Übergang speichern. Besonders geeignet ist der Nd-Glas-Laser für die Erzeugung kurzer Laserimpulse. Über **Modenkopplung** lassen sich Laserimpulse mit Impulsdauern von 6 ps erzeugen [Laubereau 1974]. Beim Nd-Glas-Laser handelt es sich um ein Vier-Niveau-System (Abb. 2.50). Das untere Laserniveau ist vom energetischen Grundzustand so weit entfernt, dass eine thermische Besetzung auch bei höheren Temperaturen ausgeschlossen ist. Die Dotierungen können im Prozentbereich liegen, üblich sind etwa 3%. Bei höheren Werten sinkt leider die Fluoreszenzlebensdauer, so dass sich Besetzungsinversion schwerer erreichen lässt. Der Laserübergang liegt zwischen 1053 und 1062 nm, je nach Glassorte. Ein Laserübergang bei 1370 nm schwingt an, wenn die Verluste für den anderen Übergang erhöht werden. Nd-Glas-Laser werden mit Xenon-gefüllten Blitzlampen gepumpt. Dauerstrichbetrieb ist nur mit ganz speziellen Gläsern in gewissem Umfang möglich

Tab. 2.3: Physikalische Eigenschaften von Nd:Glas. Die große Streubreite der Werte resultiert von den verschiedenen Glassorten. [Koechner 1976, Eichler 2010].

Dichte:	$2,5 \ldots 3$ $kgdm^{-3}$
Wärmeleitfähigkeit bei 300K:	$0,9 \ldots 1,3$ $Wm^{-1}K^{-1}$
Brechzahl:	$1,51 \ldots 1,55$
Fluoreszenzlebensdauer:	300 μs
Linienbreite:	$180 \ldots 300$ cm^{-1}
Wirkungsquerschnitt f. stim. Emission:	ca. $3 \cdot 10^{-24}$ m^2
Laserwellenlängen:	$1053 \ldots 1062$ nm; 1370 nm
Dotierung:	bis ca. 5%

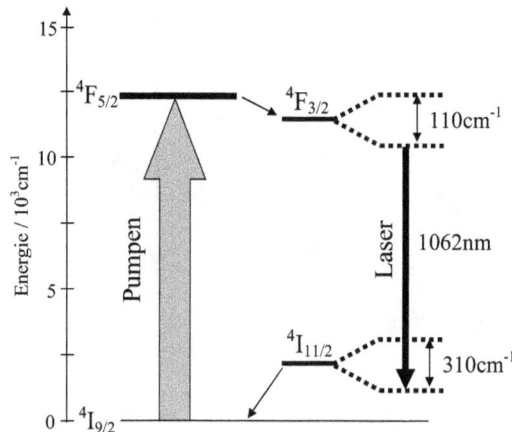

Abb. 2.50: Vereinfachtes Energie-Niveau-Schema des Nd:Glas. Die Aufsplittung der Niveaus (gepunktete Linien) ist nicht maßstäblich.

Nd-YAG-Laser

Dieser Lasertyp ist der wohl am weitesten verbreitetste Festkörperlaser. Im Gegensatz zum Nd-Glas-Laser ist mit dem Nd-YAG-Laser **Dauerstrichbetrieb hoher Leistung** bzw. **Impulsbetrieb mit hoher Impulsfolgefrequenz** möglich. Grenzen sind hier bei zylindrischen Laserstäben nur durch das Auftreten einer **thermischen Linse** sowie durch **Doppelbrechung** bedingt durch Erwärmung durch das Pumplicht gesetzt. Beim Nd:YAG lassen sich keine so hohen Dotierungen realisieren wie beim Nd-Glas-Laser. Die Radien des Nd^{3+} und des Y^{3+} differieren um etwa 3 %, so dass bei höheren Konzentrationen das Kristallgitter zu stark gestört wird (Tab. 2.4). Die intensivsten Pumpbanden des Nd:YAG sind die $^4F_{5/2}$- und $^2H_{9/2}$-Niveaus (0,81 μm) und die $^4S_{3/2}$- und $^4F_{7/2}$-Niveaus (0,75 μm) (Abb. 2.51). Das obere Laserniveau $^4F_{3/2}$ spaltet in zwei Nivaus auf. Gemäß Boltzmannverteilung befinden sich 40 % der $^4F_{3/2}$-Atome im oberen und 60 % im unteren Niveau. Stimulierte Emission findet aus dem oberen Niveau statt, wobei die Besetzung aus dem unteren Niveau nachgefüllt wird. Der Energiefehlbetrag von 88 cm^{-1}, also etwa 0,011 eV, wird aus dem thermischen Energievorrat des Kristalls entnommen. Besetzungsinversion ist leicht aufzubauen, da das untere Laserniveau energetisch so weit vom Grundzustand entfernt ist, dass es thermisch kaum besetzt ist.

Tab. 2.4: Physikalische Eigenschaften von Nd:YAG.

Dichte:	4,56 kgdm^{-3} [Koechner 1976]
Wärmeleitfähigkeit:	10 … 13 Wm^{-1}K^{-1} [Struve 1988]
Brechzahl bei 1,0μm:	1,82 [Koechner 1976]
Fluoreszenzlebensdauer:	240 μs [Kneubühl 2005]
Linienbreite:	4,0 cm^{-1} (0,45 nm bzw. 120 GHz) [Herrmann 1984]
Wirkungsqu. f. stim. Emission:	ca. $4,8 \cdot 10^{-23}$ m^2 [Laser components 2007]
Laserwellenlängen:	Übergänge von 0,94 μm bis 1,4 μm, Hauptlinie 1064,1 nm;
Dotierung:	bis ca. 3 %

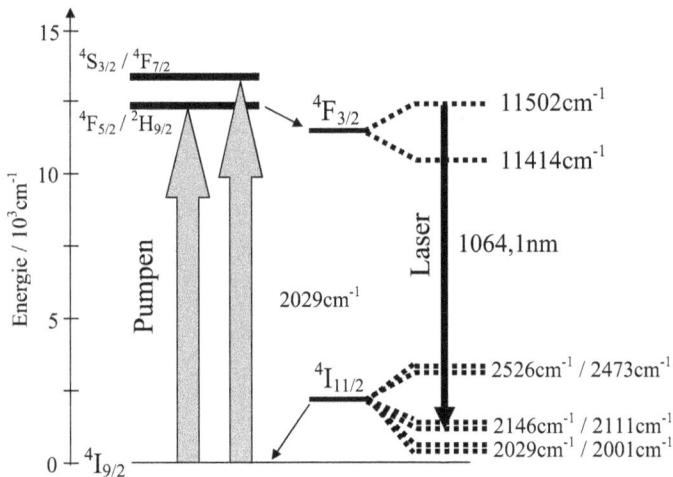

Abb. 2.51: Vereinfachtes Energie-Niveau-Schema des Nd-YAG. Die Aufsplittung der Niveaus (gepunktete Linien) ist nicht maßstäblich.

Das Absorptionsspektrum des Nd:YAG zeigt im Übergangsbereich vom Sichtbaren zum Infraroten zwei Liniengruppen bei 0,75 µm und 0,81 µm [Ziegs 1988]. Dies sind die zwei effizientesten Pumpbanden. Speziell die Linie um 0,81µm findet sich auch im Emissionspektrum von **Krypton-Langbogenlampen** [Dohlus 2014], so dass dieser Lampentyp beim Pumpen leistungsstarker Laser Verwendung findet. Nachteilig sind hierbei die hohen Kosten der Lampen sowie ihre geringe Lebensdauer von einigen hundert Stunden. Auch liegen nur ungefähr 5 % der Strahlungsleistung der Lampe innerhalb der Nd:YAG-Absorptionsbänder, so dass ein relativ geringer Wirkungsgrad die Folge ist. Im Multimode-Betrieb, d.h. beim Zulassen höherer transversaler Moden, liegt er bei lediglich 2 %, im Grundmode-Betrieb bei 0,5 %. Ein höherer Wirkungsgrad ist durch Pumpen mit Diodenlasern zu erzielen. Hier macht sich allerdings die relativ geringe Absorptionsbandbreite des Nd:YAG-Kristalls nachteilig bemerkbar, die im Zusammenwirken mit der Temperaturabhängigkeit der Emissionswellenlänge der Diode von Nachteil ist.

Yb-YAG-Laser

Dieser Nachteil kann vermieden werden, indem man ein neues, vielversprechendes Material verwendet: **Yb:YAG**. Hier sind Yb^{3+}-Dotierung bis 20 Atom-% möglich. Die sehr große Absorptionsbandbreite von 8 nm macht das Material gegenüber Wellenlängenschwankungen der Laserdiode unempfindlich. Die **ungewöhnlich hohe Fluoreszenzlebensdauer von 1,2 ms** und sein **hoher quantenoptischer Wirkungsgrad** sind ein weiterer Vorteil gegenüber Nd:YAG. Er kommt durch einen geringen Abstand des Pumpniveaus vom oberen Laserniveau sowie einen geringen Abstand vom unteren Laserniveau zum Grundniveau zustande [Ostermeyer 2007]. Letzteres führt allerdings leicht zu einer thermischen Besetzung des unteren Laserniveaus und damit zu einer Verringerung der Besetzunginversion. Gute Kühlung ist also notwendig.

Diese Eigenschaften des Yb:YAG führen zum Konzept des **Scheibenlasers**. Wie im vorigen Kapitel (Abb. 2.45) bereits ausgeführt, kann die Kühlung eines in Form einer dünnen Scheibe vorliegenden Lasermediums sehr effizient erfolgen. Das minimiert thermooptische Effekte und führt zu einer exzellenten Strahlqualität. Gepumpt wird ausschließlich mit Laserdioden bei verschiedenen Wellenlängen um 935 nm. Die Emission liegt bei einer Wellenlänge von 1029 nm. Industriell realisiert sind Laser mit einer cw-Leistung von 8 kW. Die theoretischen Leistungsgrenzen sind damit noch nicht erreicht. Für eine Scheibe der Dicke 200 µm mit einer Dotierung von 9 Atom-% wird die Leistungsgrenze mit 50 kW angegeben [Giesen 2005]. Auch 100 kW werden mit Slab-Geometrien für möglich gehalten [Rutherford 2001].

Tab. 2.5: Physikalische Eigenschaften von Yb:YAG.

Dichte:	4,56 kgdm^{-3} [Scientific Materials 2010]
Wärmeleitfähigkeit:	11,2 Wm^{-1}K^{-1} [Scientific Materials 2010]
Brechzahl bei 1,04 µm:	1,82
Fluoreszenzlebensdauer:	967 µs (bei Dotierung unter 15 Atom-%) [Scientific Materials 2010]
Linienbreite:	ca. 9 nm
Wirkungsqu. f. stim. Emission:	$2,1 \cdot 10^{-20}$ cm^2 [Ostermeyer 2007]
Laserwellenlänge:	1029 nm
Pumpbande:	verschiedene Pumplinien im Bereich von 930 bis 945 nm

Nd:YVO$_4$

Ein Material, das wegen seines einachsigen kristallinen Aufbaus nur linear polarisiertes Licht liefert, ist **Neodym-Ytterbium-Vanadat**. Seine Fluoreszenzlebensdauer beträgt 90 μs und sein Wirkungsquerschnitt der stimulierten Emission ist mit $25 \cdot 10^{-23}\,m^2$ bei der Emissionslinie von 1064 nm deutlich höher als beim Nd:YAG. Mit ca. 5 W/(mK) ist die Wärmeleitfähigkeit aber deutlich niedriger. Trotzdem sind seine Eigenschaften im Dauerstrichbetrieb denen des Nd-YAG vergleichbar, denn die Temperaturabhängigkeit des Nd:YVO$_4$ ist niedriger, so dass die Neigung zur Ausbildung einer thermischen Linse nicht größer ist.

Titan-Saphir-Laser

Beim Titan-Saphir-Laser werden die Al^{3+}-Ionen eines Saphirkristalls zu etwa 0,1 Gewichtsprozent durch Ti^{3+}-Ionen ersetzt. Besonderes Merkmal dieses Lasers ist seine **Durchstimmbarkeit** über einen weiten Wellenlängenbereich, nämlich **von 660 nm bis 1050 nm** mit einem Maximum bei etwa 795 nm. Dies wird durch eine Aufspaltung der Energieniveaus durch Gitterschwingungen erreicht. Gepumpt wird er durch ein breites Absorptionsband um 500 nm. Als Pumpquelle werden zumeist Laser verwendet, da die kurze Fluoreszenzlebensdauer von 3,2 μs zu hohen Pumpleistungen führt. Dauerstrichbetrieb mit konventionellen Bogenlampen ist nicht möglich, allenfalls Impulsbetrieb mit Blitzlampen. Besondere Bedeutung hat der Titan-Saphir-Laser bei der Erzeugung von **kurzen Laserimpulsen im Femtosekundenbereich.**

Erbium

Eine häufig für Laseremission verwendete Linie des Erbiums liegt bei den meisten Wirtskristallen bei etwa 1,6 μm – ein Bereich, der (fälschlicherweise) als „augensicher" gilt. Damit ist gemeint, dass diese Wellenlänge vom Kammerwasser des Auges absorbiert wird, so dass weniger bis gar keine Strahlung die Netzhaut erreicht. Selbstverständlich kann man mit diesem Laser die vorderen Augenpartien wie Hornhaut oder vordere Augenkammer schädigen, wenn die Intensität einen gewissen Schwellwert überschreitet. Dieser liegt natürlich höher als der Wert für die Schädigung der Retina. Der Wirkungsgrad des Erbiumlasers ist relativ schlecht.

2.4 Gaslaser

2.4.1 Klassifizierung

Wie der Name schon sagt, liegt das laseraktive Medium beim Gaslaser im gasförmigen Aggregatzustand vor. Obwohl ein optisches Pumpen hier zunächst genauso möglich schiene wie beim Festkörperlaser, eröffnet doch der Aggregatzustand neue Möglichkeiten: das Pumpen über eine elektrisch betriebene Gasentladung [Dohlus 2014]. Diese setzt voraus, dass das Gas in einem leitfähigen Zustand vorliegt, also als **Plasma**. Das ist ein Gas, in dem neben neutralen Atomen oder Molekülen auch Ionen und Elektronen vorkommen, wobei bei den hier verwendeten Plasmen die Ionisierungsgrade meist unter einem Promille liegen. Der Stromfluss wird also durch die Bewegung von Elektronen und Ionen im äußeren Feld verursacht; durch Stöße der im Feld beschleunigten Ladungsträger mit neutralen Teilchen entstehen neue Elektronen und Ionen, gleichzeitig kommt es aber auch zur Rekombination von Ladungsträgern. Die elektrische Energie kann über Elektroden in das Entladerohr eingekoppelt werden (Abb. 2.52a). Eine andere Möglichkeit ist die kapazitive Einkopplung über hochfrequente elektrische Felder (Abb. 2.52b). Erhöht man im Falle von Abb. 2.52a kontinuierlich den Strom, resultiert der in Abb. 2.53 skizzierte Stromverlauf. Hier sind zwei Bereiche besonders zu erwähnen, die bei der Anregung von Gaslasern eine Rolle spielen: die **normale Glimmentladung** und die **Bogenentladung**.

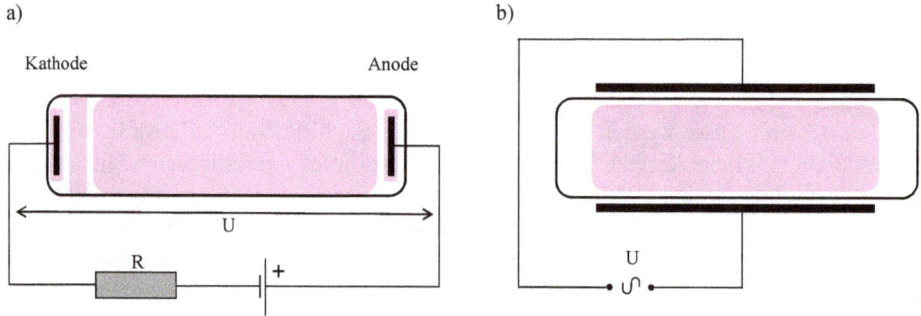

Abb. 2.52: a) Die Einkopplung der elektrischen Energie kann im Falle einer Glimmentladung über Elektroden im Gas erfolgen, an denen eine Gleichspannung liegt (dc-Anregung, Anregung über Gleichstrom). b) Die Energie kann auch kapazitiv in das Entladerohr eingekoppelt werden. Das elektrische Feld des Kondensators ionisiert das Gas und beschleunigt die Ladungsträger.

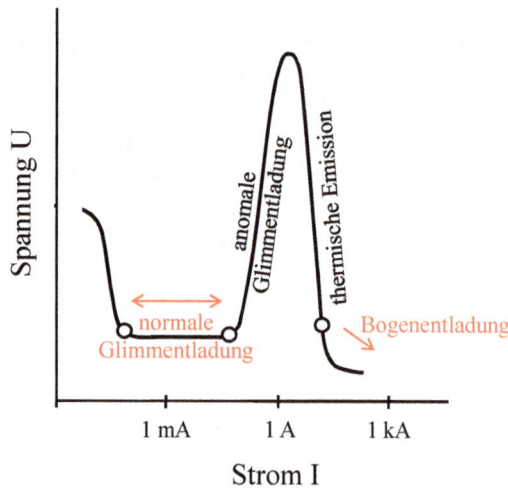

Abb. 2.53: In der Lasertechnik werden wie im Lampenbau zwei Bereiche der Strom-Spannungskennlinie besonders genutzt: der Bereich der normalen Glimmentladung und die Bogenentladung.

Nach der kinetischen Gastheorie besteht zwischen der mittleren kinetischen Energie eines Teilchens und der Temperatur der Zusammenhang

$$\bar{E}_{kin} = \frac{3}{2}kT \qquad\qquad\qquad 2.60$$

Die Temperatur ist also ein Maß für die mittlere kinetische Energie eines Teilchens. Bei der normalen Glimmentladung besitzen die Elektronen eine sehr viel höhere kinetische Energie als die Ionen. Die entsprechende Temperatur kann bei den Elektronen bei mehreren 10.000 K liegen, bei den Ionen und den neutralen Teilchen bleibt sie dagegen unter 500 K. Die gemessene Temperatur des Plasmas wird wegen der geringen Masse der Elektronen im Wesentlichen durch die schwereren Ionen und neutralen Atome oder Moleküle bestimmt und ist daher niedrig. Man nennt das Plasma infolgedessen auch **kaltes Plasma**. Elektronen und Ionen befinden sich **nicht im thermodynamischen Gleichgewicht,** weshalb man das Plasma auch als **Nichtgleichgewichtsplasma** bezeichnet. Die Gasentladung in Leuchtstofflampen zählt hierzu.

Bei der Bogenentladung befinden sich Elektronen, Ionen und neutrale Atome oder Moleküle im **thermodynamischen Gleichgewicht,** man spricht hier von einem **Gleichgewichtsplasma**. Die Stromdichten einer solchen Entladung liegen über 10 A/cm^2 und haben eine hohe Stoßwahrscheinlichkeit der Elektronen mit Ionen und neutralen Teilchen zur Folge. Daher kommt es trotz extremem Massenunterschied zu einem effizienten Energieübertrag von den Elektronen auf die Atome oder Moleküle. Die Energieeinkopplung geschieht nämlich in erster Linie über die Elektronen, die sich leicht im Feld auf hohe Geschwindigkeiten und damit hohe kinetische Energien beschleunigen lassen. Die Temperaturen der Elektronen und die der Ionen bzw. neutralen Atome oder Moleküle nähern sich an und erreichen Werte von ca. 6000–7000 K, so dass man von einem **heißen Plasma** spricht. Einschränkend muss erwähnt werden, dass auch im heißen Plasma nur in kleinen Raumgebieten näherungsweise von einem thermodynamischen Gleichgewicht gesprochen werden kann, denn es treten stets Strahlungsverluste und Temperaturgradienten auf.

Bei Lasern kommt meist die Niederdruckentladung mit geringen Stromdichten unter 0,1 A/cm^2 zur Anwendung, in einigen Fällen auch die Bogenentladung. Aufgrund der Ionisierung werden die freien Elektronen im elektrischen Feld beschleunigt. Wie in Gasentladungslampen kommt es durch Stöße zur Besetzung angeregter Zustände in Ionen oder neutralen Atomen oder Molekülen. Dabei sind zwei Mechanismen möglich: bei der **direkten Anregung** durch den Elektronenstoß gibt ein Elektron seine kinetische Energie an den Stoßpartner ab, der dadurch einen höheren energetischen Zustand annimmt. Diese Art der Anregung wird **Stoß erster Art** genannt. Die **Anregung** kann auch **indirekt** erfolgen. Hierfür sind wenigstens zwei verschiedene Arten von Atomen oder Molekülen nötig. Nachdem eine Spezies durch Stöße erster Art angeregt wurde, kommt es zwischen den verschiedenen Atom- oder Molekülarten zu **Stößen zweiter Art**, bei denen die Stoßpartner ihre Anregungsenergie austauschen. Wie in Abb. 2.54 gezeigt, müssen hierbei energetisch benachbarte Energieniveaus existieren. Ihr energetischer Abstand darf nur so groß sein, dass die Energiedifferenz im Falle höher liegender Zielniveaus aus der thermischen Energie bezogen werden kann. Ist das der Fall, kann Atom X seine Anregungsenergie mittels Stoßes an das Atom Y abgeben.

Diese zweite Variante scheint auf den ersten Blick umständlich, wird aber bei den gängigsten Gaslasern durchweg realisiert. Das hat seinen Grund darin, dass man die Atomart X so wählen kann, dass geeignete metastabile Zustände vorhanden sind; Zustände also, die optisch verboten und daher sehr **langlebig** sind. Sie wirken als Energiespeicher für das obere Laserniveau und verbessern damit den Wirkungsgrad des Lasers. Außerdem hat man mit der Wahl der Partialdrücke der Gase einen weiteren Freiheitsgrad, mit dem man die Anregung des oberen Laserniveaus begünstigen kann. Die Erzeugung von Besetzungsinversion durch einen Stoß erster Art erscheint in diesem Zusammenhang eher schwierig. Das ist es auch, es ist aber nicht unmöglich. Hierzu müssen aber die Stoßquerschnitte in einem günstigen Verhältnis stehen.

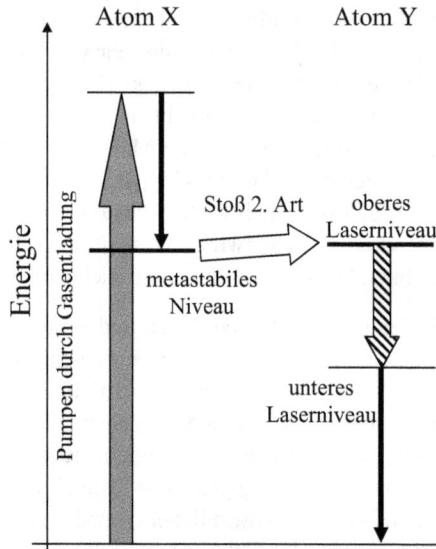

Abb. 2.54: Besetzung des oberen Laserniveaus durch einen Stoß zweiter Art.

Die Zustände, die bei Gaslasern angeregt werden, können einfache **elektronische Niveaus** neutraler Atome sein wie beim Helium-Neon-Laser. Es kann sich aber auch um **angeregte Zustände von Ionen** handeln. Die hierbei erzielten Wirkungsgrade sind, wenn der Laser im sichtbaren Spektralbereich strahlt, gering. Das liegt am ungünstigen quantenoptischen Wirkungsgrad und an der breiten Elektronenenergieverteilung. Nur die Elektronen im hochenergetischen Ende der Maxwellschen Verteilung können zur Besetzungsinversion beitragen. Günstiger ist hier der Wirkungsgrad des CO_2-Lasers, der im Infraroten strahlt. Die Laserniveaus sind hier **vibronische Zustände**. Die Verluste an Besetzungsinversion durch spontane Emission sind wegen der hohen Wellenlänge gering.

Eine Sonderstellung nehmen die Excimer-Laser ein. Excimer ist ein Kunstwort, das „**excited dimer**" bedeuten soll. Wörtlich übersetzt heißt das „angeregtes zweiatomiges Molekül"; gemeint sind zweiatomige Moleküle, die nur im angeregten Zustand überhaupt existieren können. In der Lasertechnik bezieht sich das auf eine **instabile Edelgas-Halogenverbindung**, die durch eine gepulste elektrische Entladung erzeugt wird und nur sehr kurzlebig ist. Da das Molekül im Grundzustand gar nicht existieren kann, ist dieser als Lasergrundzustand stets leer. D.h., genaugenommen entspricht im Falle eines stimulierten oder spontanen Übergangs eines Moleküls die Lebensdauer des Grundzustandes der Zerfallszeit des Moleküls, das ja nur angeregt existieren kann. Der Zustand der Besetzungsinversion lässt sich damit leicht erzielen.

Die detaillierte Betrachtung einiger wichtiger Gaslaser soll mit dem CO_2-Laser begonnen werden, dem Arbeitspferd unter den Gaslasern hoher Leistung.

2.4.2   Grundlegendes zum CO_2-Laser

Der **CO_2-Laser** wird elektrisch über eine **Niederdruckgasentladung** gepumpt. Die Laser-übergänge des Kohlendioxids sind **Rotations- und Schwingungsübergänge** innerhalb des elektronischen Grundzustandes, die emittierten Wellenlängen liegen folglich im Infraroten. Das CO_2-Molekül ist linear gebaut und besitzt zwei Doppelbindungen. Es kann zu den drei in Abb. 2.55 dargestellten Fundamentalschwingungen angeregt werden. Jede noch so komplizier-te Schwingungsbewegung des Moleküls kann aus diesen drei Eigenschwingungen zusam-mengesetzt werden.

Wie in Kapitel 1.1.4 ausgeführt, ist die Energie einer Schwingung quantisiert:

$$E_{vib} = \left(n_{vib} + \frac{1}{2} \right) hf \qquad\qquad\qquad 2.61$$

n_{vib} ist die Schwingungsquantenzahl. Bei einem Übergang gilt für sie die Auswahlregel $\Delta n_{vib} = \pm 1$. Die Quantenzahl darf sich also bei Absorption von Licht nur um eins nach oben und bei Emission nur um eins nach unten verändern. Daraus folgt für einen Übergang zwi-schen beliebigen „benachbarten" Niveaus $n_{vib} + 1$ und n_{vib} die Energiedifferenz ΔE_{vib}

$$\Delta E_{vib} = \left((n_{vib} + 1) + \frac{1}{2} \right) hf - \left(n_{vib} + \frac{1}{2} \right) hf = hf \qquad\qquad 2.62$$

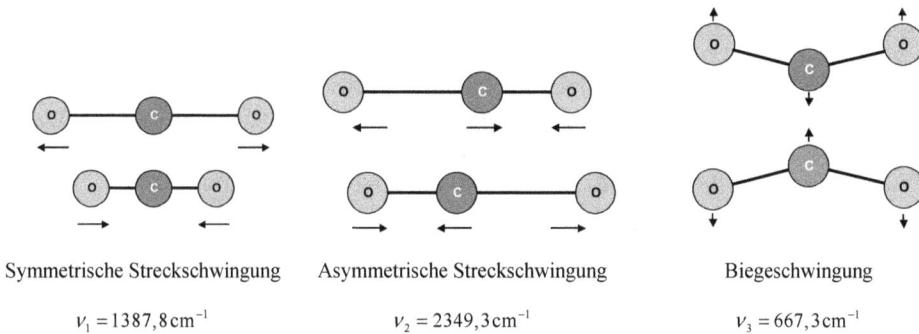

Symmetrische Streckschwingung	Asymmetrische Streckschwingung	Biegeschwingung
$v_1 = 1387{,}8\,cm^{-1}$	$v_2 = 2349{,}3\,cm^{-1}$	$v_3 = 667{,}3\,cm^{-1}$

Abb. 2.55: Die drei möglichen Eigenschwingungen des Kohlendioxidmoleküls.

Die **symmetrische Streckschwingung** hat die Energie $\Delta E_{vib1} = 0{,}172\,eV$ ($v_1 = 1387{,}8\,cm^{-1}$). Die energiereichste Eigenschwingung ist die asymmetrische Streckschwingung ($\Delta E_{vib2} = 0{,}291\,eV$; $v_2 = 2349{,}3\,cm^{-1}$). Die **Biegeschwingung** hat die geringste Energie ($\Delta E_{vib3} = 0{,}083\,eV$; $v_3 = 667{,}3\,cm^{-1}$). Die Energieniveaus sind im Termschema (Abb. 2.56) wiedergegeben. Der am häufigsten verwendete Laserübergang mit einer Wellenlänge von 10,6 µm ist der vom ersten angeregten Niveau der asymmetrischen Streckschwingung zum ersten angeregten Niveau der symmetrischen Streckschwingung. Ein weiterer Übergang führt zum zweiten angeregten Niveau der Biegeschwingung und liefert eine Wellenlänge von 9,6 µm.

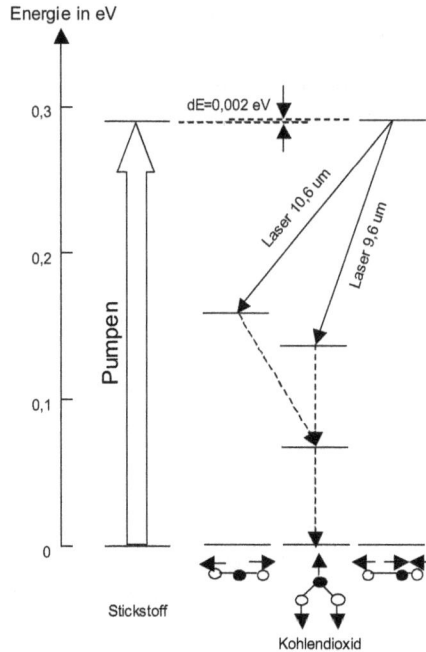

Abb. 2.56: Vereinfachtes Termschema des CO_2-Lasers. Das obere Laserniveau wird durch Stöße zweiter Art mit einem angeregten Stickstoffmolekül besetzt.

Um ein Laserphoton der Energie 0,12 eV zu erzeugen, müssen nur etwa 0,3 eV Pumpenergie aufgewendet werden. Daraus resultiert der **sehr günstige quantenoptische Wirkungsgrad** des CO_2-Lasers von ca. 40%. Experimentell erreicht werden etwa 25 bis 30%. Kommerziell erhältliche Systeme liegen bei einem elektrooptischen Wirkungsgrad von etwa 20%. Bezieht man die ganzen Versorgungseinheiten, Vakuumpumpen, Gasumwälzpumpen sowie Steuereinheiten mit ein, erreicht man einen Gesamtwirkungsgrad von etwa 10%.

Praktisch alle kommerziell erhältlichen CO_2-Laser benutzen **Stickstoff als Hilfsgas** zum effizienteren Pumpen des oberen Laserniveaus. Als zweiatomiges Molekül besitzt N_2 nur **eine Fundamentalschwingung**. N_2 ist ein symmetrisch gebautes Molekül, das seine Schwingungsenergie nicht durch Emission eines Photons abgeben kann. Sie kann vielmehr nur durch Stöße auf die Gefäßwand oder auf andere Moleküle oder Atome übertragen werden. Das führt zu einer ungewöhnlich langen Lebensdauer ($\tau > 0,1s$) des angeregten Schwingungszustandes und damit zu einer starken Besetzung des vibronischen Niveaus.

Wegen des geringen Energieunterschieds zwischen dem ersten angeregten Schwingungszustand des N_2 – Moleküls und dem ersten angeregten Zustand der asymmetrischen Streckschwingung des CO_2 – Moleküls ist eine Übergabe der Schwingungsenergie durch Stöße sehr leicht möglich. Infolge der langen Lebensdauer der N_2 – Schwingung steht damit ein großer, monoenergetischer Energiespeicher als Pumpquelle für das CO_2 zur Verfügung. Die oben genannten hohen Wirkungsgrade sind nur zusammen mit N_2 möglich.

Nachteilig wirkt sich der Stickstoff aus, wenn der Laser schnell geschaltet werden soll. CO_2-Laser können – im Gegensatz zu Festkörperlasern – keine schnellen Impulsfolgen liefern.

Das liegt daran, dass man sie nur über die Gasentladung selbst schalten kann. Güteschalter oder Modenkoppler für CO_2-Laser sind mangels geeigneter Materialien für die Wellenlänge 10,6 µm nicht oder nur für geringe Leistungen erhältlich. Die Gasentladung lässt sich wegen der hohen Spannungen von ca. 20 kV nur langsam schalten. Aber selbst wenn Hochfrequenz-Anregung oder eine schnelle Regelröhre verwendet werden, lassen sich mit dem CO_2-Laser nur Impulsfolgefrequenzen von etwa 20 kHz bei einigermaßen hoher Impulsenergie erreichen. Dies liegt an den Relaxationsmechanismen des CO_2 bzw. des N_2. Letzterer hält wegen seiner außergewöhnlich langen Relaxationszeit die Besetzungsinversion sehr lange aufrecht, auch wenn die Entladung längst abgeschaltet wurde. Der Laser liefert also auch nach Abschalten noch relativ lange Strahlung. Schnelles Schalten ist nur mit reduziertem N_2-Gehalt bzw. N_2-losem Gemisch bei sehr reduziertem Wirkungsgrad möglich.

In der Regel enthält das Gasgemisch eines CO_2-Lasers neben CO_2 und N_2 noch **Helium**. Dieses besitzt im Vergleich zu den beiden anderen Gasen eine etwa sechsfach höhere Wärmeleitfähigkeit und fördert damit die Ableitung der in der Gasentladung entstehenden Verlustwärme. Üblicherweise bestehen daher 60 bis 80% des Lasergases aus Helium. Die Wärmeleitfähigkeit des Gemisches wird also vom Helium bestimmt. Praktisch bedeutet eine bessere Wärmeableitung, dass der Entladestrom der Gasentladung höher sein kann und somit die emittierte Strahlung höher ist.

Eine zu starke Erwärmung des Lasergases wirkt sich beim CO_2-Laser leistungsmindernd aus. Da das untere Laserniveau nach Abb. 2.56 mit einer Energie von 0,172 eV sehr niedrig liegt, ist es gemäß Boltzmann-Verteilung bereits bei mäßigen Temperaturen stark besetzt. Wegen

$$\frac{n_1}{n_0} = e^{-\frac{E_1 - E_0}{kT}} \qquad\qquad 2.63$$

liegt das Verhältnis der Besetzungsdichten n_1 / n_0 bei einer Temperatur von 200°C bei etwa 1,7%. Das bedeutet, dass bei höheren Temperaturen das untere Laserniveau merklich besetzt wird, was das Erzeugen einer Besetzungsinversion erschwert.

Bei den meisten CO_2-Lasern werden als Auskoppelspiegel **Zinkselenidspiegel** verwendet. Das Material hat auch in Transmission eine hohe Leistungsverträglichkeit. Da es im gelb-roten Spektralbereich noch transparent ist, gestattet es die Verwendung eines sichtbaren Pilotlasers. Als Substratmaterial für Endspiegel kommen **Germanium** oder **Silizium** in Frage. Germanium hat den Vorteil, dass es bei einer Wellenlänge von 10,6 µm noch transparent ist. Da die aufgedampften Spiegelschichten in der Regel keine 100%-ige Reflektivität besitzen, besteht die Möglichkeit, hinter dem Endspiegel die resonatorinterne Leistung zu messen.

2.4.3   Bauformen des CO_2-Lasers

CO_2-Laser niederer Leistung (bis ca. 600 W) sind in der Regel **abgeschmolzene Systeme**. Hier befindet sich ein vorgemischtes Lasergas in einer hermetisch dichten Glasröhre oder zwischen Kondensatorplatten, die als Wellenleiter wirken. Wegen ihres hohen Gasverbrauchs haben die sogenannten **langsam geströmten CO_2-Laser** keine praktische Bedeutung mehr. Bei ihnen strömt das Lasergasgemisch mit einer Geschwindigkeit von der Größenordnung 1 m/s durch das Entladerohr. Bei den beiden genannten Typen spricht man von **diffusionsgekühlten Systemen**, denn die Wärmeabfuhr erfolgt über die Glaswandung bzw. über die Elektroden.

Bei **konvektionsgekühlten Lasern** wird das Lasergas mittels Wälzkolbenpumpen oder Turboradialgebläsen mit hoher Geschwindigkeit (ca. 250 m/s) durch das Entladerohr gepumpt. Wegen der kurzen Verweildauer des Gases in der Entladezone findet praktisch keine Kühlung über die Entladerohrwand statt. Man spricht in diesem Fall von **schnell geströmten Lasern**.

Abgeschmolzene Systeme

Dieser Lasertyp besitzt den Vorteil, dass auf teuere Gasumwälz- und Vakuumsysteme verzichtet werden kann. Dafür ist das Mischungsverhältnis der Lasergase nicht veränderlich, so dass bestimmte Eigenschaften der Laserstrahlung, z.B. die Eigenschaften im Impulsbetrieb, nicht beeinflusst werden können. Beim abgeschmolzenen System wird häufig ein Gasgemisch von 20% CO_2, 20% N_2 und 60% He verwendet. Der Fülldruck beträgt etwa 10 bis 25 mbar. Es lassen sich Laserleistungen von mehr als 60 W pro Meter Entladungslänge erzielen.

In Abb. 2.57 ist ein typischer abgeschmolzener CO_2-Laser dargestellt. Gepumpt wird das System durch eine Gleichstrom-Gasentladung. Die Entladerohrlängen liegen bei 1 m bis 1,5 m. Größere Rohrlängen werden nicht gebaut, da sehr hohe Zündspannungen benötigt würden. Werden höhere Leistungen gebraucht, werden mehrere Entladerohre hintereinander angeordnet.

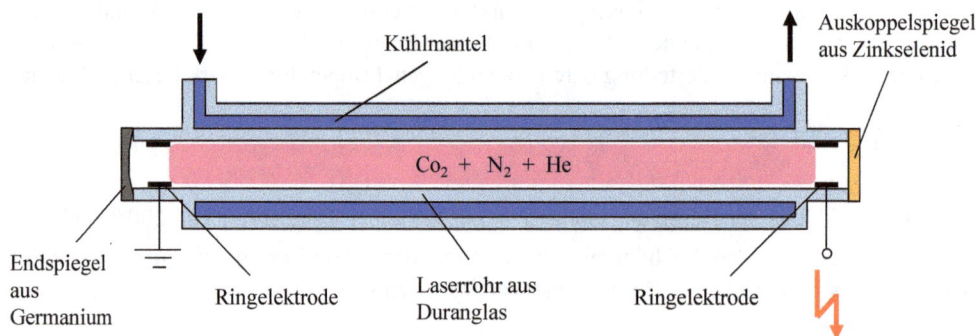

Abb. 2.57: Abgeschmolzener CO_2-Laser.

Meist bilden die Laserspiegel gleichzeitig den Vakuumabschluss des Laserrohres. Sie werden aufgeklebt und gleichzeitig senkrecht zur Rohrachse ausgerichtet, so dass eine Nachjustierung der Spiegel beim Anwender nicht nötig und nicht möglich ist.

Bei abgeschmolzenen CO_2-Lasern spielt das Problem der Gaszersetzung eine besondere Rolle, da hier nur ein begrenzter Gasvorrat für die ganze Lebensdauer zur Verfügung steht. Der bei dem Zerfall

$$CO_2 \rightarrow CO^- + O^+ \qquad\qquad\qquad 2.64$$

entstehende **radikale Sauerstoff** kann dabei weitere Reaktionen ausführen und mit N_2 weitere, unangenehme Reaktionsprodukte bilden. Um einen frühen Leistungsabfall des Laserrohres zu vermeiden, finden **Katalysatoren** Anwendung. Durch Zugabe von H_2O, H_2 oder O_2 können Reaktionsprodukte der Gaszersetzung wieder in CO_2 umgewandelt werden:

$$CO^* + OH \rightarrow CO_2^* + H \qquad\qquad\qquad 2.65$$

$$CO + O \rightarrow CO_2 \qquad \text{(Pt als Katalysator)} \qquad\qquad 2.66$$

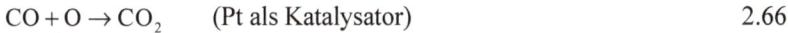

Die mit * bezeichneten Moleküle befinden sich in einem vibronisch angeregten Zustand. Für die zweite Reaktion wird ein Katalysator (Platin, Gold oder Nickel) benötigt, der in der Regel auch gleichzeitig als **Ringelektrode** für die Entladung verwendet wird. Durch den Betrieb der Entladung wird der Katalysator auf Betriebstemperatur gebracht.

Ein CO_2-Lasertyp, der häufig in abgeschmolzener Form gebaut wird, ist der **Waveguide-Laser** (Wellenleiter-Laser). Hier wird als Laserrohr eine Kapillare aus BeO oder Al_2O_3 verwendet. Sie wirkt als dielektrischer Wellenleiter, bei dem die Strahlung an den Wandflächen reflektiert wird. Es bilden sich wie bei Mikrowellen in Hohlleitern stehende Wellenformen aus. Die Anregung kann über eine Gleichstromgasentladung erfolgen, meist wird jedoch eine **Hochfrequenzanregung** verwendet. Sie bietet den Vorteil, dass keine Elektroden im Lasergas liegen. Die Hochfrequenz wird kapazitiv über die Rohrwand eingekoppelt.

Bei Waveguide-Lasern kommen auch instabile Resonatoren zum Einsatz (Abb. 2.58). Der durch die zylindrisch-parabolischen Resonatorspiegel geformte Laserstrahl hat ein rechteckiges Strahlprofil und muss durch spezielle Strahlformungsoptiken in einen rotationssymmetrischen Strahl umgewandelt werden. Es sind hier Typen mit Strahlleistungen bis 600 W erhältlich, die ein geschlossenes Gassystem besitzen und keine permanente Gaszuführung benötigen [ROFIN-SINAR 2014]. Bei Lasern dieses Typs wird der Strahl zwischen den Platten nur bei einem kleinen Plattenabstand unter 2 mm durch Wellenleitung geführt. Bei größerem Plattenabstand über ca. 4 mm haben die Platten nur noch Blendenwirkung. Zur Platzersparnis kann man in diesem Fall das Plasma zwischen zwei koaxialen Rohren als Elektroden einschließen [Schulz 2001].

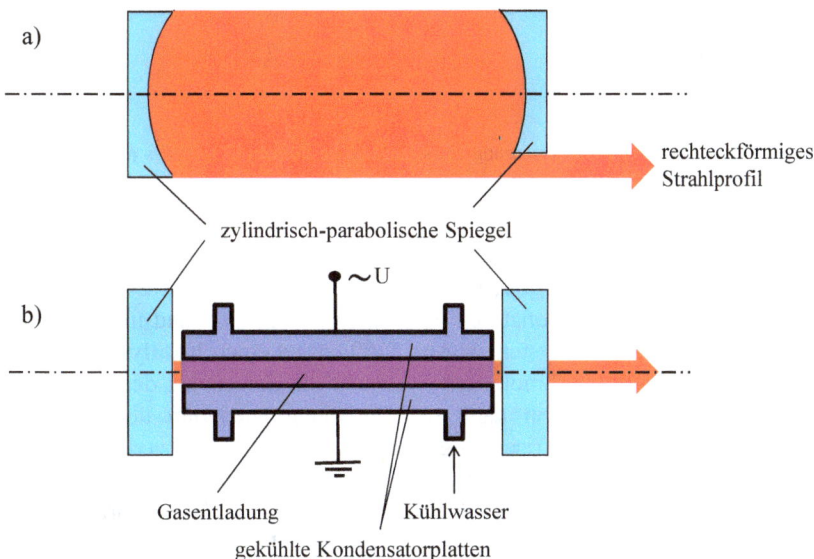

Abb. 2.58: Waveguide-Laser in Draufsicht (a) und in Seitenansicht (b). Sein Resonator ist instabil.

Langsam geströmte CO$_2$-Laser

Bei diesen Systemen wird eine langsame Gasströmung von ca. 1 bis 2 m/s in der Gasentladung aufrechterhalten. In der Regel lässt man das Gas in der Richtung fließen, in der sich auch die Ionen der Gasentladung bewegen, also von der Anode zur Kathode. Das Laserrohr wird mitsamt des angeschmolzenen Kühlmantels aus **Duranglas** gefertigt. Die Elektroden müssen hier nicht aus Platin bestehen, denn eine Verunreinigung des Gases ist hier weniger kritisch. Es werden aus Wärmeleitungsgründen meist Kupferelektroden verwendet, da wegen des permanenten Gasaustausches kein Katalysator nötig ist. Sie werden häufig als zylindrische Rundelektroden in die Spiegelhalterungen eingebaut.

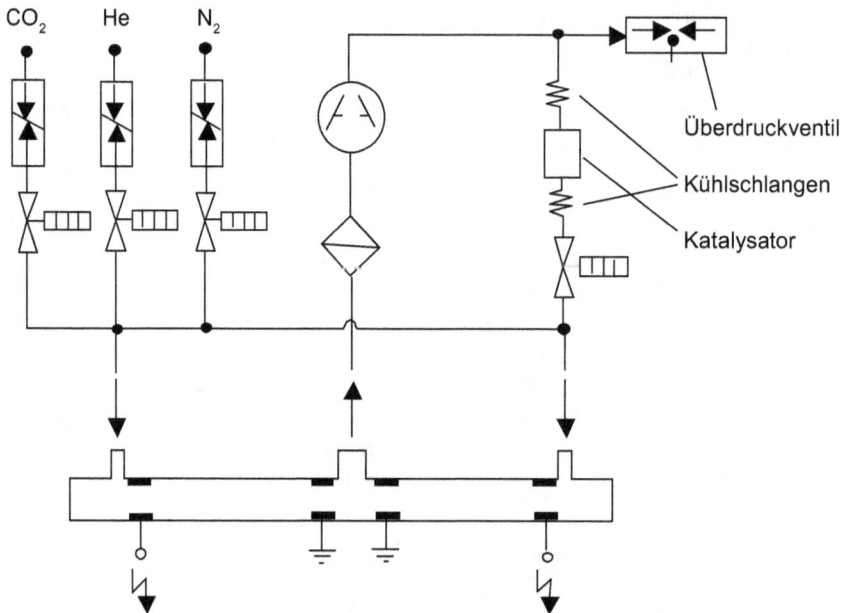

Abb. 2.59: Resonatoraufbau und Gasversorgung eines langsam geströmten CO$_2$-Lasers mit zwei Entladestrecken und Katalysator.

Abb. 2.59 zeigt schematisch einen langsam geströmten CO$_2$-Laser mit zwei Entladestrecken. CO$_2$-Laserresonatoren wurden früher bis zu einer Länge von etwa 20 m angeboten. Bei dieser Baulänge werden die Resonatoren dann mehrfach gefaltet und in 1 bis 1,5 m lange Entladestrecken unterteilt. Das System in Abb. 2.59 besitzt einen **Katalysator** in der Abgasleitung, der wie bei den abgeschmolzenen Systemen die Zersetzung des Gases rückgängig machen soll. Das Lasergas kann dann der Entladung wiederum über ein Nadelventil zugeführt werden. Dadurch wird Frischgas gespart und es sinkt der Gasverbrauch. Das teuerste der drei Gase ist Helium, der Preis für CO$_2$ und N$_2$ ist dagegen vernachlässigbar. Ein 450 W-CO$_2$-Laser ohne Katalysator verbraucht etwa 150 Normliter Helium pro Stunde (Nl/h), 30 Nl/h N$_2$ und 6 Nl/h CO$_2$.

Die Entladerohre haben beim langsam geströmten CO_2-Laser einen Innendurchmesser von 6 bis 26 mm. Es wird ein Entladestrom von maximal 40 bis 50 mA eingestellt. Kritisch für die Strahlqualität ist die **Durchbiegung der Rohre**: ein Durchhängen des Rohrs um **mehr als 0,1 mm** ist nicht mehr tolerierbar, denn Reflexionen an der Rohrwand zerstören die Strahlqualität. Aus diesem Grund werden die Rohre meist aus Duranglas hergestellt. Es hat zwar eine vergleichsweise schlechte Wärmeleitung, lässt sich aber mit hinreichender Genauigkeit fertigen. Der Wirkungsgrad eines langsam geströmten CO_2-Lasers liegt bei etwa 10% und ist damit sehr hoch.

Es liegt **Diffusionskühlung** vor, d.h. die meiste Verlustwärme wird über die Laserrohrwand an das Wasser im Kühlmantel abgegeben. Bereits wenige Zentimeter nach dem Einströmen ins Laserrohr erreicht das Gas ein **Temperaturgleichgewicht** zwischen entstehender Abwärme und Kühlung durch die Rohrwand. Durch Vorkühlen des Gases lässt sich der Bereich kalten Gases etwas verlängern und damit die Ausgangsleistung geringfügig erhöhen. Dies ist aber keine rentable Maßnahme zur Steigerung der Ausgangsleistung. In der Regel ist es billiger, die Entladestrecke zu verlängern.

Diffusionsgekühlte CO_2-Laser können bis in den kW-Bereich gebaut werden; hier wird es allerdings schwierig, das Lasergas noch ausreichend zu kühlen. Daher wird im Multi-kW-Bereich das Lasergas umgewälzt und aktiv gekühlt.

Schnell geströmte CO_2-Laser

Bei den schnell geströmten Systemen wird die Entladestrecke sehr kurz gehalten (ca. 20–30 cm) und ohne Kühlmantel betrieben. Das **Lasergasgemisch strömt mit etwa 200–250 m/s** durch das Laserrohr. Die Verweildauer in der Entladestrecke beträgt also nur etwa 1,5 ms. Obwohl sehr hohe Leistungen eingekoppelt werden, verlässt das Lasergas die Entladestrecke schon wieder, bevor das untere Laserniveau nach der Boltzmannverteilung nennenswert thermisch besetzt ist und die Besetzungsinversion abnimmt. Das Gas wird in einem Gas-Wasser-Wärmetauscher gekühlt und, gegebenenfalls nach Durchlaufen eines Katalysators, der Gasentladung wieder zugeführt. Da auch hier eine gewisse Gaszersetzung stattfindet, muss ein geringer Frischgasanteil zugesetzt werden. Der Gasverbrauch ist gering. Typische Werte sind 42 Nl/h Helium, 13,5 Nl/h N_2 und 3 Nl/h CO_2 für einen Fast-Flow-Laser der Leistung 1200 W.

Mit diesen **konvektionsgekühlten Lasersystemen** ist man nicht mehr auf die schlechte Kühlung des Lasergases durch Diffusion zur Rohrwand angewiesen. Die eingekoppelten Leistungsdichten sind daher wesentlich höher, so dass die erzielbare Laserleistung pro Meter Entladelänge bei kommerziellen Systemen bei ca. 400 W/m liegt (Slow-Flow-Systeme: ca. 50–80 W/m). Kompaktere bzw. stärkere Systeme sind die Folge.

Eine Leistungssteigerung durch weitere Erhöhung der Gasströmung im Laserrohr ist nicht möglich, da die Strömung **turbulent** wird. Das Aufrechterhalten der schnellen Gasströmung geschah bei älteren Systemen über **Roots-Gebläse**, heute über **Turboradialgebläse**. Abb. 2.60 zeigt schematisch den Aufbau eines schnell geströmten CO_2-Lasers mit vier Entladestrecken. Nachdem das heiße Gas die Gasentladung verlassen hat, gelangt es in einen Lamellenkühler. Dort wird das ca. 250°C heiße Gas heruntergekühlt, bevor es in das Turboradialgebläse gelangt. Dieses Gebläse hat ein hohes Fördervolumen bei geringem Differenzdruck. Der zweite, kleinere Wärmetauscher dient dem Abführen der (geringen) Kompressionswärme des Gebläses.

Mit einer DC-Entladung betriebene, schnell geströmte Systeme können mit höheren Strömen gefahren werden als langsam geströmte Laser. Die Gasversorgungseinheit sowie die Vakuumpumpe (in Abb. 2.60 nicht gezeichnet) entspricht in etwa der des langsam geströmten Lasers, nur sind die Durchflussraten wegen des niedrigeren Gasverbrauchs geringer.

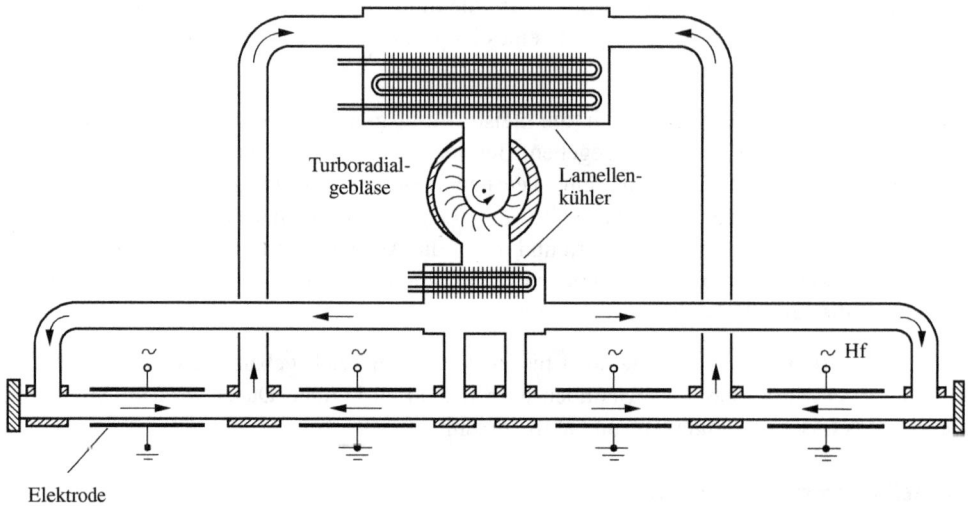

Abb. 2.60: Schematische Darstellung eines schnellgeströmten CO_2-Lasers mit vier Entladestrecken. Die Pumpenergie wird kapazitiv ins Lasergas eingekoppelt. Die schnelle Gasströmung wird durch ein Turboradialgebläse aufrechterhalten. Nicht gezeichnet sind Vakuumpumpe und Gasversorgung bzw. Gasabfuhr.

Ein schnell geströmter CO_2-Laser kann DC-angeregt sein und besitzt dann, wie ein langsam geströmter Laser, Ringelektroden im Lasergas. In Abb. 2.60 ist eine **HF-Anregung** angedeutet, sie hat sich inzwischen etablieren können. Sie besitzt viele Vorteile:

– die Hochfrequenzsender sind robuster als die Hochspannungsnetzteile zur Versorgung der DC-Entladung
– es sind keine Elektroden im Lasergas, somit tritt kein Materialabtrag an den Elektroden auf. Es kondensiert also kein Elektrodenmaterial auf den Spiegeln.
– die Homogenität der Entladung ist höher als bei der DC-Entladung

Eine gewisse Schwierigkeit bereitet allerdings die Einkopplung der Energie ins Plasma. Um eine Entladung im Plasma zu erzeugen, muss eine bestimmte Mindestspannung an den Elektroden liegen. Nach dem Zünden muss dann die **Impedanz der Entladestrecke an die Impedanz des Zuleitungskabels** angepasst sein. Dies geschieht durch einen Parallelschwingkreis in der Nähe der Entladestrecke, wobei die Elektroden einen Teil der Kapazität des Schwingkreises darstellen. Man verwendet in der Regel Frequenzen um 13,56 MHz bzw. 27,12 MHz.

Zum Umwälzen des Lasergases werden Turboradialgebläse verwendet. Sie sind die teuerste Einzelkomponente eines schnell geströmten Lasers. Bei einem 600 W Laser benötigt man eine Pumpe mit einem Fördervolumen von ca. 600 m³/h. Da das Lasergas nach dem Durchlaufen der Pumpe wieder in den Entladeraum gelangt, darf es nicht durch Vakuumöl-Dämpfe verunreinigt werden. Es wird daher über eine Motorraumabsaugung das Eindringen von Öl in den Schöpfraum verhindert. Für das abgesaugte Lasergas wird Frischgas in entsprechender Menge zugeführt.

Resonatoren schnell geströmter CO_2-Laser hoher Leistung erreichen trotz der kurzen Entladestrecken eine beachtliche Länge. Um trotzdem kompakte Geräte zu realisieren, wird der Resonator in der Regel gefaltet. Abb. 2.61 zeigt einen zu zwei Ringen in zwei Ebenen gefalteten Resonator. Laser dieser Bauart erreichen Strahlleistungen von 20.000 W.

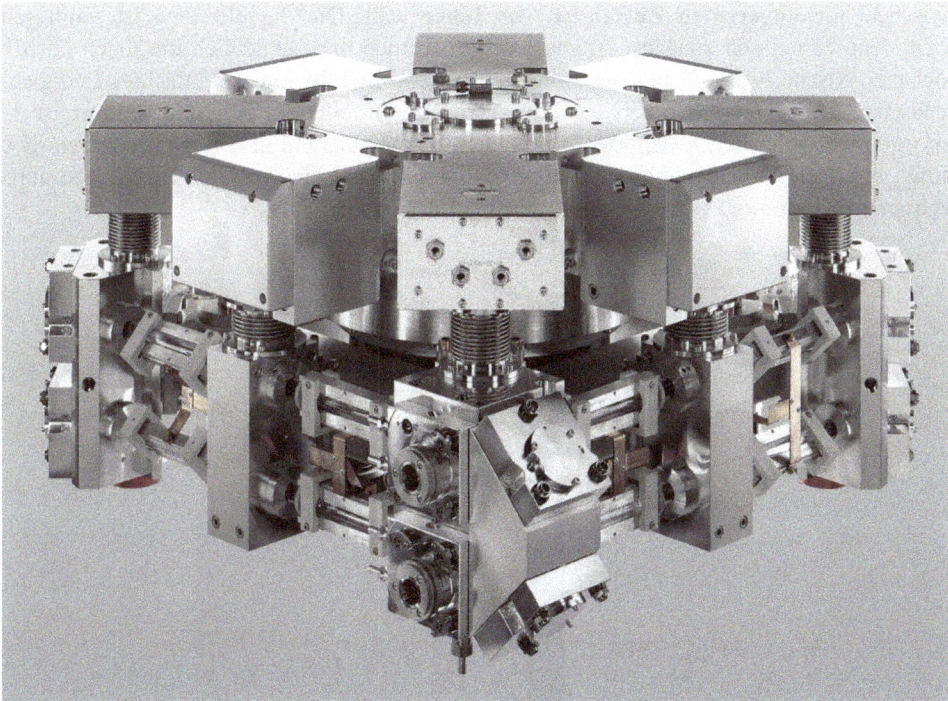

Abb. 2.61: Moderner Resonatoraufbau eines schnell geströmten CO_2-Lasers. Quelle: TRUMPF GmbH + Co. KG.

Zum Schluss des Kapitels soll noch auf das Problem der Resonatorlängenänderung bei Erwärmung eingegangen werden. Ein 1 m langer Resonator, eine für einen abgeschmolzenen CO_2-Laser typische Baulänge, hat einen axialen Modenabstand von 150 MHz. Die Verstärkungslinienbreite ist ähnlich groß. Damit entsteht das Problem, dass wegen des „Durchlaufens" der axialen Moden durch das Verstärkungsprofil selbst bei geringen Temperaturschwankungen große Leistungsschwankungen des Lasers auftreten. Sie sind wegen der Temperatur- und Druckabhängigkeit der Linienbreite nicht bei allen Systemen gleich groß, sondern hängen von den Betriebsparametern ab. Die Schwankungen werden mit wachsender Resonatorlänge immer kleiner. Waveguidesysteme haben wegen der Vielzahl der möglichen Wandreflexionen keine definierte optische Resonatorlänge. Das Problem tritt bei ihnen folglich nicht auf. Da leistungsstarke Systeme auch einen langen Resonator haben, tritt der Effekt bei starken CO_2-Lasern weniger in Erscheinung. Hier ist das Problem der Dejustierung der Laserspiegel kritischer – bereits eine geringfügige Verkippung der Spiegelnormale zur Strahlachse führt zu einer Verringerung der Laserleistung. Resonatoraufbauten müssen daher sehr stabil ausgeführt werden. Häufig werden drei Invarstangen verwendet, die den Abstand der Spiegel festlegen und gleichzeitig den Laserrohraufbau tragen. Mitunter wird auch der ganze Resonator auf einer massiven Granitbasis aufgebaut.

2.4.4   Ionenlaser

In krassem Gegensatz zum CO_2-Laser, zumindest was den Wirkungsgrad betrifft, stehen die **Ionenlaser**. Ihr Wirkungsgrad ist vergleichsweise schlecht, denn der Laserübergang findet zwischen **hochangeregten Zuständen von Ionen** statt. Die Pumpleistung ist somit sehr hoch, denn es müssen zunächst Atome ionisiert werden und schließlich die Ionen noch in hochenergetische Niveaus angeregt werden. In Abb. 2.62 ist ein vereinfachtes Energieniveauschema mit dem Laserübergang des **Argons** dargestellt. Der **Argonionenlaser** ist der am weitesten verbreitete Ionenlaser, wenn auch sein Marktanteil in den letzten Jahren rückläufig war. Der Wellenlängenbereich des Argonlasers lässt sich nämlich inzwischen durch **frequenzverdoppelte Festkörperlaser** günstiger darstellen.

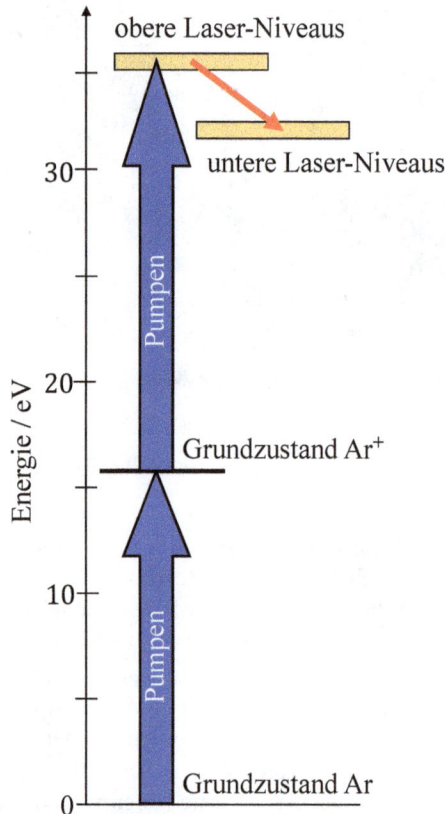

Abb. 2.62: Vereinfachtes Energieniveauschema des einfach ionisierten Argon.

Die **Ionisierungsenergie der Edelgase** ist wegen der abgeschlossenen Elektronenschalen **sehr hoch**, beim Argon liegt sie bei 15,76 eV. Von diesem Zustand ausgehend liegen die oberen Laserniveaus um weitere 20 eV höher. Es sind also knapp 36 eV nötig, um ein Atom in eines der oberen Laserniveaus zu bringen. Es gibt beim Argon eine ganze Reihe von Laserübergängen zwischen 454,5 nm und 528,7 nm. Werden keine wellenlängenselektiven Elemente in den Resonator eingebaut, schwingen im Resonator bei einem 1W-Laser bei höheren Pumpleistungen die in Tab. 2.6 angegebenen zehn Linien gleichzeitig an, man spricht dann von **Multi-Line-Betrieb**. Bei schwächeren Systemen sind es weniger. Selektiert man etwa durch ein Prisma im Resonator einzelne Wellenlängen, dann arbeitet das System im **Single-Line-Betrieb**. Tab. 2.6 gibt die Leistung für **einzelne Linien im Single-Line-Betrieb** für ein System an, das im **Multi-Line-Betrieb** eine Ausgangsleistung von ca. 1 W liefert. Die intensivsten Linien haben die Wellenlängen von 488 nm und 514,5 nm.

Tab. 2.6: Typische Single-Line-Leistungen im Grundmodebetrieb für einen Argon-Ionenlaser mit 1 W Leistung [Lexel Laser]. Für die mit *) bezeichneten Linien müssen spezielle Spiegel eingesetzt werden. Die Summe der Leistung ergibt mehr als 1 W. Das liegt daran, dass eine einzelne Linie mehr Besetzungsinversion aufbauen kann, wenn keine konkurrierenden stimulierten Emissionen von Nachbarlinien zur Entleerung höher gelegener Niveaus führen.

Wellenlänge / nm	Leistung / mW
457,9	45
465,8 *)	10
472,7 *)	20
476,5	100
488,0	350
496,5	100
501,7	45
514,5	400
528,7 *)	130

Um die für die Besetzung der oberen Laserniveaus nötigen Energien aufzubringen, sind sehr **hohe Entladestromdichten** j erforderlich. Dabei ist die zeitliche Änderung der Besetzungsdichte des oberen Laserniveaus proportional zum Quadrat der Stromdichte:

$$\frac{dn_2}{dt} \propto j^2 \qquad\qquad 2.67$$

Für den Bau eines Ionenlasers heißt das, dass der Querschnitt der Gasentladung mit einem Durchmesser von 1–4 mm sehr klein gehalten werden muss, um den nötigen Gesamtstrom in Grenzen zu halten. Die für das Erreichen der Laserschwelle nötigen Stromdichten gehen bis in die Größenordnung von 1000 A/cm^2. Das führt zu einer Bogenentladung, die bei einem sehr niedrigen Druck (0,01 bis 1 mbar) betrieben wird und die eine gute Kühlung des Entladerohres (Abb. 2.63) erforderlich macht. Durch ein **axiales Magnetfeld** werden Ladungsträger, Elektronen oder Ionen, die radial nach außen unterwegs sind und somit auf die Rohrwand treffen würden, bedingt durch die **Lorentzkraft** auf eine Kreisbahn gezwungen (Abb. 2.64). Besitzen die Teilchen auch eine axiale Geschwindigkeitskomponente, so resultiert eine **Spiralbahn**. Dies führt in der Summe zu einer Einschnürung der Entladung längs der Achse mit zwei erwünschten Wirkungen: zum einen wird die Stoßwahrscheinlichkeit der Elektronen und damit die **Anregungswahrscheinlichkeit erhöht** und zum anderen wird die **Rohrwandung geschont**.

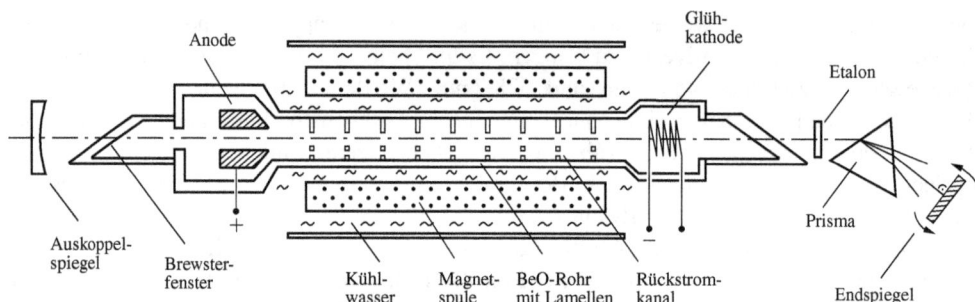

Abb. 2.63: Ionenlaser in schematischer Darstellung.

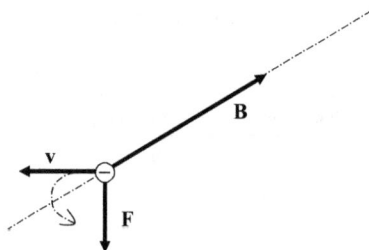

Abb. 2.64: Ein Elektron wird durch ein senkrecht auf seiner Bewegungsrichtung stehendes Magnetfeld auf eine Kreisbahn gezwungen.

Das Entladerohr wird wegen der hohen Wärmeleitfähigkeit aus **Berylliumoxid** gefertigt. Die Entladung wird durch BeO- oder Wolfram-Lochscheiben geführt, die die Wärme an die Rohrwandung abführen. Die nicht auf der Achse liegenden Bohrungen dienen dazu, einen Rückfluss des Gases zu ermöglichen; dies ist nötig, weil durch die hohen Stromdichten merklich Ionen zur Kathode wandern und einen Druckgradienten im Rohr aufbauen. Um das verfügbare Gasvolumen zu erhöhen, ist das Entladerohr in der Regel mit einem größeren Vorratsgefäß aus Edelstahl verbunden. Das System benötigt damit keine Gaszufuhr und kann **abgeschmolzen** geliefert werden. Der Gasvorrat gleicht geringe Gasverluste aus; sie entstehen dadurch, dass Gasatome durch das Rohrwandmaterial aufgenommen werden. Anders als bei abgeschmolzenen CO_2-Lasern wird das Entladerohr durch Fenster abgeschlossen, die im **Brewsterwinkel** stehen. Das führt dazu, dass der Laser linear polarisiertes Licht liefert. In Abb. 2.63 ist außerdem ein kleines Prisma vor dem Endspiegel des Resonators eingezeichnet. Licht unterschiedlicher Wellenlängen wird am Prisma unter verschiedenen Winkeln gebrochen. Durch geringfügiges Verdrehen des Endspiegels kann der Laserresonator somit **auf unterschiedliche Wellenlängen abgestimmt werden** (Singlelinebetrieb). Ersetzt man die Prismen-Endspiegelkombination durch einen zur optischen Achse senkrecht stehenden Endspiegel, schwingen je nach Leistungsklasse des Lasers mehr oder weniger viele Laserlinien gleichzeitig an.

Die Verstärkungsbandbreite des Argon-Ionen-Lasers liegt bei etwa 5 GHz. Bei einem 1 m langen Resonator ist der Abstand der axialen Moden nach Kap. 2.1.1 gemäß c/2L etwa 150 MHz. Es ist somit klar, dass auch im Singlelinebetrieb eine größere Anzahl axialer Moden innerhalb der Verstärkungsbandbreite des Lasers liegt. Durch ein **Etalon im Resonator** lässt sich diese Anzahl auf eine **einzige axiale Mode** reduzieren, die dann etwa die Frequenzbreite von **weniger als 3 MHz** besitzt. Das entspricht nach Gl. 1.121 einer Kohärenzlänge von 100 m, was den Argon-Ionen-Laser als **holographietauglich** ausweist.

Neben dem Argonion zeigen auch noch weitere Edelgasionen nach dem oben dargestellten Prinzip Lasertätigkeit [Kneubühl 2005]. So liefert **Neon** Linien im UV-Bereich zwischen 332,4 nm und 371,3 nm. Mit **Krypton** lässt sich eine ganze Anzahl von Wellenlängen im Bereich von 350,7 nm bis 799,3 nm darstellen. Dabei ist zum Teil zweifache Ionisierung nötig. Die Linien von **Xenon** liegen zwischen 460,3 nm und 969,9 nm.

Der Argonionenlaser hat in den letzten Jahren an Bedeutung eingebüßt, denn sein Wellenlängenbereich lässt sich inzwischen mit frequenzvervielfachten Festkörperlasern und mit Laserdioden wirtschaftlicher abdecken. Die Hauptanwendungen der Ionenlaser lagen nicht bei der Materialbearbeitung, sondern auf den Gebieten der **Spektroskopie**, **Photochemie** und **Holographie**. Argon-Ionen-Laser waren bis zu einer Dauerstrichleistung von 100 W erhältlich, Krypton-Ionen-Laser bis etwa 50 W. Mittlerweile beschränkt sich der Markt fast nur noch auf luftgekühlte, leistungsschwächere Systeme.

2.4.5   Helium-Neon-Laser

Ein Klassiker unter den Gaslasern geringer Leistung, der in keiner Schullehrmittelsammlung fehlen durfte, war der **Helium-Neon-Laser**. Die Vergangenheitsform deshalb, weil dieser Laser durch die Laserdioden bei den meisten Anwendungen abgelöst worden ist. Er hat aber noch Bedeutung, wenn **gute Kohärenzeigenschaften** und **gute Strahlqualität** gefordert werden. Hier ist er den Laserdioden weit überlegen.

Beim Helium-Neon-Laser liegt das Lasergas nicht in ionisierter Form, sondern in neutralem Zustand vor. Bei den Laserübergängen handelt es sich um elektronische Übergänge im Neon. Als Pumpgas findet Helium Anwendung, denn wie Abb. 2.65 zeigt, besitzt es eng benachbarte Energieniveaus, über die durch resonante Stoßprozesse eine effiziente Besetzung der oberen Laserniveaus möglich ist. Die drei wichtigsten Laserlinien liegen bei 632,8 nm, 1152,3 nm und 3391,3 nm. Insgesamt sind mehr als zehn Laserübergänge möglich. Die höchste Verstärkung besitzt die Linie bei 3391,3 nm. Mit etwa 25 dB/m [Weber 1978] ist die Verstärkung so groß, dass der Laser als **Superstrahler** arbeiten kann, sofern die Entladelänge groß genug ist. Will man mit anderen Wellenlängen arbeiten, kann das zum Problem werden.

Das langlebige untere Laserniveau kann nicht durch strahlende Übergänge entleert werden und führt zu einer konstruktiven Besonderheit des Helium-Neon-Lasers: die Entleerung kann nur über **Wandstöße** erfolgen, so dass eine enge Kapillare notwendige Voraussetzung für eine hohe Besetzungsinversion ist. Die Verstärkung sinkt mit zunehmendem Innendurchmesser der Gefäßwand. Ein typischer Wert in der Praxis ist 1 mm. Die Ausgangsleistung ließe sich also nur über die Länge der Entladestrecke erhöhen. Da die gaußschen Bündel aber mit wachsender Länge der Entladung einen immer größer werdenden Durchmesser vorschreiben, sind der Baulänge Grenzen gesetzt. Ein realistischer Wert hierfür ist etwa 1 m. Die Strahlleistung dieses Lasertyps ist folglich vergleichsweise gering, kommerzielle Systeme erreichen maximal einige 10 mW. Standardtypen liegen im Bereich von 1 mW. Materialbearbeitung ist mit diesem System also nicht möglich. Trotzdem ist mit He-Ne-Lasern auch schon eine resonatorinterne Frequenzverdopplung mit einem Lithiumjodat-Kristall gelungen [Kühling 1989].

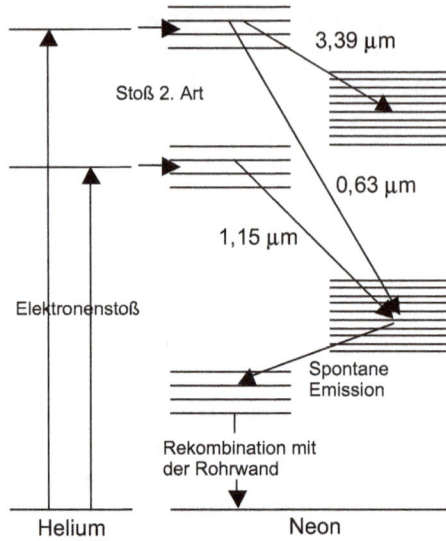

Abb. 2.65: Vereinfachtes Energieniveauschema des Helium-Neon-Lasers.

Der Betriebsdruck liegt in der Größenordnung von 10 mbar, wobei optimale Leistung erreicht wird, wenn das Produkt aus Gesamtdruck und Rohrdurchmesser $4,8 - 5,3\,\text{mbar}\cdot\text{mm}$ beträgt [Kneubühl 2005]. Das Mischungsverhältnis He:Ne liegt bei 5:1 für die Wellenlänge 632,8 nm. Der Helium-Neon-Laser wird nur als abgeschmolzenes System geliefert (Abb. 2.66), wobei die Laserspiegel den Abschluss des Entladerohres bilden. Typische Helium-Neon-Laser arbeiten bei einer Brennspannung von etwa 2 kV und einem Entladestrom von 5–10 mA. Die Niederdruckentladung selbst ist technisch anspruchslos und stellt wegen der chemisch inerten Edelgasfüllung außer in punkto Reinheit keine hohen Ansprüche. Die Lebensdauer ist sehr hoch und beträgt etwa **20.000 Betriebstunden**.

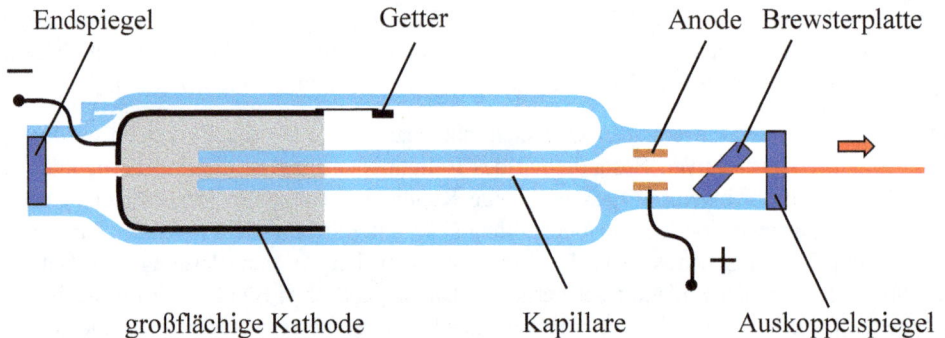

Abb. 2.66: Schematische Darstellung eines Helium-Neon-Lasers.

Da der Gasvorrat in einer dünnen Kapillare zu gering wäre, wird diese einseitig offen in einen größeren Glaszylinder eingesetzt, so dass ein größerer Gasvorrat zur Verfügung steht. Ein

Brewsterfenster ist in der Regel **optional**, in diesem Falle wäre die emittierte Strahlung definiert polarisiert. Die Verstärkungslinienbreite des Helium-Neon-Lasers ist mit 1,5 GHz relativ gering, so dass bei einer Resonatorlänge von etwa $L = 10\,cm$ und einem axialen Modenabstand von $c\,/\,2L = 1,5\,GHz$ nur eine einzige axiale Mode anschwingt. Die Ausgangsleistung wäre aber aufgrund der geringen Baulänge sehr klein. Andererseits kann man den Einmodenbetrieb für den Bau frequenzstabilisierter Strahlungsquellen nutzen [Dickmann 1990].

2.4.6   Excimer-Laser

Genau genommen bedeutet „**excited dimer**" ein nur im angeregten Zustand existierendes, **homonukleares Molekül**; ein Molekül also, das aus zwei gleichartigen Atomen besteht. Heute wird der Begriff – etwas schlampig – auch auf die heteronuklearen **Edelgas-Halogenide** angewandt. Sie gehören eigentlich zu den „**Exciplexen**", was „excited state complex" bedeutet und angeregte, aus verschiedenartigen Atomen aufgebaute Komplexe beschreibt.

Der Begriff „**Excimer-Laser**" bezieht sich also auch auf die inzwischen weit verbreiteten **Edelgas-Halogen-Excimerlaser**. Wie oben bereits ausgeführt, sind Excimere nur im angeregten Zustand überhaupt existenzfähig und zerfallen mit einer mittleren Lebensdauer von etwa 1 ps. Damit ist das untere Laserniveau praktisch immer leer, denn es existiert gar nicht. Doch wie bildet man nun Excimere? Sie können durch **Hochspannungsentladung** oder durch **Elektronenstrahlbeschuss** erzeugt werden. Bei der Hochspannungsentladung, die bei kommerziellen Systemen bevorzugt wird, entstehen die Excimere, indem man Edelgasatome R in den angeregten Zustand (R*) bringt und mit dem Halogen X_2 reagieren lässt:

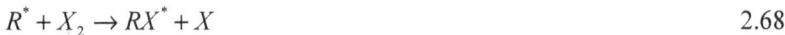

$$R^* + X_2 \rightarrow RX^* + X \qquad\qquad\qquad 2.68$$

Beim Elektronenstrahlbeschuß reagiert ein R^+-Ion mit einem X^--Ion unter Mithilfe eines Stoßpartners M:

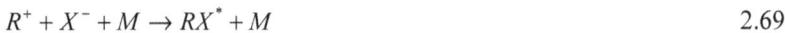

$$R^+ + X^- + M \rightarrow RX^* + M \qquad\qquad\qquad 2.69$$

Die Potentialkurven eines RX^*-Moleküls zeigt Abb. 2.67. Die oberen Niveaus ähneln vibronischen Zuständen. Der obere Laserzustand hat infolge von Stoßdeaktivierung und spontaner Relaxation eine Lebensdauer von wenigen ns, was die Bildung extrem vieler Excimere ($\approx 10^{23}\,\dfrac{1}{cm^3 s}$) voraussetzt, um Lasertätigkeit zu erreichen. Das erfordert einen hohen Gasdruck, bei dem keine kontinuierliche Entladung aufrechterhalten werden kann. Wegen der kurzen Entladungsdauer im gepulsten Betrieb erhält man Impulse mit einer Dauer von 10–25 ns. Bedenkt man, dass Licht in 10 ns ca. 30 cm zurücklegt, so erkennt man, dass bei den üblichen Resonatorlängen nur wenige Resonatorumläufe zustande kommen. Das führt dazu, dass das im Kap. 2.2 Gesagte hier nicht gilt und die **Divergenz** der Laser **relativ hoch** ist.

Tab. 2.7. gibt einen Überblick über die Emissionswellenlängen verschiedener Excimere. Die Impulsenergien kommerzieller Excimerlaser liegen bei einigen 100 mJ bei einer Repetitionsfrequenz von ca. 100 Hz. Die Gasfüllung besteht zum größten Teil aus einem Puffergas (z.B. Helium), zu etwa 0,1–0,5% aus dem Halogen und zu 5–10% aus dem Edelgas [Pummer 1985] bei einem Gesamtdruck von 1,5 bis 4 bar. Das Puffergas hat die Funktion des

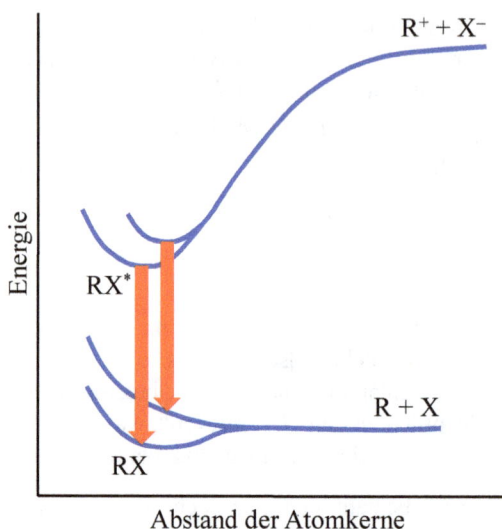

Abb. 2.67: Potentialkurven eines zweiatomigen Edelgas-Halogenid-Excimers. Grundzustand und angeregter Zustand sind in zwei Niveaus aufgespalten. Obwohl im unteren Niveau des Grundzustands von RX ein Energieminimum vorliegt und daher eine Art von „Bindung" besteht, ist diese nicht stabil. Das Energieminimum ist so schwach ausgeprägt, dass es durch thermische Energie sofort überwunden wird und die Bindung zerfällt.

Tab. 2.7: Excimere und ihre Laserwellenlängen.

Molekül	Wellenlänge
ArF*	193 nm
KrF*	248 nm
XeBr*	282 nm
XeCl*	308 nm
XeF*	351 nm

Elementes M in Gl. 2.69. Abb. 2.68 zeigt den Aufbau eines Excimerlasers mit elektronenstrahl-stabilisierter Entladung in schematischer Darstellung. Wegen des hohen Druckes kommen nur kurze Entladestrecken in Frage, weshalb der Excimerlaser im Gegensatz zum CO_2-Laser nicht axial, sondern transversal gepumpt wird. Zum leichteren Zünden kann auch eine UV-Vorionisation erfolgen.

Die Anwendungen des Excimerlasers erschließen sich aus der Kürze der verfügbaren Impulse und aus seiner kurzen Wellenlänge. Die intensiven Impulse ermöglichen elektronische Anregung, Ionisierung oder auch Zerstörung chemischer Bindungen unter **nichtthermischen Bedingungen**, d.h. ohne das Material aufzuheizen. Aufgrund der kurzen Wellenlänge lassen sich sehr **kleine Fokusdurchmesser** erreichen. Auch ist die Auflösung bei Belichtungssystemen in der Halbleiterindustrie für kurze Wellenlängen höher. Eine wichtige Anwendung hat der Excimerlaser bei **Augenoperationen** (LASIK, siehe Kap. 3.2.2) gefunden.

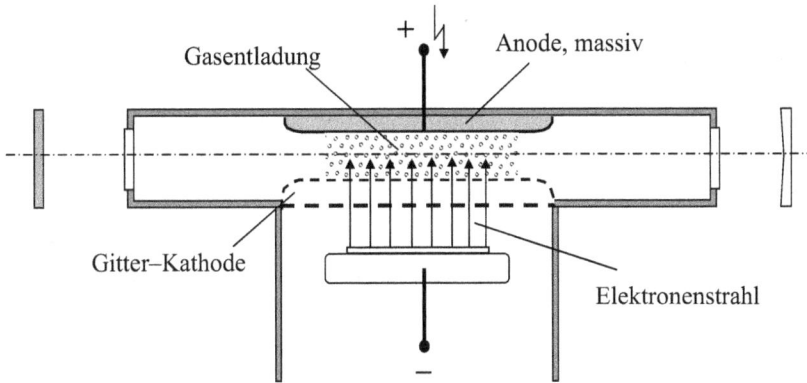

Abb. 2.68: Schematischer Aufbau eines Excimerlasers, der mit einer elektrischen Entladung gepumpt wird.

2.5   Halbleiterlaser

2.5.1   Einzelemitter

Laserdioden haben in den letzten Jahren eine rasante Entwicklung erlebt. Obwohl einzelne Dioden nur eine Leistung von wenig mehr als 10 W erreichen, kann man durch Bündelung vieler solcher Einzelemitter zu einem **Diodenlaser** Leistungen im Multi-kW-Bereich erzielen. Wegen der geringen Baugröße können Einzelemitter **leicht in elektronische Schaltungen integriert** werden. So sind Anwendungen in der optischen Nachrichtentechnik, bei Laserdruckern und bei der optischen Daten-Abtastung in CD-, DVD- und Blu-Ray-Geräten inzwischen Standard. Durch die Betriebsspannungen im Niedervoltbereich können Laserdioden mit klassischer Schaltungstechnik versorgt werden, so dass teure Hochspannungsnetzteile entfallen. Durch die **direkte und schnelle Modulierbarkeit** über den Anregungsstrom bis in den GHz-Bereich können große Datenmengen über Lichtwellenleiter übermittelt werden. Durch die Fortschritte in der Halbleitertechnologie können Laserdioden in großen Stückzahlen **relativ billig produziert** werden und haben eine **hohe Zuverlässigkeit und Lebensdauer**. Ihr Wirkungsgrad liegt **je nach Wellenlänge bei 10 bis 70%** und übertrifft damit die meisten klassischen Lasertypen. Am höchsten ist der Wirkungsgrad bei roten bzw. IR-Laserdioden.

Die Laserdioden decken inzwischen weite Bereiche des Spektrums mehr oder weniger lückenhaft ab. Die wichtigsten Halbleiterverbindungen und ihre Emissionswellenlängen sind hierbei:

GaAlAs	750–900 nm
InGaAsP	1000–1700 nm
InGaAlP	635–700 nm
InGaN	340–530 nm
GaInAsSb	1870–3330 nm

InGaN ist am effizientesten zwischen 400 und 410 nm. Die Emissionswellenlänge einer Laserdiode steigt mit der Temperatur des Halbleitermaterials. Da die Temperatur in der Regel mit dem Anregungsstrom ansteigt, bedeutet das eine Erhöhung der Wellenlänge mit ansteigender Diodenleistung, wenn nicht geeignete Kühlmaßnahmen getroffen werden. Der Temperaturanstieg hängt vom Halbleitermaterial ab wächst im langwelligen Spektralbereich mit der Emissionswellenlänge. Für rote Diodenlaser werden Werte von $0,18\,\text{nm}/^\circ\text{C}$ angegeben, für Laser im Wellenlängenbereich von 1400–1500 nm wächst der Wert auf $0,4\,\text{nm}/^\circ\text{C}$ an. Bei wechselnder Diodenleistung können Wellenlängenschwankungen von bis zu $\pm 10\,\text{nm}$ auftreten.

Bei Laserdioden sind grundsätzlich zwei Konstruktionsprinzipien möglich: der **Kantenemitter** und der **Oberflächenemitter**. Beim Kantenemitter (Abb. 2.69a) breitet sich der Laserstrahl innerhalb der aktiven Schicht **parallel** zum p- bzw. n-Bereich aus und tritt an der Kante aus. Beim Oberflächenemitter (Abb. 2.69b), dem sogenannten **VCSEL** (vertical cavity surface emitting laser), breitet sich der Laserstrahl **senkrecht** zur p- bzw. n-Schicht aus.

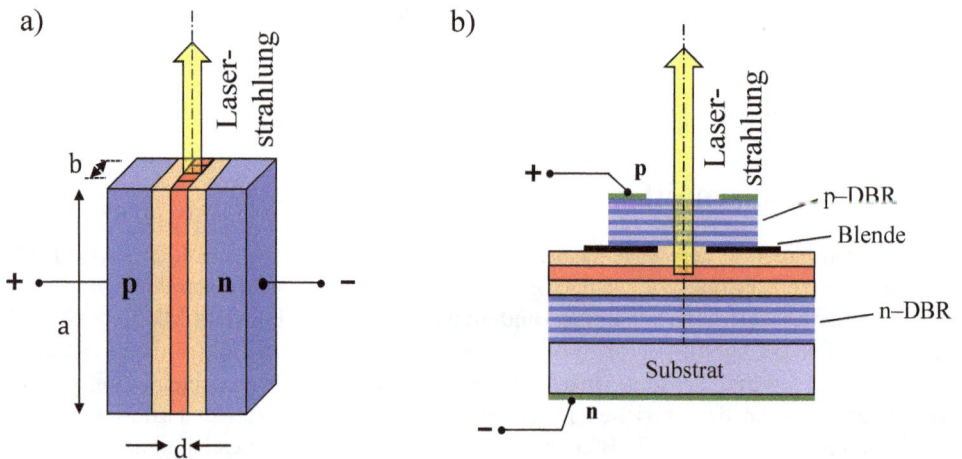

Abb. 2.69: Schematischer Aufbau eines Kantenemitters (a) und eines Flächenemitters (b).

Beim Kantenemitter wird das Laserlicht in einer dünnen aktiven Schicht der Dicke $d \approx 1\,\mu\text{m}$, der Breite $b \approx 50...200\,\mu\text{m}$ und der Länge $a \approx 2...4\,\text{mm}$ erzeugt. Wegen der hohen Brechzahl der Halbleitermaterialien von ca. $n = 3,5$ erhält man einen **hohen Reflexionsgrad** der Stirnflächen von jeweils:

$$\rho = \left(\frac{n-1}{n+1}\right)^2 = 0,31 \qquad\qquad\qquad 2.70$$

Benutzt man auf der einen Seite einen vollreflektierenden Spiegel, genügt es, die Flächen zu polieren und man erhält einen Laserresonator.

Die axialen Moden betreffend ist zu sagen, dass die **Resonatorlänge** $L = a$ eines Kantenemitters im Vergleich zu den bisher behandelten Lasern **extrem kurz** ist. Damit ist der Abstand Δf der axialen Moden, der nach Gl. 2.5 mit $c/2nL$ gegeben ist, sehr groß. Bei einer Länge von $L < 1\,\text{mm}$ und einer Brechzahl von $n = 3,6$ beträgt er über 42 GHz. Es bedarf also einer großen Verstärkungsbandbreite, damit im Resonator überhaupt wenigstens eine axiale Mode anschwingt. Glücklicherweise liegen bei Halbleitern keine scharfen Energieniveaus vor, sondern es überwiegen die **Bandstrukturen** mit einer Breite in der Größenordnung von 10 nm bzw. einigen 10^{12} Hz. Somit liegen sehr viele axiale Moden im Verstärkungsprofil, damit Lasertätigkeit einsetzt. Bei kommerziell erhältlichen Laserdioden liegt die Bandbreite der axialen Moden bei etwa 2–3 nm.

Leider wird nicht immer eine Vielzahl von Longitudinalmoden gewünscht. Wegen der chromatischen Dispersion der Glasfasern sind bei Verwendung in der Kommunikationstechnik **einmodige Laserdioden** wünschenswert. Es muss also eine weitere Selektion der Wellenlängen vorgenommen werden. Dies geschieht häufig über **Braggreflexion**. Hier wird durch eine Anzahl von sich abwechselnden hoch- und niedrigbrechenden λ/4-Schichten ein Reflektor erzeugt, der nur eine bestimmte Wellenlänge wirksam reflektiert. Der naheliegendste Schritt besteht darin, dass man die reflektierenden Endflächen, also die Resonatorspiegel, durch **Braggreflektoren** ersetzt (Abb. 2.70a). Bei senkrechtem Einfall wirkt ein solcher Reflektor für einen Gitterabstand d_B gemäß $2d_B = i\lambda$ reflektierend und damit **wellenlängenselektiv**. Der Braggreflektor wird mikrolithographisch zusammen mit der Halbleiterstruktur hergestellt. Man spricht von einem **DBR-Laser** (**D**istributed **B**ragg **R**eflector).

Ein weiterer Entwicklungsschritt besteht darin, **aktive Zone** und **Bragg-Gitter** zusammenzuführen und in einem Element zu integrieren (Abb. 2.70b). Man spricht dann von einem **DFB-Laser** (**D**istributed **F**eed **B**ack). Eine dritte Möglichkeit der Wellenlängenselektion besteht in der Verwendung eines **externen Beugungsgitter**s. In der in Abb. 2.71 gezeigten Anordnung wird ein Reflexionsgitter mit **Blaze-Technik** benutzt. Dies ist ein Gitter, bei dem die höchste Intensität des gebeugten Lichts nicht in der 0. Ordnung auftritt, sondern in einer höheren Ordnung. Durch die Winkelabhängigkeit des Beugung ist der Resonator nur für eine bestimmte Wellenlänge abgestimmt und die Diode emittiert folglich nur diese Wellenlänge.

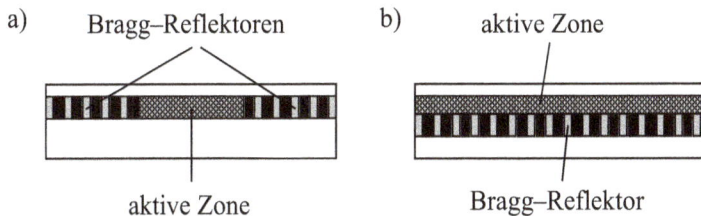

Abb. 2.70: DBR-Laser (a) und DFB-Laser (b).

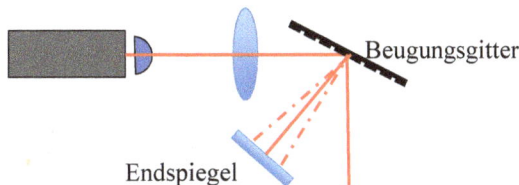

Abb. 2.71: Eine Möglichkeit der Wellenlängenselektion besteht darin, ein externes Beugungsgitter zu benutzen. Der Resonator ist nur für den Strahl justiert, der senkrecht auf den Endspiegel trifft. Durch die wellenlängenabhängige Beugung des Gitters wird dadurch eine axiale Mode ausgewählt. Die Auskopplung des Laserlichtes aus dem Resonator erfolgt über eine andere Beugungsordnung des Gitters.

Ganz anders dagegen liegen die Verhältnisse bei den VCSEL. Da die aktive Fläche hier senkrecht vom Laserstrahl durchlaufen wird, entspricht die Resonatorlänge etwa der Schichtdicke und die ist etwa eine Wellenlänge groß. Es kommt also zum Anschwingen von nur einer axialen Mode. Das bedeutet wiederum eine wesentlich kürzere Halbwertsbreite der Laseremission.

Da wegen der kurzen Resonatorlänge die Verstärkung pro Resonatorumlauf sehr klein ist, müssen die Spiegel hochreflektierend sein. Hier genügt es also nicht, einfach nur die polierte Halbleiteroberfläche als Spiegel zu benutzen. Vielmehr muss man durch Bragg-Reflektoren hochreflektierende Spiegel herstellen. Man kann mit VCSEL rotationssymmetrische Laserbündel erzeugen, wenn man als Bündelbegrenzung eine Kreisblende benutzt. Macht man die Blende entsprechend klein, entsteht auch ein transversaler Grundmode.

Das ist wiederum bei den Kantenemittern nicht möglich. Hier führen die geringe Schichtdicke d und die im Vergleich dazu wesentlich größere Schichtbreite b zu unterschiedlichen Strahldivergenzen in den jeweiligen Richtungen und damit zu einem **elliptischen Strahlprofil** (Abb. 2.72). Hinzu kommt, dass der Strahl im Allgemeinen **astigmatisch** ist. Die Strahltaillen bezogen auf die Ebene des pn-Übergangs und auf die dazu senkrechte Ebene liegen an unterschiedlichen Stellen bzw. haben den Abstand Δz zueinander. Die Strahldivergenzen unterscheiden sich in den beiden Ebenen stark voneinander. In der Ebene senkrecht zum pn-Übergang erfolgt starke Beugung des Strahls, der daher sehr divergent ist ($\Delta\Theta_f \approx 10...22°$). Die Beugungsmaßzahl beträgt etwa $M_f^2 \approx 1,2...1,5$, die Abstrahlung entspricht etwa einem Gauß-Mode. Wegen der „schnellen" Aufweitung wird diese Achse als „**schnelle Achse**" (fast axis) bezeichnet. Die Emission in der Ebene des pn-Übergangs erfolgt stark **multimodig**. Die Divergenz beträgt etwa $\Delta\Theta_s \approx 2,5...7,5°$ und Beugungsmaßzahl $M_s^2 \approx 20...50$. Das Strahlprofil ähnelt eher der Rechteckform als einem Gaußprofil. Wegen dieses „langsameren" Aufweitens wird diese Achse „**langsame Achse**" (slow axis) genannt.

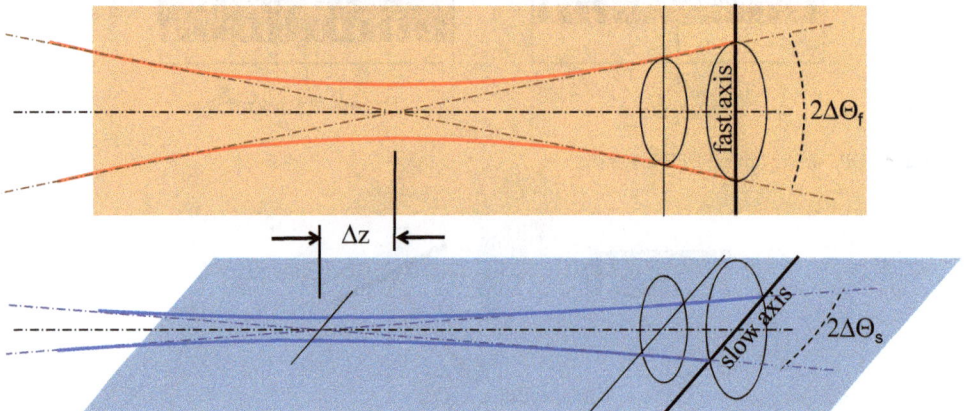

Abb. 2.72: In der Ebene des pn-Übergangs (unten, blau) hat der Laserstrahl eine geringere Divergenz $\Delta\Theta_s$ als in der dazu senkrechten Ebene (oben, rot). Gleichzeitig ist der Strahl astigmatisch, die Lagen der Strahltaillen unterscheiden sich um Δz.

VCSEL liefern an der Laserschwelle betrieben zwar polarisiertes Licht, wird der Strom im Bereich der Laserschwelle aber weiter erhöht, kann die Polarisationsrichtung springen [Martin-Regalado 1997a][Martin-Regalado 1997b]. Die beiden Polarisationsrichtungen stehen senkrecht aufeinander und werden durch die **Lage der kristallographischen Achse** bestimmt. Beim Auftreten höherer Moden treten in der Regel beide Polarisationsrichtungen auf. Bei Kantenemittern dagegen ist der Polarisationszustand in der Regel stabil. Der Vektor der elektrischen Feldstärke schwingt in der Ebene des pn-Übergangs. Allerdings ist das Polarisationsverhältnis nicht leicht anzugeben. Denn es findet stets auch etwas spontane Emission im Übergang statt, die unpolarisiert ist. Das Polarisationsverhältnis wird umso besser, je höher die Ausgangsleistung der Laserdiode ist und kann bei Maximalleistung besser als 100:1 sein.

Eine Möglichkeit der Erzielung einer guten Strahlqualität besteht darin, eine **Oszillator-Verstärkeranordnung** zu verwenden. Dabei kann der Laseroszillator als separate Laserdiode ausgeführt werden, aber auch im selben Chip wie der Verstärker integriert sein. Der Oszillator kann dabei im Grundmode schwingen. In Abb. 2.73 wird der **Oszillator** durch **zwei DBR-Strukturen** gebildet. Der emittierte Strahl durchläuft den sich unmittelbar anschließenden, **sich trapezförmig öffnenden Verstärker** und wird über eine antireflexbeschichtete Oberfläche ausgekoppelt. Mit einer solchen Anordnung lassen sich Laserleistungen von **einigen Watt** erzielen. Durch Bündelung mehrerer Dioden (Kap. 2.5.2) lassen sich bei gleichbleibend guter Strahlqualität Leistungen im kW-Bereich erzielen [Köhler 2005].

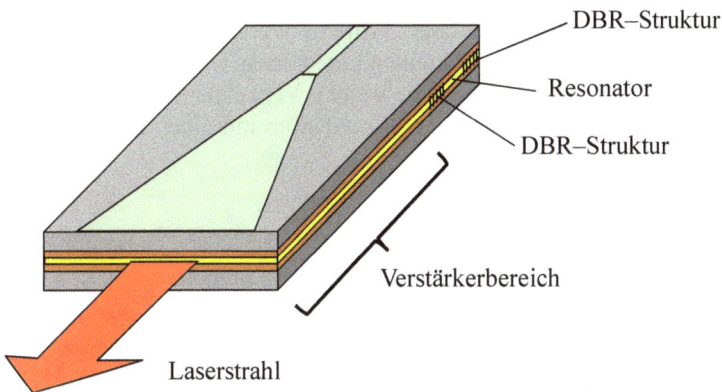

Abb. 2.73: Laserdiode in Form einer Oszillator-Verstärker-Anordnung mit trapezförmigem Verstärker.

Die **Lebensdauer** einer Laserdiode liegt im Bereich von **10.000 bis 30.000 Stunden** und **hängt stark von der Betriebstemperatur ab**. Diese wiederum hängt vom Betriebsstrom und damit von der Ausgangsleistung der Diode ab. Darüber hinaus können Spannungs- bzw. Stromspitzen zur Zerstörung der Diode führen.

Laserdioden haben gegenüber herkömmlichen Lasern den Vorteil, dass das **aktive Medium und der Resonator eins** sind. Es entsteht also **kein Justieraufwand** von Spiegeln und es können **weniger Oberflächen verschmutzen**. Ein immenser Vorteil ist die **kleine Baugröße**. In der Kommunikationstechnik ist die Laserdiode inzwischen wegen ihrer schnellen **Modulierbarkeit**

im Gigahertzbereich unverzichtbar. Mit der **quaternären Verbindung InGaAsP** lässt sich der für die optische Nachrichtentechnik wichtige Spektralbereich von 1,1 µm bis 1,7 µm [Döldissen 1999] abdecken. Die Verbindung $In_{0,73}Ga_{0,27}As_{0,58}P_{0,42}$ liefert die Wellenlänge 1,31 µm, bei der die **chromatische Dispersion der Glasfasern minimal** ist. Bei 1,55 µm ist die **Dämpfung der Faser minimal**; diese Wellenlänge lässt sich mit $In_{0,58}Ga_{0,42}As_{0,9}P_{0,1}$ darstellen. Eine weitere Anwendung finden Laserdioden in Laserdruckern. Der Wellenlängenbereich von 390 nm bis 440 nm wird mit Halbleitern auf der Basis von **GaN** abgedeckt und ist wird bei der Abtastung von DVDs mit hoher Speicherdichte (**Blu-Ray**) verwendet.

In der Medizin hat sich der Diodenlaser eine ganze Reihe von Anwendungen erschlossen: so z.B. in der Zahnheilkunde bei der **Parodontalbehandlung** und in der **Implantatvorbereitung** oder in der Dermatologie bei der **Laserepilation**, der **Versiegelung von Teleangiektasien** und der **Varizenverödung**.

2.5.2   Laserbarren und Laserstapel

Einzelemitter sind in ihrer Leistung auf wenig mehr als 10 W begrenzt. Um trotzdem mehr Leistung mit Laserdioden erzielen zu können, bedarf es mehrerer Emitter. Eine Möglichkeit besteht darin, dass man indexgeführte Laser aneinanderreiht. Eine solche Aneinanderreihung von Streifenlasern führt zu einem **Laserbarren**. Die einzelnen Streifenlaser haben dabei einen Abstand von ca. 250 µm und eine Resonatorlänge von ca. 1–2 mm. Eine wichtige Größe bei Laserbarren ist der **Füllfaktor**. Er ist definiert als das Verhältnis aus der Emitterbreite und dem Abstand der Streifenlaser. Typische Werte liegen zwischen 30% bei konvektionsgekühlten und 75% bei wassergekühlten Laserbarren. Da die Emission der Einzelemitter wiederum stark elliptisch ist, muss für die weitere Verwendung der Laserstrahlen eine **Kollimation** erfolgen. Abb. 2.74 zeigt einen Laserbarren mit einer **Zylinderlinse**, die für die **Fast-Axis-Kollimation** der Einzellaser sorgt.

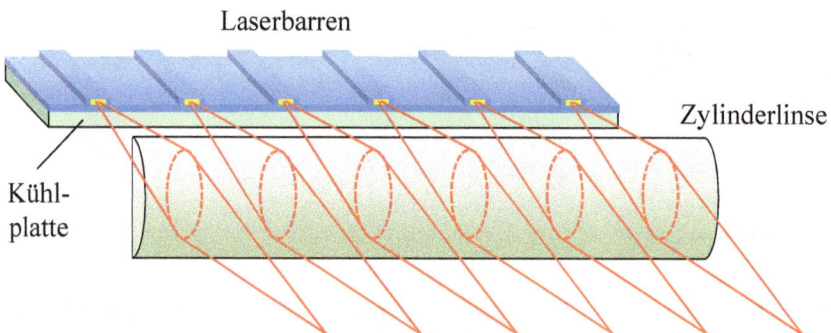

Abb. 2.74: Laserbarren mit Zylinderlinse zur Fast-Axis-Kollimation. Der Barren wird in der Regel auf einer Kühlplatte montiert, die bei Dioden höherer Leistung wassergekühlt ist.

Eine große Bedeutung kommt bei den Laserbarren der Kühlung zu. Barren niedriger Leistung können noch konvektionsgekühlt sein, bei höheren Leistungen ist Wasserkühlung zweckmäßig. Ab 50 W ist sie unbedingt nötig. Hierzu wird die Kühlplatte mit **Mikrokanälen** durchzogen.

Diese **Mikrokanalkühler** bestehen aus Kupferfolien, in die die Kühlkanäle eingeätzt werden und die durch Bondprozesse **mehrlagig miteinander verbunden** werden. Es werden thermische Widerstände von 0,5–0,7° C/W erzielt. Durch Verwendung von Silizium sollen künftig noch geringere Widerstandswerte dadurch erreicht werden, dass man die Kühlkanäle bis auf Abstände in der Größenordnung von 100 µm an den Halbleiterübergang heranführt.

Zur weiteren Steigerung der Ausgangleistung eines Diodenlasers können mehrere Laserbarren aufeinandergestapelt werden (Abb. 2.75). Zwischen den einzelnen Barren befinden sich Kühlplatten mit den beschriebenen Mikrokanälen. Mit solchen **Laserstapeln** lassen sich mittlere Leistungen bis etwa 3000 W im **Quasi-cw-Betrieb** erzielen. In dieser Betriebsart, die bei Laserbarren und Laserstapeln häufig ist, wird der Anregungsstrom nur für eine kurze Zeit eingeschaltet, danach erfolgt eine Pausenzeit. Der Laser wird wieder abgeschaltet, bevor sich thermische Effekte zu stark bemerkbar machen. Bei einem oft niedrigen Tastverhältnis von wenigen Prozent steht also eine hohe Spitzenleistung einer geringen mittleren Leistung gegenüber.

Abb. 2.76 zeigt einige Laserbarren und Laserstapel in ihrer technischen Ausführungsform. Um Laser im Multikilowatt-Bereich zu realisieren, müssen wiederum die Laserstrahlen mehrerer Stapel gebündelt werden, um die benötigte Leistung zu erzielen.

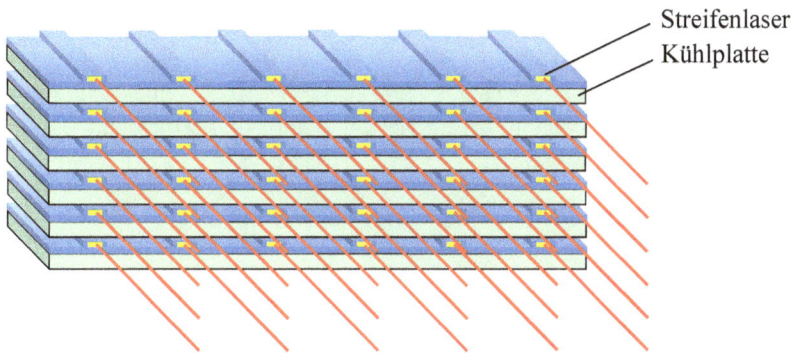

Abb. 2.75: Zur Erzielung hoher Ausgangsleistungen werden mehrere Laserbarren zu einem Laserstapel aufeinandergesetzt.

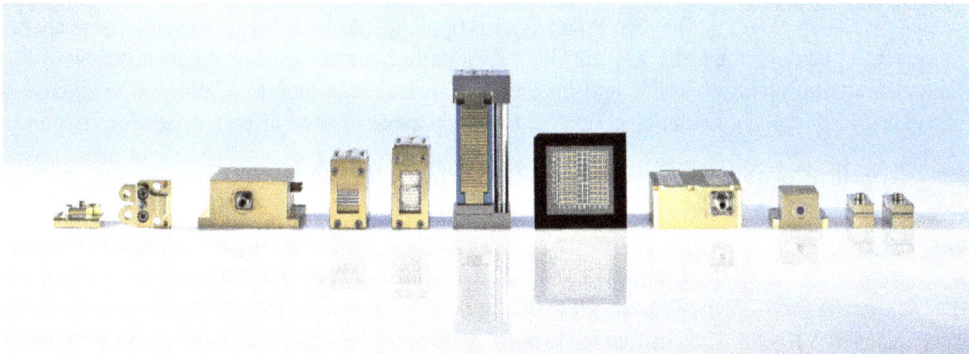

Abb. 2.76: Diodenlaser unterschiedlicher Bauart. Foto: ©Jenoptik.

2.5.3   Strahlbündelung

Die Bündelung der Emissionen mehrerer Laserstapel erfolgt in mehreren Stufen und beinhaltet auch die Formung näherungsweise rotationssymmetrischer Strahlbündel. Die Fast-Axis-Kollimation der Strahlen eines Laserbarrens erfolgt in der bereits oben erwähnten Weise durch Zylinderlinse. Hierbei kann es sich um rein sphärische Zylinderlinsen handeln, es kommen aber auch **Zylinderlinsen mit asphärischer Geometrie** zum Einsatz. Auch **GRIN-Optiken** können verwendet werden [Tang 2008]. Dies sind Optiken, deren fokussierende Wirkung nicht durch eine gekrümmte Oberfläche erzeugt wird, sondern durch **Brechungsindexgradienten im Glas**. Für die Slow-Axis-Kollimation der Strahlen eines Laserbarrens werden Zylinderlinsenarrays verwendet (Abb. 2.77). Zahl und Abstand der Mikrolinsen müssen der Zahl und dem Abstand der Emitter des Laserbarrens angepasst sein. Die Slow-Axis-Kollimation dient auch dem Ausblenden der nichtstrahlenden Lücken des Laserbarrens.

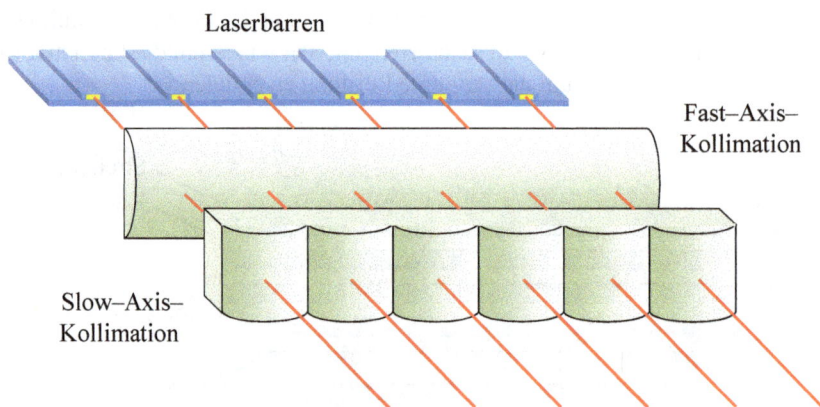

Abb. 2.77: Durch Mikrolinsen wird die Slow-Axis-Kollimation bewirkt.

Für die Zusammenführung der Strahlen mehrerer Laserbarren bzw. Laserstapel werden im Wesentlichen drei Techniken verwendet: die **räumliche Kopplung**, die **Polarisationskopplung** sowie die **Wellenlängenkopplung**. Bei der räumlichen Kopplung (Abb. 2.78) werden die Strahlen über Umlenkspiegel in die gleiche Richtung gelenkt, wo sie über Strahlformungsoptiken weiter gebündelt werden. Bei der Polarisationskopplung (Abb. 2.79) werden dielektrisch beschichtete Spiegel benutzt, die z.B. für die zur Einfallsebene senkrechte Polarisation einen Reflexionsgrad von praktisch 100% und für die zur Einfallsebene parallele Polarisation einen solchen von ca. 0% haben. Damit lässt sich die Emission zweier Laserbarren kollinear ausrichten.

Bei der Wellenlängenkopplung (Abb. 2.80) kommen dielektrisch beschichtete Spiegel zum Einsatz. Sie sind z.B. für Einfallswinkel von 45° für eine Wellenlänge λ_1 voll reflektierend und für eine Wellenlänge λ_2 voll transmittierend. Durch geeignete Staffelung der Wellenlängen lässt sich mit mehreren Spiegeln die Emission mehrerer Laserstapel kollinear ausrichten. Die Laserstapel müssen sich **in ihren Wellenlängen merklich unterscheiden**. Zur Anwendung kommen z.B. die Wellenlängen 940 nm, 980 nm und 1030 nm oder die Wellenlängen 778 nm, 804 nm, 902 nm und 970 nm. Die Effizienz der Kopplung hängt stark von der spektralen Breite der Einzelemitter sowie von der Steilheit der Bandkante der dielektrischen Spiegel [Wessling 2006] ab.

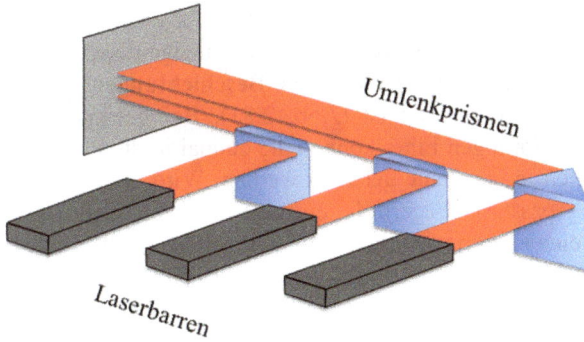

Abb. 2.78: Bei der räumlichen Kopplung werden die Laserstrahlen über Prismen oder auch Spiegel in einer Richtung gebündelt.

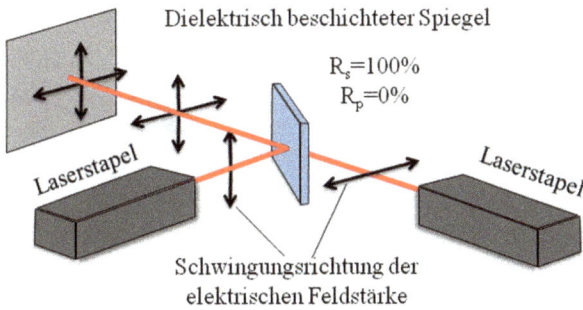

Abb. 2.79: Bei der Polarisationskopplung werden senkrecht zueinander polarisierte Strahlen zweier Laserstacks mittels eines dielektrischen Spiegels überlagert.

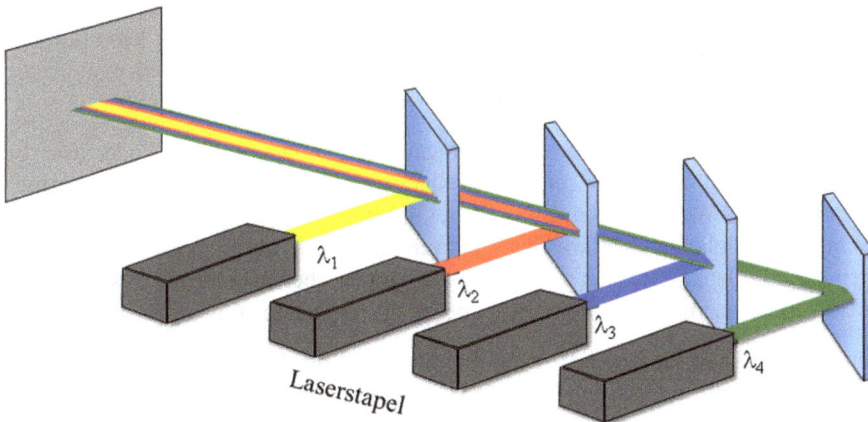

Abb. 2.80: Bei der Wellenlängenkopplung erfolgt die Überlagerung der Laserstrahlen der einzelnen Stapel durch dielektrisch beschichtete Spiegel. Sie ermöglichen durch selektive Reflexion bzw. Transmission die kollineare Ausrichtung der Einzelstrahlen.

Eine besonders kompakte Form der Wellenlängenkopplung wird von [Knitsch 2002] berichtet. Hier wird die Wellenlängenkopplung durch eine einzige planparallele Platte bewirkt, die auf der einen Seite **segmentierte dielektrische Beschichtungen** trägt und auf der anderen Seite hochreflektierend beschichtet ist (Abb. 2.81). Bei geeigneter Lage der jeweiligen Bandkante der streifenförmigen Filter können die einmal in die Platte eingekoppelten Strahlen durch Reflexionen in der Platte gehalten werden. Wird die Plattendicke den Abständen der Laserbarren angepasst, überlagern die einzelnen Laserstrahlen und können unten rechts aus der Platte über eine antireflexbeschichtete Stelle ausgekoppelt werden.

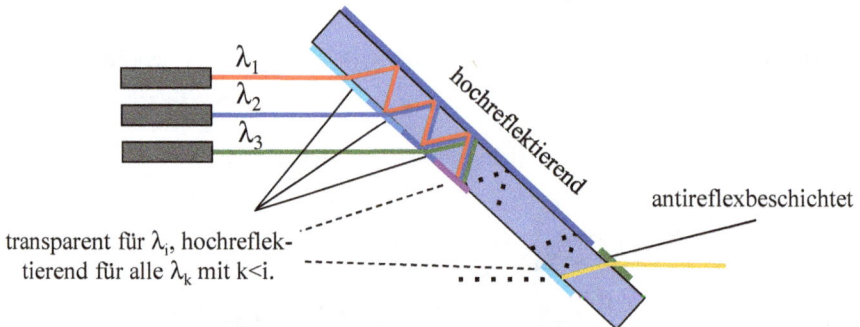

Abb. 2.81: Eine Möglichkeit der Wellenlängenkopplung besteht in der Benutzung einer streifenweise dielektrisch beschichteten planparallelen Platte, die einmal in die Platte eingekoppelte Strahlen durch Reflexionen in der Platte hält und mit den neu eintretenden Strahlen überlagert.

Eine Möglichkeit, den stark astigmatischen Strahl der Laserdiode in ein rotationssymmetrisches Gauß-Bündel umzuwandeln, besteht in der **Drehung des Strahls um die Ausbreitungsrichtung**. Dies kann durch eine Kombination von Zylinderlinsen [Schreiber 2005] oder auch durch GRIN-Optiken geschehen [Johansson 2007]. Das Verfahren kann auch auf die Emission eines Laserbarrens angewandt werden. Insgesamt gelingt damit eine effizientere Einkopplung der Strahlen in Lichtwellenleiter.

Durch Nutzung der beschriebenen Kopplungsverfahren lassen sich Diodenlaser bis ca. 20.000 W realisieren. Abb. 2.82 zeigt beispielhaft die Kopplung von sechs Laserstapeln mit drei verschiedenen Wellenlängen. Zwei Stapel haben jeweils die gleiche Wellenlänge, aber unterschiedliche Polarisation. Ihre Strahlen werden jeweils zuerst polarisationsoptisch zusammengeführt. Danach werden die drei Wellenlängen über dielektrisch beschichtete Spiegel überlagert. Diodenlaser erreichen heute bereits **Wirkungsgrade von 50–65%**.

Diodenlaser erreichen bis heute nicht die Strahlqualität der Gas- oder Festkörperlaser. Eine Verdrängung dieser Strahlquellen ist in der nächsten Zeit also nicht zu erwarten. Trotzdem hat sich der Diodenlaser eine weite Palette von Anwendungen erschlossen: Diodenlaser mit geringeren Leistungen finden im Bereich Medizintechnik in der Chirurgie, der Zahn- und Augenheilkunde sowie in der kosmetischen Medizin bei der Haarentfernung Verwendung. Mit Diodenlasern hoher und höchster Leistungen wird in der industriellen Materialbearbeitung gelötet, gehärtet und geschweißt. Hier ist mittlerweile sowohl Tiefschweißen wie auch Wärmeleitungsschweißen möglich.

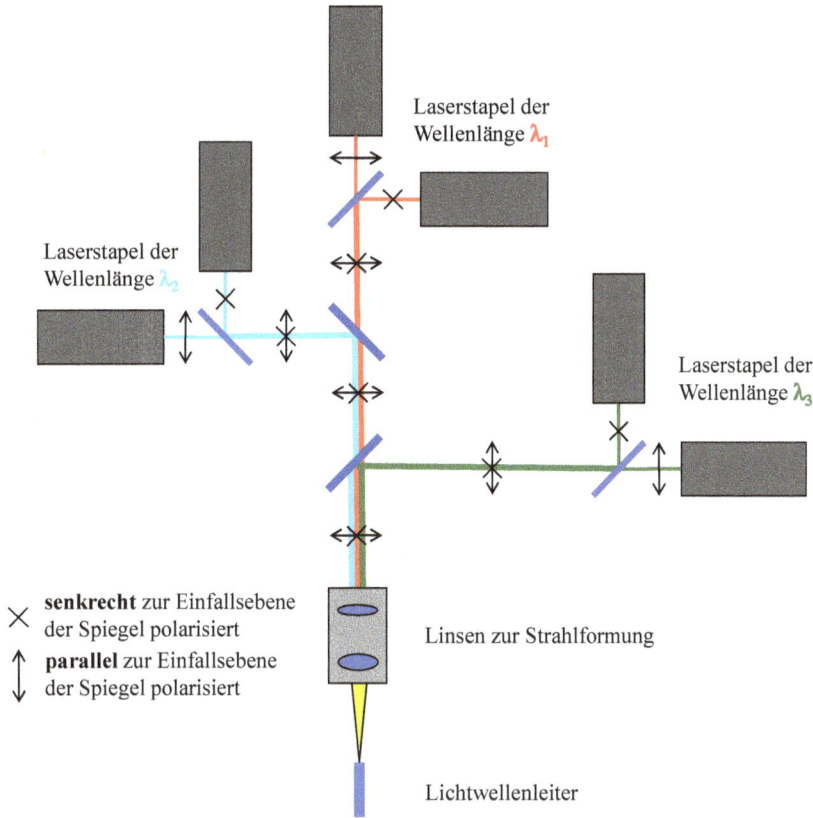

Abb. 2.82: Diodenlaser höchster Leistung benutzen mehrere Kopplungsverfahren, um die Emission von mehreren Laserstapeln zu vereinen und zu bündeln.

2.6   Weitere Lasertypen

2.6.1   Metalldampflaser

Bei den Festkörperlasern wurden Metallatome in einen Wirtskristall eingebettet und dort als Laseratom verwendet. Einige Metalle eignen sich aber auch im dampfförmigen Zustand als lichtverstärkendes Medium. Hier sind vor allem **Cadmium** und **Selen** zu nennen, mit denen sogar eine **kontinuierliche Strahlung** erzeugt werden kann. Weiter geeignet sind **Kupfer**, **Gold**, **Blei** u.a. Viele Metalldampflaser haben nur noch geringe oder gar keine kommerzielle Bedeutung. Nicht so der **He-Cd-Laser**, der noch weit verbreitet ist. Genutzt werden die beiden Wellenlängen 441,6 nm und 325,0 nm. Die Geräte sind meist luftgekühlt und liefern eine cw-Leistung von bis zu 200 mW (bei 441,6 nm) und 50 mW (bei 325,0 nm). Bei der Anregung des Cadmiums spielt der **Penning-Effekt** eine entscheidende Rolle [Penning 1927, 1928]. Helium ist im metastabilen Zustand in der Lage, Cadmium zu ionisieren. Der Penning-Effekt tritt immer dann ein, wenn das metastabile Niveau des mengenmäßig überlegenen Gases (hier Helium) über der Ionisierungsenergie des beigemischten Gases (hier

Cadmiumdampf) liegt. Eine Ionisierung des Heliums ist wegen der hohen nötigen Energie von 24,59 eV unwahrscheinlich. Im Grunde genommen ist der He-Cd-Laser also ein Ionen-laser, denn die Laserübergänge finden zwischen Niveaus des einfach ionisierten Cadmiums statt. In der praktischen Ausführung wird Cadmium in der Nähe der Anode verflüssigt (Schmelzpunkt: 321°C). Die aus der Schmelze verdampfenden Atome bewegen sich im elektrischen Feld einer Glimmentladung in Richtung der Kathode. Die Kapillare, in der die Entladung brennt, hat einen Durchmesser von ca. 1,5 bis 2 mm. Die Lebensdauer eines He-Cd-Lasers beträgt je nach Typ bis zu 10.000 Stunden.

Beim **He-Se-Laser** dagegen wird Helium in der Entladung tatsächlich ionisiert. Durch Stöße werden die Selenatome ionisiert und die oberen Laserniveaus besetzt, während Helium in sei-nen Grundzustand zurückkehrt. Es werden **24 Spektrallinien im sichtbaren Spektralbereich** beobachtet. Reduziert man sie mittels frequenzselektiver Elemente im Resonator auf die Wel-lenlängen 460,4 nm, 517,6 nm und 649,0 nm, kann man **weißes Laserlicht** erzeugen.

Ein Laser, der in der Vergangenheit kommerziell erhältlich war, ist der **Kupferdampflaser**. Das Lasermedium bilden **neutrale** Cu-Atome im angeregten Zustand. Er kann nur gepulst betrieben werden, weil die unteren Laserniveaus eine sehr lange Lebensdauer haben. Es erfolgt Direktanregung durch Elektronenstoß. Die emittierten Wellenlängen liegen bei 510,6 nm und 578,2 nm. Ein Kupferdampflaser liefert bei einer Repetitionsrate von 8 kHz eine Impulsdauer von ca. 20–30 ns bei einer Impulsenergie von 1,25 mJ. Die Impulsenergie steigt wegen des langlebigen unteren Laserniveaus an, wenn man die Repetitionsrate ab-senkt; gleichzeitig steigt die Impulsdauer an. Ist das untere Laserniveau entleert, ist der Ver-stärkungsfaktor außerordentlich hoch. Für den Betrieb sind hohe Temperaturen um 1500°C nötig.

2.6.2 Farbstofflaser

Farbstofflaser haben den Vorteil einer für Laser breitbandigen Durchstimmbarkeit, in der Regel liegt sie bei einigen 10 nm. Sie kommt dadurch zustande, dass das aktive Medium, also die Farbstoffmoleküle, keine scharfen Energieniveaus besitzen, sondern breite Banden. Ihr molekularer Aufbau ist sehr komplex, sie bestehen in der Regel aus 50 bis 100 Atomen und werden für den Laserbetrieb in ein Lösungsmittel gegeben. Das ermöglicht eine Anpas-sung der Konzentration sowie eine schnelle Veränderung derselben. Als Lösungsmittel wird häufig **Ethanol** oder **Ethylenglykol** verwendet. Ihren Namen haben die Farbstoffe durch ihre Eigenschaft, bei Einstrahlung bestimmter Wellenlängen zu **fluoreszieren**, also in hellen Farben zu leuchten. Der Mechanismus lässt sich am Beispiel eines zweiatomigen Moleküls erläutern und entspricht in etwa der Umwandlung von UV-Licht in sichtbares Licht in Leuchtstofflampen. Wie in Abb. 2.83 dargestellt, absorbiert das Molekül aus dem elektroni-schen Grundzustand heraus Pumplicht. Es werden vibronische Niveaus des ersten angeregten elektronischen Zustands besetzt. Das Molekül relaxiert in weniger als 10 ps in den vibroni-schen Grundzustand des angeregten elektronischen Niveaus. Die Lebensdauer dieses Ni-veaus beträgt bis zu 10 ns. Bei hinreichender Pumpleistung kann nun Besetzungsinversion zwischen diesem Niveau und den Schwingungsniveaus des Grundzustands erreicht werden. Da die Rotationsschwingungsniveaus dieses Grundzustandes überlappen und ein breites Energieband bilden, erfolgt die Laseremission sehr breitbandig. Es handelt sich dem Prinzip nach um einen Vier-Niveaus-Laser.

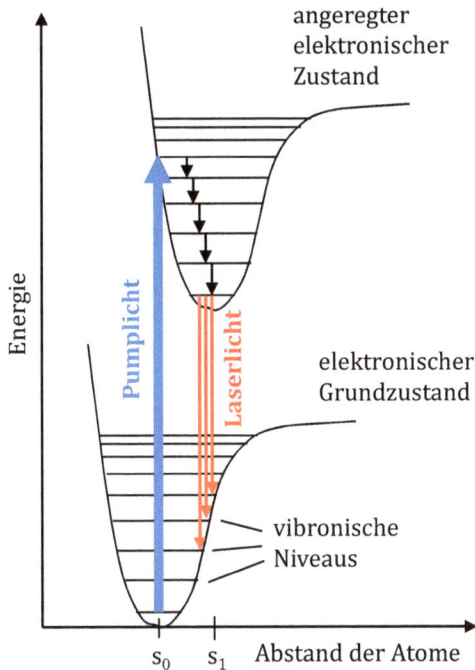

Abb. 2.83: Beim Farbstofflaser werden über das Pumplicht vibronische Niveaus des angeregten elektronischen Zustandes besetzt. Der eigentliche Laserübergang erfolgt vom Schwingungsgrundzustand des ersten angeregten elektronischen Niveaus in die vibronischen Niveaus des elektronischen Grundzustands. Diese besitzen jeweils noch Rotationszustände, die zu einem breiten Energieband überlappen.

Gepumpt wird wie bei der Frequenzkonversion bei Leuchtstofflampen oft mit UV-Licht oder mit kurzwelligem sichtbarem Licht, während die Farbstoffe bei 300 nm bis 1200 nm emittieren. Natürlich ist die Pumpwellenlänge stets merklich kürzer als die Laserwellenlänge. Abb. 2.84 zeigt beispielhaft den Aufbau des Farbstoffmoleküls Na-Fluoreszin, der im Wellenlängenbereich 530 nm–560 nm emittiert. Tab. 2.8 gibt den Wellenlängenbereich für einige Laserfarbstoffe an.

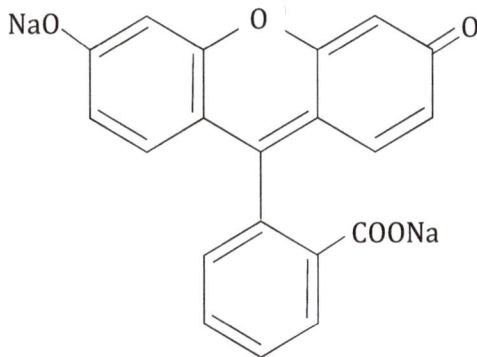

Abb. 2.84: Aufbau des Farbstoffmoleküls Na-Fluoreszin.

Tab. 2.8: Einige Farbstoffe für Laser. Man beachte, dass die Werte lösungsmittel- und konzentrationsabhängig sind und daher nur als Anhaltswerte zu verstehen sind.

Farbstoff	Abstimmbereich/nm
p-Terphenyl	335–355
Coumarin 102	460–510
Na-Fluoreszin	530–560
Rhodamin 6G	569–608
Rhodamin B	600–645
Oxazin 1	700–765
Rhodamin 800	776–823

Die breiten Banden der Farbstoffe machen sich bei der Laserschwelle nachteilig bemerkbar: sie liegt in der Regel sehr hoch und es sind somit **hohe Pumpleistungen** erforderlich. Häufig verwendete Pumplaser sind **Excimerlaser** sowie der **Stickstofflaser** (wichtigste Linie: 337,1 nm). Auch **gütegeschaltete Festkörperlaser** finden Verwendung. Bei den blitzlampengepumpten Farbstofflasern wird die Farbstofflösung in eine lange, zylindrische Küvette gefüllt und in eine elliptische Pumpkammer, wie sie vom Festkörperlaser her bekannt ist, gebracht und optisch über eine Blitzlampe gepumpt. Zwei mögliche Pumpanordnungen für lasergepumpte, gepulste Farbstofflaser zeigen Abb. 2.85 und 2.86. In Abb. 2.85 wird der Laser **axial gepumpt**. Hier muss für den linken Spiegel ein spezieller, dielektrisch beschichteter Spiegel verwendet werden, der für die Pumpwellenlänge volle Transmission gewährleistet, während er für die Strahlung des Farbstofflasers zu 100% reflektiert. Dies wird bei der Anordnung der Abb. 2.86 vermieden, denn hier bilden Pumpstrahl und Resonatorachse einen spitzen Winkel.

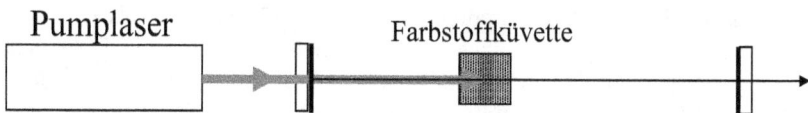

Abb. 2.85: Axial gepumpter Farbstofflaser.

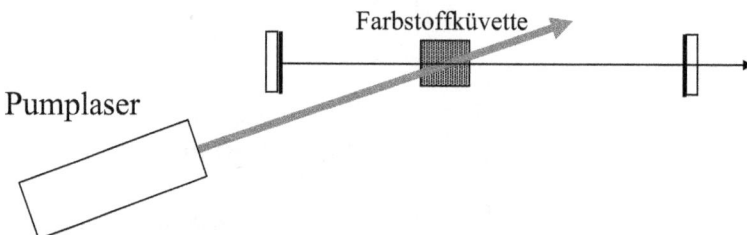

Abb. 2.86: Farbstofflaser, bei dem die Pumpstrahlung schräg in die Farbstoffküvette eingekoppelt wird.

Wegen der sehr langen Lebensdauer bestimmter, bei realen Farbstoffen auftretender Zustände und der daraus resultierenden Nichtverfügbarkeit der Moleküle für den Laserprozess, können die meisten Farbstoffe nur im gepulsten Betrieb verwendet werden. Einige Farbstoffe, z.B. Rhodamin, sind aber auch für kontinuierlichen Betrieb geeignet. Abb. 2.87 zeigt einen kontinuierlich gepumpten Farbstofflaser. Der Pumpstrahl wird unter einem Winkel zur Resonatorachse eingekoppelt. Die Farbstofflösung kann als freier Strahl einen Flüssigkeitsvorhang bilden, der im Brewsterwinkel im Resonator „steht". Das Rechteck „frequenzselektive Elemente" beinhaltet je nach Anforderung ein oder mehr Elemente, die das Spektrum das Lasers einengen. Das können **Etalons** oder auch **Lyotfilter** sein. Letzteres ist ein Filter, der die Dispersion der Drehung der Polarisationsebene in doppelbrechenden Kristallen ausnutzt. Farbstofflaser finden besonders in der Spektroskopie wegen ihrer Durchstimmbarkeit Anwendung. Auch spielen sie im Zusammenhang mit der Erzeugung ultrakurzer Laserimpulse bis in den Bereich weniger Femtosekunden eine Rolle.

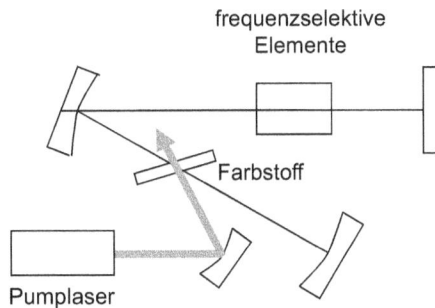

Abb. 2.87: Beim gefalteten Farbstofflaser wird die durch die Schrägstellung der Farbstoffküvette verursachte, astigmatische Verzerrung durch den resonatorinternen Umlenkspiegel kompensiert.

2.6.3   Freier-Elektronen-Laser

Dieser Laser trägt seinen Namen nur wegen der Kohärenz seiner emittierten Strahlung. Ansonsten hat er mit den bisher besprochenen Energie-Niveaus nichts zu tun. Er besitzt noch nicht einmal ein laseraktives Medium. Die Strahlung wird nämlich von einem Strahl freier Elektronen erzeugt, die keine diskreten Energieniveaus besitzen. Mit **Freien-Elektronen-Lasern (FEL)** wurden bereits Laser im Wellenlängenbereich von 4 nm bis 1 mm realisiert. Einzelne Laser sind natürlich nur in Teilbereichen abstimmbar.

Beim langwelligen Freien-Elektronen-Laser wird ein Elektronenstrahl, der in einem Teilchenbeschleuniger auf hohe Geschwindigkeit gebracht wurde, über ein Magnetfeld in einen **Undulator** eingekoppelt (Abb. 2.88a). Dieser besteht aus alternierend angeordneten starken Magneten, die die Elektronen auf eine räumlich wellenförmige Bahn zwingen. Ursächlich dafür ist die Lorentzkraft (siehe auch Abb. 2.64). Wegen der periodischen Beschleunigung der Elektronen senden sie elektromagnetische Strahlung aus. Diese überholt den Elektronenstrahl längs des Resonators und wechselwirkt mit den Elektronen. Sie werden dadurch abgebremst oder beschleunigt. Aus dem Elektronenstrahl wird eine Folge von Elektronenpaketen in Form kleiner Scheibchen, die senkrecht auf der Resonatorachse stehen. Dadurch synchronisiert sich die emittierte Strahlung und liefert kohärente Strahlung. Freie-Elektronen-Laser im UV- und Röntgenbereich arbeiten in der Regel als **Superstrahler** (Abb. 2.88b) (SASE-FEL, <u>s</u>elf-<u>a</u>mplified <u>s</u>pontaneous <u>e</u>mission).

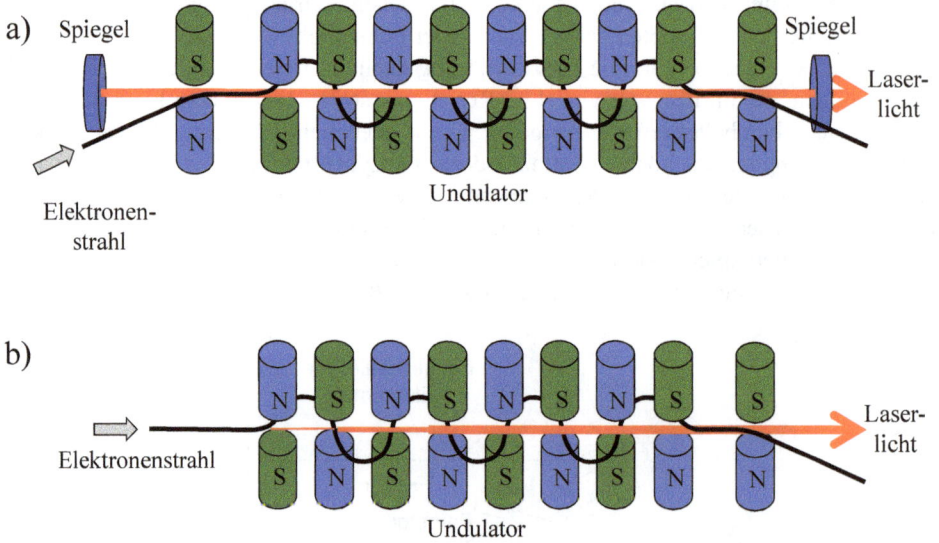

Abb. 2.88: Prinzip des Freie-Elektronen-Lasers im Infraroten (a) und UV- bzw. Röntgenbereich (b).

Der Aufwand für den Bau eines Freien-Elektronen-Lasers ist enorm, so dass der Betrieb fast ausschließlich Forschungseinrichtungen vorbehalten ist. Besonderes Interesse gilt hier der Erzeugung extremer Wellenlängen im Infraroten und vor allem im Röntgenbereich. Hier können Impulsdauern unter 50 fs realisiert werden.

3 Einige Anwendungsbeispiele für Laser

Laser haben sich heute auf vielen Gebieten als geeignetes Werkzeug etabliert. Es würde den Rahmen dieses Buches sprengen, wollte man lückenlos alle möglichen Anwendungen besprechen. Es soll hier eine Auswahl getroffen werden, die die Bandbreite der möglichen Anwendungen aufzeigt. Für eine ausführliche Darstellung sei auf weiterführende Literatur verwiesen [Bliedtner 2013][Rubahn 2005][Trumpf 2005]. Hier sollen nur einige Anwendungen herausgegriffen werden, bei denen laserspezifische Strahlungseigenschaften eine Rolle spielen: die starke räumliche und zeitliche Bündelbarkeit des Laserlichtes sowie seine guten Kohärenzeigenschaften.

3.1 Nutzung der starken räumlichen Bündelung

3.1.1 Laserschneiden

Das **Laserschneiden** hat in der industriellen Materialbearbeitung seinen festen Stellenwert. Der Laser bearbeitet das Werkstück berührungslos und verschleißfrei. Es ist insbesondere das Herausarbeiten dünner Stege, was mit konventionellen Werkzeugen wegen der Verformung des Werkstücks schwer oder gar nicht zu realisieren ist, möglich. Unschlagbar ist der Laser in der Einzelteil- oder Kleinserienfertigung, bei der eine häufige Änderung der Geometrie gefordert wird.

Die beim Laserschneiden nötigen hohen Intensitäten werden durch **kurzbrennweitige Linsen** erzeugt, die den Strahl bündeln. Er wird zusammen mit einem Schneidgas durch eine **Schneiddüse** geführt, bevor er auf das Werkstück trifft. Durch die hohe Strahlungsflussdichte wird das Material geschmolzen und schließlich verdampft. Je nach Verfahren tritt auch eine chemische Reaktion, z.B. eine Oxidation, ein. Beim Schneidprozess treten also die drei Phasen – fest, flüssig und gasförmig – in der Schneidfuge auf (Abb. 3.1). Je nach Material und Prozessführung unterscheidet man verschiedene Schneidverfahren [Steen 1998]:

Schmelzschneiden

Hier wird mit dem Laserstrahl das Material, z.B. Gläser, Kunststoffe oder bestimmte Metalle (z.B. Titan) aufgeschmolzen und zu einem kleinen Teil verdampft. Der Gasstrahl bläst die Schmelze aus der Schnittfuge. Um Oxidation zu verhindern, wird in der Regel ein Inertgas verwendet. Nachteilig bei diesem Verfahren sind die hohe benötigte Energie sowie die große Erwärmungszone.

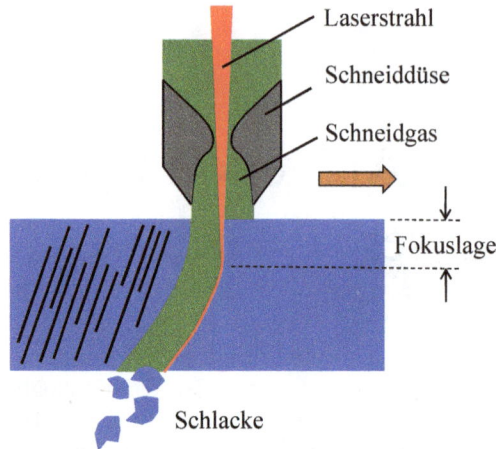

Abb. 3.1: Schnitt längs der Schneidfuge bei einem Laserschnitt.

Brennschneiden

Wird das Inertgas beim Schmelzschneiden durch Sauerstoff oder ein sauerstoffhaltiges Gemisch ersetzt, kommt es zu einer exotherm verlaufenden Reaktion in der Schnittfuge. Aufgrund der zusätzlich freigesetzten Wärme ist die Bearbeitung größerer Materialdicken bei gleicher Laserleistung möglich. Die Oxidationsprodukte werden durch den Gasstrahl ausgetrieben. Allerdings bildet sich eine Oxidschicht auf der Schnittfläche.

Sublimationsschneiden

Hier wird mittels des Laserstrahls das Material der Schneidfuge direkt vom festen in den gasförmigen Aggregatzustand überführt. Gearbeitet wird mit einem Inertgas. Das Verfahren erfordert von den bisher genannten Verfahren den höchsten Energieeinsatz, da das Material der Fuge zunächst geschmolzen und dann noch verdampft werden muss. Bei Metallen sind daher nur langsame Bearbeitungsgeschwindigkeiten zu erzielen. Geeignete Materialien sind Kunststoffe, Holz, Papier und Keramik.

Bruch durch Thermoschock

Manche Materialien, z.B. manche Gläser, lassen sich trennen, indem man mit dem Laser eine Wärmespur auf die Oberfläche des Materials legt. Durch die Längenausdehnung des Materials kommt es zu Spannungen und zur Rissbildung. In gewissen Grenzen lässt sich der Riss durch die Spur des Lasers „führen".

Perforierung

Hier wird eine dünne Rinne oder eine Reihe von Löchern ins Material geschossen. In der Regel werden Laserimpulse hoher Energiedichte verwendet. Das Material wird zumeist verdampft. Anschließend kann das Material längs der Perforierung zerbrochen werden.

Alle diese Verfahren verwenden einen Gasstrahl, der durch eine **Schneiddüse** auf das Werkstück geführt wird. Abb. 3.2. zeigt eine solche Düse im Querschnitt. Die Laserstrahlen leistungsstarker Materialbearbeitungslaser werden in aller Regel durch Umlenkspiegel oder durch Lichtwellenleiter vom Laser zur Bearbeitungsstation geführt. Im ersten Fall verläuft der Strahl von Spiegel zu Spiegel in Rohren, um ein unbeabsichtigtes Hineingreifen oder Hineinblicken des Personals in den Strahl zu verhindern. Am Ende des letzten Rohres sitzt die **Schneidlinse**. Bei CO_2-Lasern sind kurzbrennweitige Linsen bis etwa 1,5 Zoll in Gebrauch. Hinter der Linse wird seitlich das **Schneidgas** eingekoppelt. Da die dünne Scheiddüse die einzige Öffnung ist, strömt das Gas dort mit hoher Geschwindigkeit aus. Der mögliche Druck vor der Düse hängt von der Beschaffenheit der Linse ab. Es sind spezielle **Hochdrucklinsen** erhältlich, die Drücken bis 15 bar standhalten. Damit lassen sich sehr hohe Ausströmgeschwindigkeiten des Schneidgases realisieren.

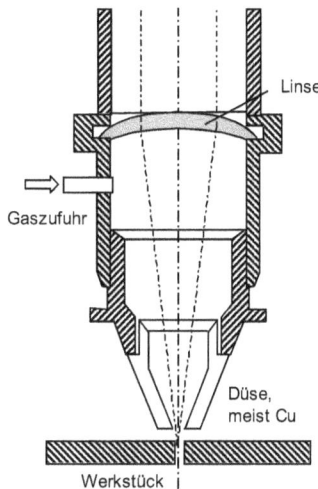

Abb. 3.2: Schnitt durch eine Laserschneiddüse.

Die eigentliche Schneiddüse ist aus einem anderen Material als das restliche Rohr. Meist wird **Kupfer** verwendet, da es eine **gute Wärmeleitfähigkeit** besitzt und selbst schwer durch Laser zu schneiden ist. Eine leichte Fehljustierung des Strahls innerhalb der Düse führt zu starkem Abbrand derselben. Auch bei perfekter Justierung muss die Düse von Zeit zu Zeit erneuert werden.

Über die Verstellung des Tubus wird der Abstand der Linse von der Werkstückoberfläche eingestellt. Zur Fokussierung des Strahls werden in der Regel **Einzellinsen** verwendet, seltener Linsensysteme. Über eine Feinverstellung des Bearbeitungskopfes kann der Abstand der Düsenöffnung von der Werkstückoberfläche verändert werden. Das beeinflusst die Geschwindigkeit des Gases in der Fuge und damit entscheidend die Schnittgüte. Die Schnittkanten werden nämlich durch den Strahl gekühlt und Schmelze sowie Schlacken werden aus der Fuge getrieben. Eine weitere wichtige Funktion des Arbeitsgases ist der Schutz der Linse vor den in der Schneidfuge entstehenden Dämpfen.

Der **Düsenmündung** kommt besondere Bedeutung zu [VDI 1993]. Sie bestimmt den **Gasverbrauch**, den **minimalen Abstand Düse-Werkstück** und die **maximale Effizienz des**

Schmelzaustriebs. In der Praxis verwendet man konisch konvergente, zylindrische oder auch konisch divergente Düsenaustrittsgeometrien [Edler 1991]. Besonders aufwändig zu fertigen ist die **Lavaldüse** (Abb. 3.3.). Eine Homogenisierung der Strömung sowie eine Erhöhung der Gasgeschwindigkeit durch die Expansion werden durch eine **konische Erweiterung der Düsenöffnung** erreicht. Hierbei müssen aber Düsenvordruck, Durchmesser des engsten Querschnitts sowie Mündungsdurchmesser aufeinander abgestimmt werden. Häufig wird statt einer Lavaldüse die **konisch divergente Düsengeometrie** verwendet. Wichtig für das Schneidergebnis ist bei allen Düsen die exakte Ausrichtung des Laserstrahls koaxial zum Gasstrahl.

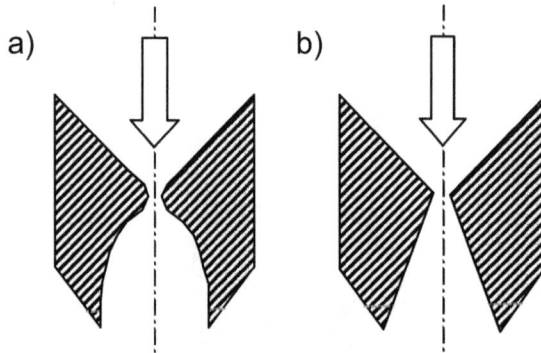

Abb. 3.3: Lavaldüse und – als leicht zu fertigende Ersatzdüse – eine konisch divergente Düsengeometrie.

Die Bearbeitung von Metall mittels Laserstrahlung stößt zunächst auf ein grundsätzliches Problem: Metalle haben einen **hohen Reflexionsgrad**. Das bedeutet, dass ein Schneiden mit einem gebündelten Lichtstrahl sehr schwierig sein dürfte, denn der größte Teil der eingetragenen Strahlungsenergie wird einfach an der Oberfläche reflektiert, ohne diese zu erwärmen. Nun ist es aber so, dass **bei den hohen Leistungsdichten** eines fokussierten Laserstrahls eine Reihe **nichtlinearer Prozesse** ablaufen, die zu einer **Erhöhung des Absorptionsgrades** (anomale Absorption) führen. Zum Beispiel steigt die Phononendichte im Metall, wenn man die Temperatur erhöht. Die Zahl der Stöße von Elektronen, die sich mit dem elektrischen Feld bewegen und die Reflexionseigenschaften des Metalls bestimmen, mit Phononen wird damit größer und dadurch auch der Absorptionsgrad des Materials [Beyer 1998].

Beim Brennschneiden von un- oder niedriglegiertem Stahl lassen sich mit einem 1000 W-Strahl bei einer Blechdicke von 1 mm Schneidgeschwindigkeiten von 10 m/min erzielen [VDI 1993]. Geschnitten wird in der Regel mit **zirkular polarisiertem** Strahl. Bei metallischen Werkstoffen hängt die Absorption der Laserstrahlung gemäß den Fresnelschen Formeln bei großen Einfallswinkeln stark von der Polarisation ab. Zum Beispiel beträgt der Reflexionsgrad von Molybdän bei einem Einfallswinkel von 70° nach Abb. 3.4 für senkrechte Polarisation etwa 82%, während er für parallele Polarisation nur bei ca. 23% liegt. Dies hat Konsequenzen, wenn mit linear polarisiertem Strahl gearbeitet wird [Nuss 1987]. Da sich nach Abb. 3.5 zwischen der Richtung des Laserstrahls und der absorbierenden Fläche innerhalb der Schnittfuge ein Winkel β einstellt, der u.a. von der Vorschubgeschwindigkeit abhängt, ist die Absorption höher, wenn die Vorschubrichtung in der Schwingungsebene des Feldstärkevektors liegt, d.h. wenn der Vektor der elektrischen Feldstärke gegen oder in

Schneidrichtung zeigt. Damit bei wechselnden Schneidrichtungen keine richtungsabhängigen Qualitätsunterschiede entstehen, wählt man daher zirkulare Polarisation.

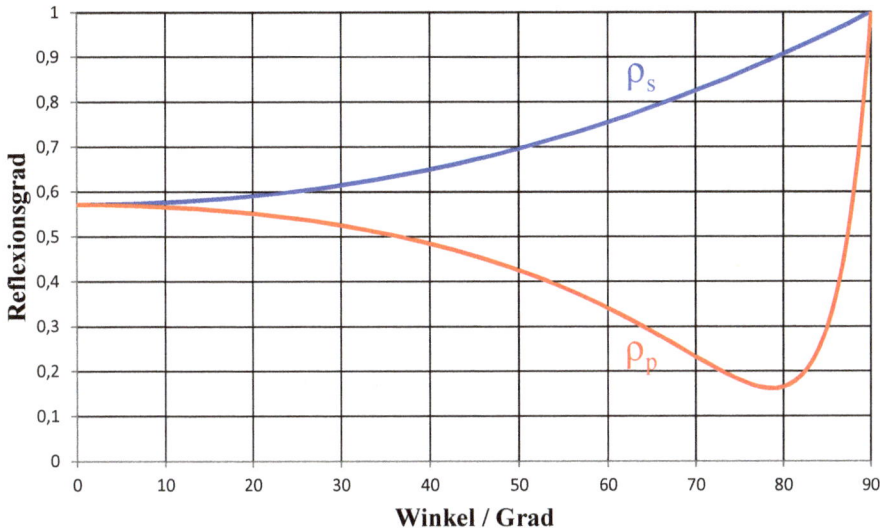

Abb. 3.4: Reflexionsgrad als Funktion des Einfallswinkels für Molybdän für eine Wellenlänge von 620 nm. Die blaue Kurve zeigt den Reflexionsgrad für Licht, das senkrecht zur Einfallsebene polarisiert ist; die rote Kurve zeigt ihn für parallel polarisiertes Licht.

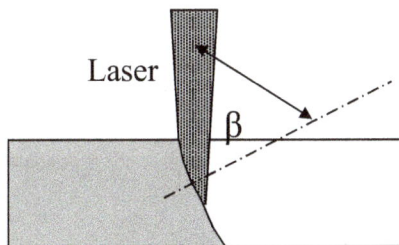

Abb. 3.5: Zwischen der Richtung des Laserstrahls und der Auftreffstelle in der Schnittfuge stellt sich ein Einfallswinkel β ein.

Unlegierte Stähle lassen sich leichter schneiden als legierte und hochlegierte, chemisch beständige Stähle. Bei den Nichteisenmetallen hat Aluminium ein gegenüber Stahl wesentlich höheres Reflexionsvermögen, besonders im Infrarotbereich. Aufgrund der gleichzeitig hohen Wärmeleitfähigkeit wird die in die Schnittfuge eingebrachte Wärme sehr schnell ins Werkstückinnere abgeleitet und fehlt für den Schneidprozess. Die erzielbaren Schneidgeschwindigkeiten sind daher geringer als beim unlegierten Stahl und liegen, wenn man optimale Schneidqualität fordert, in einem sehr engen Bereich. Das Schneiden von Kupfer erfordert aus dem gleichen Grund eine hohe Mindestleistung, um den Schneidprozess überhaupt in Gang zu bringen.

Thermoplaste wie z.B. **Polypropylen, Plolystyrol** oder **Polyamid** lassen sich **gut schmelzschneiden**. Die Schnittflächen zeigen kaum Verkohlung und haben eine gute Oberflächenqualität. Etwas höhere Verkohlung bei gleichzeitig glatter Schnittfläche zeigen die Du-

roplaste (Polyurethan, Phenol, Epoxidharze). **Größere Probleme machen die Verbund-**
werkstoffe: die Erweichungstemperatur der Fasern – bei Glasfasern z.B. 1200°C – liegt viel
höher als die Zersetzungstemperatur des Kunststoffs, in den sie eingebettet sind. Daher ragen
nach dem Schnitt Faserenden aus der Schnittfläche. Außerdem kann die durch die Faser ins
Material geleitete Wärme zu weiterer Schädigung führen [König 1989].

Die Qualität eines Laserschnittes hängt von sehr vielen Parametern ab. Meist ist es nötig, für
die vorliegenden Materialien und Materialdicken die Schneidparameter durch Versuchsrei-
hen zu bestimmen. Zu den qualitätsbeeinflussenden Parametern zählen Druck und Art des
Schneidgases, die Form der Schneiddüse und ihr Abstand von der Materialoberfläche, die
Brennweite der Schneidlinse und ihr Abstand von der Materialoberfläche sowie die Schneidgeschwindigkeit. Beim Schmelz- und Sublimationsschneiden spielt die Art des verwendeten
Inertgases eine entscheidende Rolle. Der Schneidgasdruck bestimmt die Geschwindigkeit,
mit der das Gas in die Schnittfuge gedrückt wird und damit die Kühlung der Schnittkante
und den Austrieb von Schmelze, Schlacke, Dampf oder Oxidationsprodukten. Ungünstigs-
tenfalls bildet sich an der Unterseite der Schnittfläche ein Grat. Die maximal erzielbare
Schneidgeschwindigkeit wird bestimmt durch die Wärmeleitfähigkeit des Materials, seine
Reflektivität sowie durch die verfügbare Laserleistung.

Früher war das Laserschneiden ganz Domäne des CO_2-Lasers. Er schneidet Stähle bis über
30 mm Dicke. Hochlegierte Stähle können bis ca. 25 mm Dicke bearbeitet werden, Aluminium
bis 15 mm Dicke [Trumpf 2008]. Inzwischen haben sich die **diodengepumpten Festkörperla-**
ser etablieren können. Neben ihrem einfacheren und störungsunempfindlicheren Aufbau sowie
ihrem höheren Wirkungsgrad hat die Wellenlänge im nahen Infrarot Vorteile. Hier sind bei
Bunt- und Edelmetallen die Absorptionskoeffizienten höher als bei der Strahlung des CO_2-
Lasers. Auch werden bei der Stahlbearbeitung zunehmend Festkörperlaser eingesetzt, da sich
ihr Strahl über Lichtwellenleiter ans Werkstück führen lässt. Schnitte bei schwierigen Geometrien lassen sich jedoch auch mit dem CO_2-Laser bearbeiten. Abb. 3.6 zeigt ein Beispiel.

Abb. 3.6: Bearbeitungskopf einer CO_2-Laseranlage, der Schrägschnitte bis 45° beim Laser-Rohrschneiden ermöglicht. Quelle: TRUMPF GmbH + Co. KG.

3.1.2   Laserschweißen

Das **Laserschweißen** wurde deutlich später industriell eingeführt als das Laserschneiden. Der Durchbruch kam erst Ende der achtziger Jahre des vorigen Jahrhunderts. In der BRD wurden die ersten Laserschweißanlagen zum Schweißen von Tassenstößeln für den hydraulischen Ventilspielausgleich in Benzinmotoren eingesetzt [Schanz, 1987]. Das Laserschweißen zeichnet sich durch eine minimale Wärmeeinwirkzone aus. Der Einsatz an Primärenergie ist vergleichbar mit anderen Schweißverfahren, jedoch wird beim Laser die Abwärme nicht ans Werkstück abgegeben, sondern vorher schon durch Kühlung der Laseranlage abgeführt. Andere Verfahren heizen das Werkstück in weiten Bereichen auf.

Beim Laserschweißen unterscheidet man zwei Methoden. Beim **Wärmeleitungsschweißen** (Abb. 3.7) wird die Schweißnaht oberflächlich erwärmt, wobei die eingebrachte Intensität nicht ausreicht, um den Siedepunkt des Materials zu erreichen. Das Material wird vielmehr nur oberflächlich angeschmolzen und die Wärme gelangt durch **Wärmeleitung** ins Materialinnere. Die Schmelzzone ist in der Regel größer als der Laserstrahldurchmesser. Beim **Tiefschweißen** (Abb. 3.8) ist die Intensität der Strahlung so hoch, dass die Schmelze verdampft. Die Dampfzone reicht bis weit ins Material. Als Kapillare wird sie längs der zu erzeugenden Schweißnaht geführt, ist von Schmelze umgeben und wird durch den sich entwickelnden Dampfdruck stabilisiert. Ein kleiner Teil des Laserlichtes wird bereits im laserinduzierten Plasma absorbiert, der größte Teil verschwindet in dieser Kapillare und wird innerhalb mehrfach reflektiert. Nur wenig Strahlung verlässt sie wieder. Das erklärt die hohe Absorption von Strahlung und macht das Tiefschweißen überhaupt erst möglich. Bewegt man den Laserstrahl über die Naht, strömt zum Teil die Schmelze um die Kapillare herum. Nach dem Abkühlen der Schmelze in der Naht sind die Teile miteinander verschweißt.

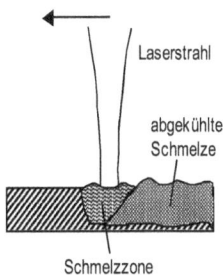

Abb.3.7: Wärmeleitungsschweißen.   **Abb.3.8:** Tiefschweißen.

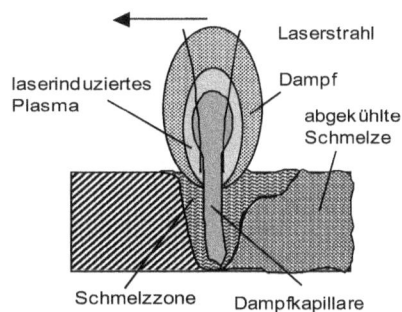

Für die Wahl der **Wellenlänge** gilt zunächst, dass beim Wärmeleitungsschweißen die Oberflächenabsorption mit der Wellenlänge wächst. Das würde für den CO_2-Laser sprechen und weniger für die Festkörperlaser. Beim Tiefschweißen allerdings, bei dem ein kleiner Teil der Strahlung durch das laserinduzierte Plasma absorbiert wird, zeigt sich wiederum ein kleiner Vorteil kürzerer Wellenlängen, denn die Absorption im Plasma sinkt mit der Wellenlänge.

Beim Tiefschweißen, für das etwa eine Intensität von $3 \cdot 10^5\,\text{W/cm}^2$ nötig ist [Miller 1987], sinkt die maximale Eindringtiefe mit steigendem Strahlradius w_0, mit der zum Verdampfen einer Volumeneinheit nötigen Gesamtenergie und mit der Vorschubgeschwindigkeit. Mit einem CO_2-Laser der Leistung 45 kW werden in Stahl Eindringtiefen von 40 mm erreicht [Beyer 1995]. Auf der anderen Seite lassen sich im Mikrobereich bereits mit wenigen hundert Watt Schweißnähte mit geringer Eindringtiefe erzeugen. So lassen sich mit einem Single-Mode-Faserlaser der Leistung 200W Edelstahlteile mit einer Geschwindigkeit von 20 m/min verschweißen, wobei die Eindringtiefe 470 µm beträgt [bias 2005]. Zu beachten ist, dass beim Edelstahl über 70m/min der sogenannte **Humping-Effekt** auftritt: die Naht wird durch lokal veränderliche Schmelzfilmdicken und Schmelztropfen (humps) an der Oberseite unsauber. Aluminium lässt sich mit dem Single-Mode-Faserlaser bei einer Einschweißtiefe von 150 µm noch mit über 200m/min verschweißen.

Das Laserschweißen hat in der industriellen Fertigung inzwischen einen festen Platz eingenommen. Abb. 3.9 zeigt beispielhaft das Laserschweißen eines Getriebeteils. Innerhalb von Fertigungsstraßen lässt sich das Laserschweißen leicht integrieren und hat eine hohe Prozessgeschwindigkeit. Es sind schlanke Nahtgeometrien realisierbar, die oft eine Nachbearbeitung überflüssig machen.

Abb. 3.9: Laserschweißen eines Getriebeteils mit einem TRUMPF TLF CO_2-Laser. Quelle: TRUMPF GmbH + Co. KG.

Eine neuere Entwicklung ist das sogenannte **Remoteschweißen** (remote, engl.: fern). Hier wird nicht mit einer Schneiddüse nahe am Werkstück gearbeitet, sondern der Laserstrahl wird mit hochpräzise geführten **Scannerspiegeln** über die Werkstückoberfläche geführt. Natürlich kann diese Technik auch zum Laserschneiden verwendet werden. Zumeist kommen **F-Theta-Linsen** zum Einsatz; dies sind **Planfeldlinsen**, die dafür sorgen, dass der Laserstrahl auch in den Randbereichen des Bearbeitungsfeldes fokussiert ist. Das Remoteschweißen hat den Vorteil, dass der Laserstrahl viel schneller positioniert werden kann als mit einem achsgetriebenen Bearbeitungskopf. Zur Verringerung des Wärmeintrags kann damit an wechselnden Stellen des Werkstücks geschweißt werden.

Die **Schweißeignung** eines Materials wird nicht nur durch dessen **Absorptionsgrad** bestimmt, sondern auch durch seine **Wärmeleitfähigkeit**. Ist diese gering, fördert ein Wärmestau im Fokuspunkt das Schmelzen des Materials. Des Weiteren beeinflusst die **Viskosität** des flüssigen Metalls das Schweißergebnis. Bei hoher Viskosität können Gaseinschlüsse nicht entweichen und führen zu einer Porösität der Schweißnaht. Der **Schmelzpunkt** der Metalle beeinflusst die Schweißfähigkeit zwar nicht direkt, jedoch muss während der Initialabsorption der Laserstrahlung der Schmelzpunkt erreicht werden. Deshalb sind Metalle mit niedrigem Schmelzpunkt in der Regel leichter zu Schweißen als solche mit hohem Schmelzpunkt. Schwierigkeiten können u.U. bei Legierungen entstehen. So können beim Messing durch Ausgasen von Zink schlechte Nähte auftreten.

3.2   Ultrakurze Laserimpulse

Eine Anwendung, die durch den Laser erst erschlossen werden konnte, ist die Bearbeitung von Stoffen mittels **ultrakurzer Laserimpulse**. Neben der räumlichen Bündelung von Licht findet hier – häufig durch Modenkopplung – auch noch eine zeitliche statt, so dass Impulse bis in den **Femtosekundenbereich** von beträchtlicher Intensität möglich sind. Bei der Wechselwirkung mit Materie gelangt man dabei in Bereiche, in denen infolge der kurzen Einwirkdauer keine Erwärmung des Stoffs mehr möglich ist, sondern in denen die Laserstrahlung die Bindungen zwischen den Atomen des Stoffes aufbricht, ohne dass eine Erwärmung der Umgebung erfolgt. Die Zeitdauer des Vorgangs ist dafür viel zu kurz. Zwei Anwendungen, bei denen man sich diesen Effekt zu Nutze macht, seien hier herausgegriffen. Der eine wird zur **Mikrojustierung von Komponenten** benutzt, der andere, medizinische, zur **Korrektur von Fehlsichtigkeit**. Schließlich ist noch ein Beispiel aus dem Bereich der **Ultrakurzzeitspektroskopie** angeführt.

3.2.1   Mikrojustierung

Im Zeitalter der Miniaturisierung steigt die Zahl der Anwendungen, bei denen Komponenten in ihrer Position relativ zueinander feinjustiert werden müssen. Biegewinkel von 0,1 mrad, das sind ca. 0,006°, sind bei Halterungen keine Seltenheit. Genannt sei in diesem Zusammenhang die Feinjustierung von Schreib- und Leseköpfen von Computerfestplatten. Solche **Feinjustierungen** können nicht mehr mit mechanischen Verstellungen verwirklicht werden.

Begonnen hat das Umformen mittels Laserstrahlen mit dem **Temperaturgradienten-Mechanismus**. Hier werden noch thermische Effekte benutzt, um eine Justierung zu ermöglichen. Das Verfahren ist aus der Makrotechnik in die Mikrotechnik übertragen worden. Ein kleiner Bereich des zu verformenden Werkstücks (Abb. 3.10a) wird erwärmt. Durch die einseitige Erwärmung der Oberfläche verbiegt sich das Werkstück zunächst infolge der Längenausdehnung dachförmig (Abb. 3.10b). Bei weiterer Bestrahlung bzw. Wärmezufuhr wird die bestrahlte Stelle plastisch verformt (Abb. 3.10c). Nach Beendigung der Wärmezufuhr kommt es zum Temperaturausgleich: der bestrahlte Bereich kühlt ab und zieht sich zusammen, während der darunterliegende Bereich durch Wärmeleitung langsam warm wird und sich ausdehnt. Das führt zunächst zu einer Begradigung und dann zu einer V-förmigen Verformung des Werkstückes (Abb. 3.10e), die auch nach völliger Auskühlung erhalten bleibt (Abb. 3.10f).

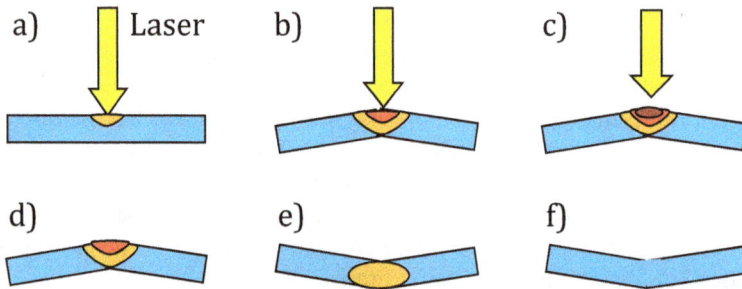

Abb. 3.10: Die einzelnen Phasen des Temperaturgradienten-Mechanismus: a) Beginn der Erwärmung; b) Thermische Expansion der oberen Schicht; c) Plastische Verformung des obersten bestrahlten Bereichs (dunkelrot); d) Nach Abschalten des Lasers Temperaturausgleich zwischen oberen und tieferen Schichten; e) V-Form entsteht durch Dehnung der unteren und Zusammenziehen der oberen Schicht; f) Nach Abkühlung bleibt die V-Form erhalten.

Obwohl mit dem Verfahren eine Genauigkeit von ca. $\pm 1 \mu m$ erreicht werden kann, besitzt es doch den Nachteil einer **langen Prozessdauer**, da das Ergebnis der Justierung erst nach der Abkühlung beurteilt werden kann. Trotzdem ist es inzwischen ein Standardverfahren geworden, z.B. bei der Justierung von Relaiskontakten oder bei der Justierung von Leseköpfen in CD-Spielern. Ein erst kürzlich entwickeltes Verfahren, das eine Genauigkeit des Biegewinkels von $\pm 1 n r a d$ ermöglicht, ist die **Mikro-Schockwellenumformung** [Bechtold 2007]. Hier werden Impulse mit einer Dauer von ca. 100 fs verwendet, die auf das Werkstück fokussiert werden. Ist die Intensität auf der Werkstückoberfläche hoch genug ($> 10^{14}$ W/cm^2), wird der die Strahlung absorbierende Bereich in den Plasmazustand überführt (Abb. 3.11). Bei der Expansion dieses Plasmas entsteht eine Schockwelle, die das Material räumlich begrenzt plastisch verformt. Abb. 3.12 zeigt das Schliffbild für zwei derart behandelte Materialien, nämlich Silizium und Stahl. Beim Stahl erscheint der Bereich der Gefügeumwandlung durch Anätzung hell. Aufgrund der kurzen Prozessdauer kommt es kaum zu einer Wärmebelastung des Materials.

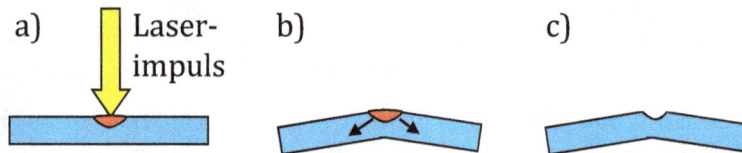

Abb. 3.11: Mikro-Schockwellenumformung: a) Ein ultrakurzer Laserimpuls wird an der Oberfläche absorbiert und bildet ein Plasma; b) Die Expansion des Plasmas führt zu einer Schockwelle, die das Material verformt; c) Zurück bleibt nach Abkühlung eine dauerhafte Verformung.

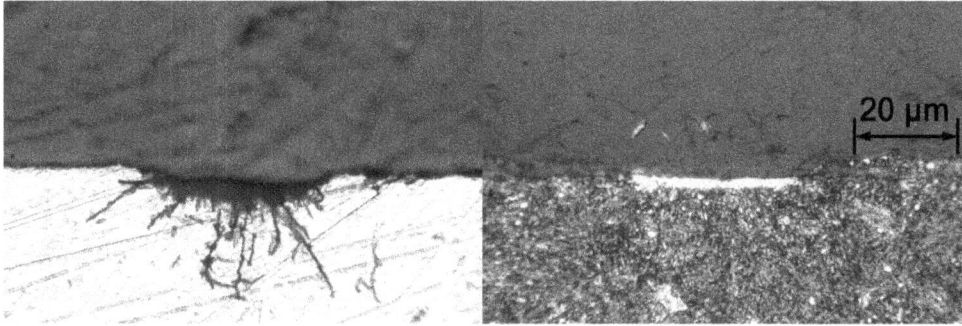

Abb. 3.12: Schliffbilder von bestrahlten Oberflächen, links Silizium und rechts Stahl. Quelle: BLZ Erlangen, [Bechtold 2007].

Da mit einer festen Impulsfolgefrequenz von 1kHz und einer festen Impulsenergie von ca. 900µJ gearbeitet wird, bedeuten hohe Vorschubgeschwindigkeiten bei der Bestrahlung geringe Impulsanzahl auf der Probe, geringe Vorschubgeschwindigkeiten ergeben hohe Impulsanzahl und damit höhere Biegewinkel. Das Ergebnis zeigt Abb. 3.13 für Silizium, Kupfer und Stahl. Kupfer zeigt dabei infolge der guten plastischen Verformbarkeit die höchsten Biegewinkel.

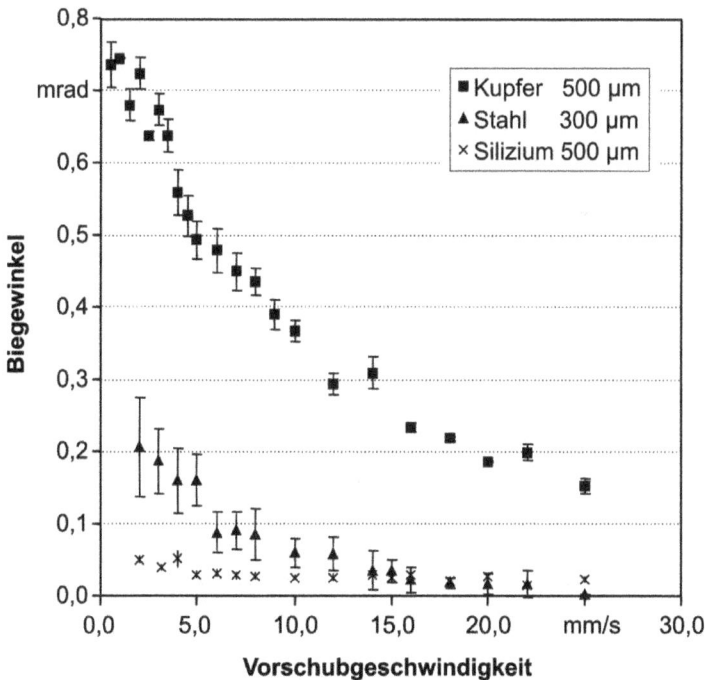

Abb. 3.13: Erzielter Biegewinkel für Kupfer, Stahl und Silizium als Funktion der Vorschubgeschwindigkeit. Behandelt wurde mit einer Wellenlänge von 800 nm, Einzelimpulsenergie 900 µJ und einer Impulsfolgefrequenz von 1 kHz bei einem Fokaldurchmesser von 30 µm. Quelle: BLZ Erlangen, [Bechtold 2007].

3.2.2   Laser in-situ Keratomileusis (LASIK)

Hinter diesem Wortungetüm verbirgt sich die derzeit am häufigsten angewandte Methode zur Korrektur von Fehlsichtigkeit. Sie sei am Beispiel der **Kurzsichtigkeit**, der **Myopie**, erläutert. Diese entsteht, wenn die Brechkraft des optischen Systems des Auges zu groß ist. Das Bild sehr weit entfernter Gegenstände liegt damit vor der Netzhaut. Theoretisch kann das daran liegen, dass die Hornhautkrümmung oder die Linsenkrümmung zu groß oder das Auge zu lang gebaut ist. Betrachtet der Kurzsichtige nahe gelegene Gegenstände, sieht er sie scharf. Kommt die Akkommodation der Augenlinse hinzu, können Kurzsichtige sehr nahe vor dem Auge liegende Gegenstände noch scharf sehen. Weit entfernte Gegenstände dagegen erscheinen unscharf. Zur Korrektur dieser Fehlsichtigkeit werden **Brillengläser mit negativer Brennweite** benötigt. Die Idee einer chirurgischen Korrektur der Myopie zielt darauf ab, die Hornhautkrümmung abzuflachen. Nachdem Versuche, die Hornhaut durch kleine Einschnitte abzuflachen, wenig erfolgreich waren, kam mit der **photorefraktiven Keratektomie** erstmals der Laser ins Spiel und es wurde zum ersten Mal in der optischen Zone des Auges **Gewebe ablatiert**, also abgetragen. Hierzu wurde die dünne **Epithelschicht** (Abb. 3.14) der Hornhaut mechanisch oder chemisch entfernt. Dann wurde das **Stroma** durch Laserimpulse abgetragen und dadurch die Hornhaut abgeflacht. Die Epithelschicht bildet sich – unter großen Schmerzen – innerhalb von zwei bis drei Tagen neu.

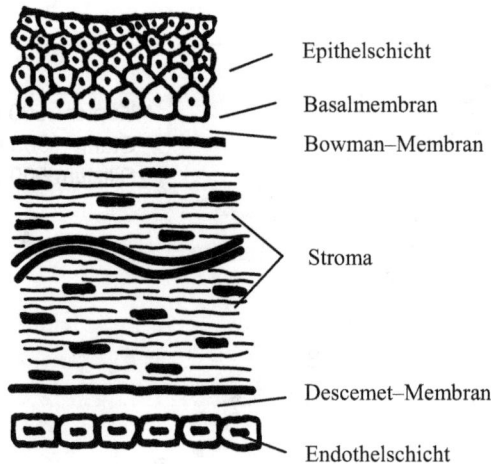

Abb. 3.14: Aufbau der Augenhornhaut (nicht maßstäblich, das Stroma macht etwa 90% der Hornhautdicke aus).

Einige Nachteile des Verfahrens – z.B. **reduziertes Kontrastsehen** aufgrund entstandener Oberflächenrauhigkeit – führten zu einer verbesserten Version des Verfahrens, der **Laser in-situ Keratomileusis**, kurz **LASIK**. Hier wird das Epithel nicht entfernt, sondern mit einem mikromechanischen Präzisionsmesser wird ein dünnes Scheibchen der Hornhaut angeschnitten und auf die Seite geklappt (Abb. 3.15). Die Behandlung mit dem Laser erfolgt und nach Abschluss wird das Scheibchen wieder zurückgeklappt. Es wächst am Rand in wenigen Tagen, in der Mitte in einigen Wochen, wieder an. Die schmerzempfindliche Epithelschicht wird dadurch nicht flächig beschädigt, so dass das Verfahren schmerzfreier ist als die photorefraktive Keratektomie.

Gearbeitet wird bei LASIK mit einem **ArF-Excimerlaser**, der bei der Wellenlänge von 193nm arbeitet. Wichtig ist dabei, dass bei dieser Wellenlänge die Hornhaut gut absorbiert, damit eine Schädigung hinterer Augenpartien ausgeschlossen ist. Die Dauer der verwendeten Impulse liegt bei ca. 10 ns, einer Zeit, die zu kurz ist, um das Gewebe thermisch zu schädigen.

Die abzutragenden Materialstärken als Funktion des Ortes werden über einen Computer berechnet. Ausgangspunkt hierbei ist die genaue Vermessung der Hornhaut sowie des zu korrigierenden Sehfehlers. Je nach Dicke der Hornhaut können mehr oder weniger große Korrekturen durchgeführt werden. Anhaltswerte sind etwa der Ausgleich von –10 dpt bei Kurzsichtigkeit bzw. +4 dpt bei Weitsichtigkeit. Auch Astigmatismus kann in gewissen Grenzen korrigiert werden. Die Korrektur ist nur insoweit möglich, als noch eine **Restdicke** der Hornhaut nach der Ablation **von ca. 250 μm** vorhanden ist. Bei der Ablation selbst werden die Laserimpulse über Scannerspiegel in genau festgelegter Anzahl und Energie entsprechend der Brechkraftkorrektur auf das Stroma gelenkt.

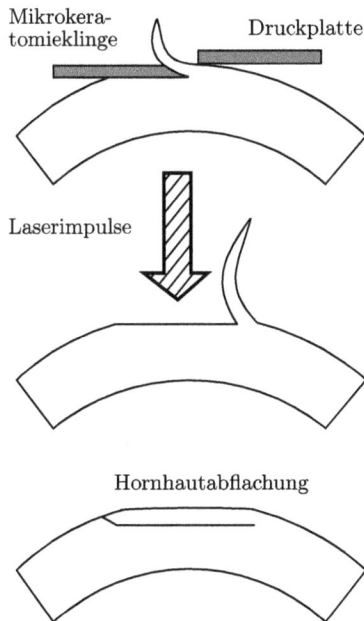

Abb. 3.15: Beim LASIK-Verfahren wird mit einer feinen Klinge die Ephithelschicht abgehoben und dann durch Laserimpulse die Hornhaut abgeflacht.

3.2.3   Ultrakurzzeitspektroskopie

Bei der **Ultrakurzzeitspektroskopie** geht es darum, das Abklingverhalten der Besetzung schnell veränderlicher angeregter Zustände zu untersuchen und die entsprechende **Relaxationszeit** anzugeben. Dabei kann z.B. das Abklingverhalten elektronischer oder vibronischer Zustände eines Moleküls beobachtet werden. Das Prinzip besteht darin, dass ein bestimmter Zustand mit Hilfe eines sehr kurzen Laserimpulses geeigneter Frequenz angeregt wird. Dabei ist wesentlich, dass der anregende Impuls deutlich kürzer ist als die zu beobachtende Relaxationszeit. Heute können Impulse mit einer Dauer von **wenigen Femtosekunden** erzeugt werden. Man beachte, dass ein 10 fs-Impuls in Luft gerade einmal die Länge von 3 μm hat! Zur Bestimmung der Relaxationszeiten sind unterschiedliche Abfragetechniken möglich. Durch die beträchtliche Intensität des Anregeimpulses kann nach Abb. 3.16 z.B. eine hohe Besetzungsdichte im Niveau mit der Energie E_1 erzeugt werden. Dadurch erhöht sich nach dem verallgemeinerten Beerschen Gesetz (Gl. 1.147) die Transmission, denn der Wert von $n_1 - n_0$ verändert sich. Wird im einfachsten Fall ein Abfrageimpuls der gleichen Frequenz zeitverzögert hinterhergeschickt, kann über die wieder auf den stationären Wert absinkende Transmission die Relaxationszeit der Besetzung des Niveaus der Energie E_1 beobachtet werden. Eine andere Möglichkeit ist, einen zweiten, ultrakurzen Laserimpuls mit der Frequenz $\Delta E / h = (E_2 - E_1) / h$ hinterherzuschicken. Dann kann, bedingt durch die Besetzung im Niveau E_1, Absorption durch Übergänge ins Niveau E_2 beobachtet werden. Würde vorher kein Anregungsimpuls durch die Probe geschickt, wäre die Besetzung des Niveaus E_1 null und es würde keinerlei Absorption beobachtet. Die Probe wäre für den Abfrageimpuls transparent. Fragt man zu verschiedenen Zeiten ab, kann das **Abklingen der Besetzung** des Niveaus E_1 beobachtet werden.

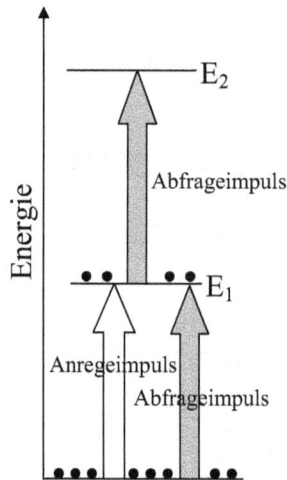

Abb. 3.16: Durch Messung der Absorption mittels eines gegen den Anregeimpuls zeitverzögerten Abfrageimpulses kann das Abklingen der Besetzung in Energieniveaus gemessen werden.

Abb. 3.17 zeigt ein typisches Ergebnis einer Messung mit einem Abfrageimpuls gleicher Frequenz wie der Anregungsimpuls. Die Transmission klingt mit einer Relaxationszeit τ exponentiell ab. Dies würde in logarithmischer Darstellung zu einem linearen Verlauf der Abklingkurve führen.

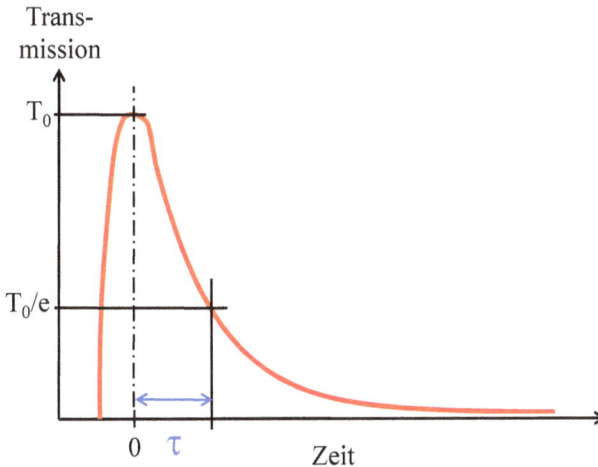

Abb. 3.17: Transmission des Abfrageimpulses als Funktion der Verzögerungszeit.

Die zeitliche Synchronisation zwischen dem Anrege- und Abfrageimpuls ist auf diesen kurzen Zeitskalen nicht mehr mit zwei getrennten Lasern möglich. Vielmehr wird der in der Regel schwächere Abfrageimpuls durch einen Strahlteiler vom Anregeimpuls abgeleitet. Die zum Anregeimpuls meist unterschiedliche Frequenz wird beim Abfrageimpuls durch Frequenzkonversion mittels nichtlinearer Prozesse erzeugt. Durch variable geometrische Umwegleitungen wird der Abfrageimpuls definiert verzögert.

3.3 Nutzung der Kohärenzeigenschaften

Zu den herausragenden Eigenschaften der Laserstrahlung gehört ihre hohe Kohärenz. Sie ermöglicht Interferenzexperimente, die mit klassischen Lichtquellen nicht möglich sind. Das erschließt eine ganze Reihe von Anwendungsmöglichkeiten, von denen hier zwei herausgegriffen werden sollen: die **Holographie** und die **Laser-Doppler-Anemometrie**.

3.3.1 Holographie

Ziel der **Holographie** ist es, in einem zweidimensionalen Bildspeicher die vollständige optische Information über ein dreidimensionales Objekt zu speichern. Mittels der konventionellen Photographie gelingt dies nicht, da hier nur Intensitäten des vom Objekt emittierten Wellenfeldes gespeichert werden. Zwar wurden schon Mitte des vorigen Jahrhunderts Postkarten und Bilder hergestellt, die einen gewissen 3d-Effekt erzielten. Diese „Wackelbilder" ermöglichen über Linsenrasterfolien je nach Blickrichtung die Wahrnehmung von Bildern dreidimensionaler Objekte aus unterschiedlichen Perspektiven [Schubert 2000]. Doch erst mit der Holographie wurde ein halbwegs befriedigendes Verfahren zur Speicherung und Wiedergabe dreidimensionaler Bildinformationen gefunden. Mit der zusätzlichen Registrierung und Speicherung der Phasen ist die spätere Rekonstruktion eines dreidimensionalen Abbilds des Gegenstandes möglich. Unabdingbar ist hierfür eine hinreichend kohärente Lichtquelle.

In Abb. 3.18 ist ein dem Michelson-Interferometer ähnlicher Aufbau mit gleich langen Ästen angegeben. Das kohärente Licht eines Lasers wird mittels eines Strahlteilers in zwei Teile zerlegt. Ein Teil trifft senkrecht auf einen Spiegel und wird in sich selbst zurückreflektiert. Der andere Teil trifft auf ein relativ einfaches, **dreidimensionales Objekt**: ein gerader Kreiskegel mit geringster Höhe, also sehr stumpfem Winkel β an der Spitze, der auf einer Ebene steht. Vom Objekt wird Licht in Richtung des Strahlteilers zurückgestreut. Dort überlagert es mit dem vom Spiegel kommenden Licht und beleuchtet einen Schirm. Es entsteht dort das in Abb. 3.18 gezeigte Interferenzbild. Dieses Bild beinhaltet alle Oberflächeninformationen des dreidimensionalen Objekts: die Höhe h des Kreiskegels steckt in der **Zahl der Interferenzringe** und der Winkel $\alpha = 180° - \beta$ steckt im **radialen Abstand der Interferenzringe.**

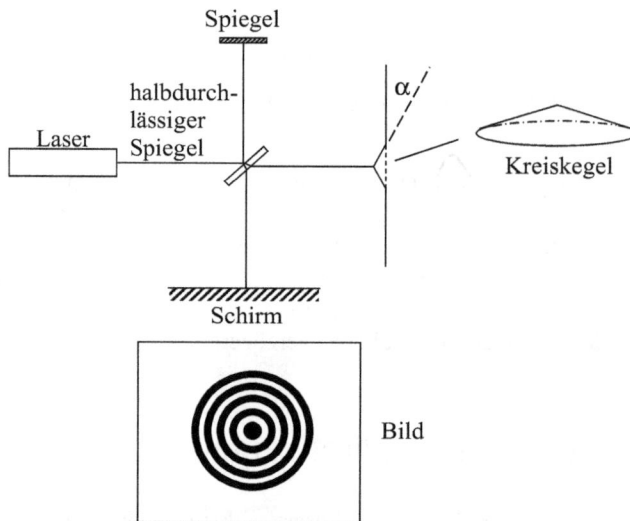

Abb. 3.18: Die am Spiegel reflektierte Strahlhälfte wirkt als Referenzwelle und ergibt zusammen mit dem am Objekt gestreuten Licht auf dem Schirm eine Art Hologramm.

Mittels eines ungestörten Anteils der elektromagnetischen Welle, der **Referenzwelle**, ist ein Interferenzbild entstanden. Bei bekannter Wellenlänge und Beschaffenheit der Referenzwelle kann das dreidimensionale Objekt daraus jederzeit wieder rekonstruiert werden. Wird das entstandene Bild auf einer Photoplatte festgehalten, besitzt man schon ein einfaches Hologramm. Allerdings ist das Experiment hier sehr idealisiert dargestellt. Um das beschriebene Interferenzmuster zu erhalten, bräuchte man eine exakte ebene Welle. Aus Kap. 2.2.2 ist bekannt, dass ebene Phasenfronten bei einem Laserstrahl lediglich in der Strahltaille auftreten. Eine ausgedehnte ebene Welle ist also nicht möglich, die Phasenfronten besitzen außerhalb der Taille stets einen, wenn auch großen, Krümmungsradius. Insofern würden sich **bei unterschiedlichen Weglängen** der beiden überlagerten Teilstrahlen auch ohne Kreiskegel bereits Interferenzringe bilden.

Um das Vorgehen bei der Rekonstruktion des dreidimensionalen Bildes zu verdeutlichen, soll zunächst das **Hologramm einer kohärenten Punktlichtquelle** erzeugt und daraus die

Quelle wieder rekonstruiert werden [Weber 1978]. Die von der Punktquelle ausgehende Welle wird mit einer ebenen, gleichfalls kohärenten Referenzwelle gleicher Frequenz überlagert (Abb. 3.19). Auf dem photographischen Film entsteht ein Muster, das als **Fresnelsche Zonenplatte** bekannt ist. Wird die Zonenplatte mit einer ebenen Welle gleicher Wellenlänge wie die Referenzwelle beleuchtet (Abb. 3.20), entsteht durch Beugung an den Hell-Dunkel-Zonen der Platte ein Punkt hoher Intensität am ehemaligen Ort der Lichtquelle. Ein Beobachter kann etwa auf einem Viertelkreis um die scheinbare Lichtquelle herumgehen und hat den Eindruck, als gäbe es tatsächlich eine Punktquelle. Natürlich ist für ihn die Quelle nur zu sehen, wenn er in den Lichtkegel blickt. Das Hologramm kann an beliebigen Stellen auch nur teilweise beleuchtet werden, es entstehen immer dieselben Bildpunkte. **Beschädigungen gehen zu Lasten der Bildschärfe**, beeinflussen aber das Ergebnis nicht prinzipiell.

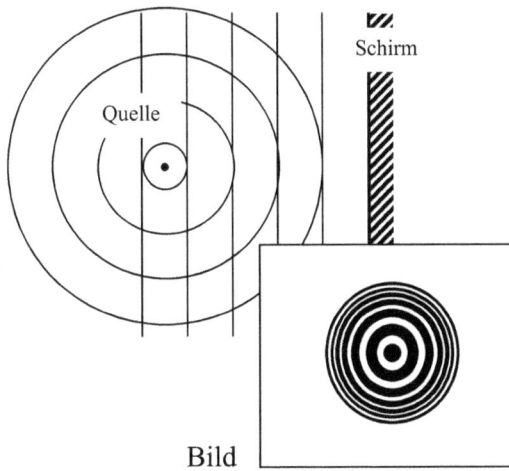

Abb. 3.19: Aufnahme eines Hologramms einer Punktlichtquelle.

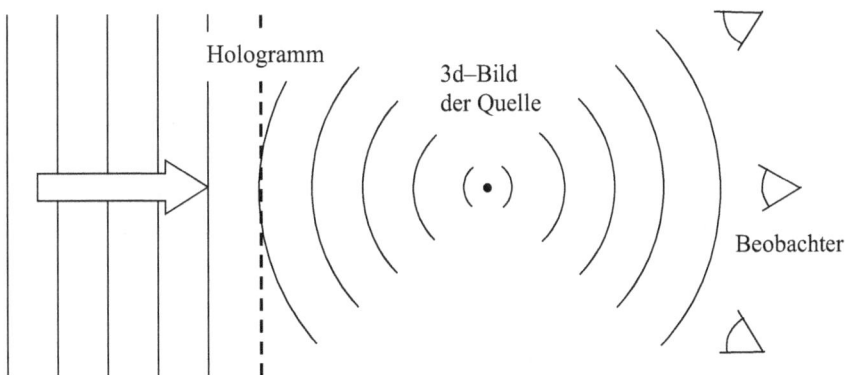

Abb. 3.20: Reproduktion des Hologramms.

Das Hologramm beliebiger Objekte kann man sich nun aus der Überlagerung der Hologramme der einzelnen Objektpunkte entstanden denken. Es ist sehr kompliziert und kann im

Gegensatz zu den bisher betrachteten Hologrammen nicht mehr einfach durch Überlegung erschlossen werden. Mit einfachem, inkohärentem weißem Licht ist in der Regel die Bildinformation nicht erkennbar. Für die Hologramme beliebig geformter Körper werden sehr hohe Speicherkapazitäten (bis ca. 10^8 bit/cm^2) benötigt. Für die Aufnahme gibt es eine Vielzahl von Aufbauten, einen davon zeigt Abb. 3.21.

Die Holographie hat in der Technik eine Reihe von Anwendungen. Beispielsweise lassen sich mittels Holographie Höhenreliefs komplizierter Objekte anfertigen und mittels Computer Maßzeichnungen erstellen. In der Qualitätssicherung können Vergleiche von Werkstücken mit dem Hologramm eines Musterstücks erstellt werden. Ebenso lassen sich auf die gleiche Weise Bauteilverformungen diagnostizieren.

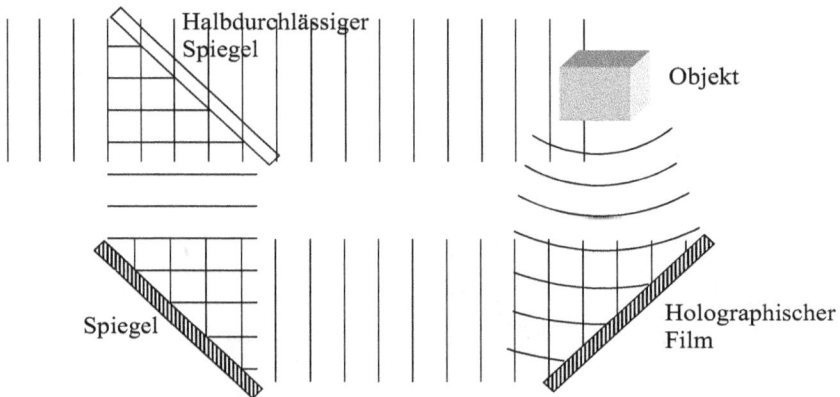

Abb. 3.21: Aufbau zur Aufnahme eines Hologramms.

Für die Aufnahme von Hologrammen kommen nur Laser in Frage, die eine hohe Kohärenzlänge besitzen. Es sind dies vor allem **Single-Mode-Helium-Neon-Laser**, **Ionenlaser** oder **spezielle Laserdioden**. Neben den hier besprochenen **Amplitudenhologrammen** gibt es noch **Phasenhologramme**. Die Fresnelsche Zonenplatte besteht aus transparenten und nichttransparenten Ringen. Die nichttransparenten Ringe schlucken Strahlung, so dass im Falle der Zonenplatte die Gesamtenergie auf etwa die Hälfte sinkt. Um diese Abdunklung des Bildes zu vermeiden, kann statt mit Hell-Dunkel-Zonen auch mit Zonen unterschiedlicher Brechzahl gearbeitet werden. Es findet dann Beugung durch Änderung der optischen Weglängen statt. Auch Änderungen der geometrischen Weglängen durch eine Reliefstruktur sind möglich.

3.3.2   Laser-Doppler-Anemometrie

Die **Laser-Doppler-Anemometrie** dient der Bestimmung von Strömungsgeschwindigkeiten in Gasen und Flüssigkeiten. In der Praxis wird meist das **Zweistrahl-** oder **Kreuzungsverfahren** verwendet. Grundsätzlich sind bei der Laser-Doppler-Anemometrie **Staubteilchen** oder Bläschen im Fluid nötig, an denen Licht gestreut werden kann.

Ein Laserstrahl wird mittels eines Strahlteilers in zwei parallele Teilstrahlen gleicher Leistung zerlegt. Beide Teilstrahlen werden im Messvolumen zum Schnitt gebracht (Abb. 3.22). Unter der Annahme, dass die Partikel die gleiche Geschwindigkeit haben wie die sie mitführende Strömung, ist die **Dopplerverschiebung des Streulichtes** der beiden Wellen **ein Maß für die Strömungsgeschwindigkeit**. Zerlegt man die Teilchengeschwindigkeit v in Anteile senkrecht zu den Laserstrahlen und in Anteile v_1 und v_2 parallel zu den Strahlen, so stellt man fest, dass v_1 gegen die Richtung des Laserstrahls zeigt und damit eine positive Frequenzverschiebung Δf_1 im Streulicht erzeugt. v_2 dagegen zeigt in Strahlrichtung, so dass das Streulicht eine negative Frequenzverschiebung $\Delta f_2 < 0$ erfährt. Die beiden Frequenzverschiebungen sind betragsmäßig gleich groß: $\Delta f_1 = -\Delta f_2$.

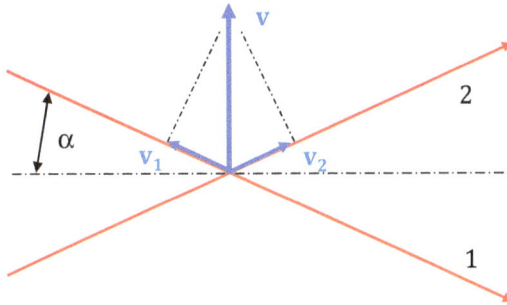

Abb. 3.22: Kreuzungspunkt der beiden Laserstrahlen bei der Doppler-Anemometrie.

Nach Abb. 3.22 gilt für die Beträge von v_1 und v_2:

$$v_1 = v_2 = v\sin\alpha \qquad\qquad 3.1$$

Für die **Dopplerverschiebung** gilt

$$\Delta f = f\frac{v_0}{c} \qquad\qquad 3.2$$

v_0 ist die Relativgeschwindigkeit zwischen Sender und Empfänger. Mit den beiden Gleichungen 3.1 erhält man:

$$\Delta f_1 = f\frac{v_1}{c} = f\frac{v\sin\alpha}{c} \quad\text{bzw.}\quad \Delta f_2 = f\frac{v_2}{c} = -f\frac{v\sin\alpha}{c} \qquad 3.3$$

Die Frequenzen des Streulichts von Strahl 1 und 2 sind also:

$$f_1 = f + \Delta f_1 = f\left(1+\frac{v\sin\alpha}{c}\right) \quad\text{bzw.}\quad f_2 = f + \Delta f_2 = f\left(1-\frac{v\sin\alpha}{c}\right) \qquad 3.4$$

Nimmt man Sinuswellen an und lässt beide Streulichtwellen interferieren, erhält man:

$$E(t) = E_0\sin\left(2\pi f\left(1+\frac{v\sin\alpha}{c}\right)t\right) + E_0\sin\left(2\pi f\left(1-\frac{v\sin\alpha}{c}\right)t\right) \qquad 3.5$$

Daraus wird unter Anwendung eines Additionstheorems für den Sinus:

$$E(t) = 2E_0 \sin\left(2\pi \frac{f\left(1+\dfrac{v\sin\alpha}{c}\right) + f\left(1-\dfrac{v\sin\alpha}{c}\right)}{2} t\right) \times$$

$$\times \cos\left(2\pi \frac{f\left(1+\dfrac{v\sin\alpha}{c}\right) - f\left(1-\dfrac{v\sin\alpha}{c}\right)}{2} t\right)$$

3.6

Vereinfacht wird daraus:

$$E(t) = 2E_0 \sin(2\pi ft) \cdot \cos\left(2\pi f \frac{v\sin\alpha}{c} t\right)$$

3.7

Das Streulichtsignal oszilliert also außer mit der elektronisch nicht nachweisbaren Lichtfrequenz f noch mit der langsameren Frequenz

$$\boxed{f_S = 2f \frac{v\sin\alpha}{c}}.$$

3.8

Der Faktor 2 bei der Frequenz f_S entsteht dadurch, dass bei der Messung positive und negative Halbwellen des Cosinus einen nicht unterscheidbaren Beitrag leisten. Die gemessene Schwebungsfrequenz f_S verdoppelt sich also gegenüber Gl. 3.7. f_S ist bei den üblichen zu messenden Geschwindigkeiten elektronisch messbar, es liegt in der Größenordnung von 10 MHz.

Abb. 3.23 zeigt ein typisches **Laser-Doppler-Anemometer**, das nach dem Prinzip der **Rückstreuung** arbeitet. Der Vorteil liegt darin, dass Laserquelle und Auswertung in einem Gehäuse untergebracht werden können. Abb. 3.24. zeigt die Oszilloskopdarstellung einer idealen Messung.

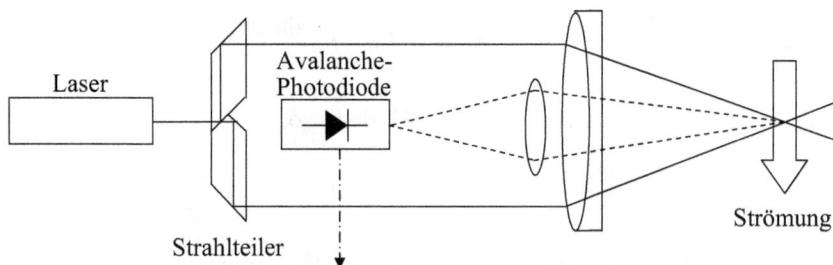

Abb. 3.23: Zweistrahl-Doppler-Anemometer in Rückstreuung.

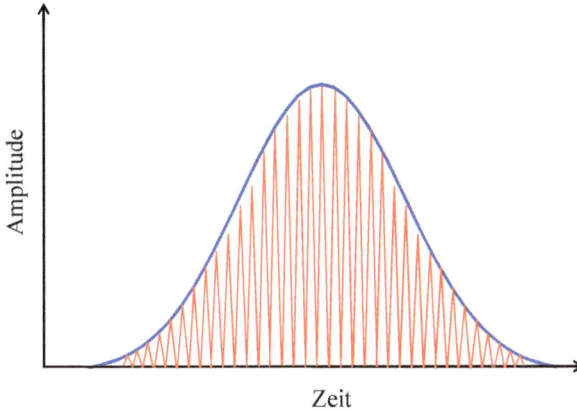

Abb. 3.24: Ideales Anemometriesignal. Die Einhüllende wird durch das Gaußprofil der Laserstrahlen erzeugt.

Da der Laserstrahl eine radial gaußförmige Intensitätsverteilung hat, entsprechen die Einhüllenden etwa einer Gaußfunktion. Die Modulation würde zugunsten einer glatten Gaußfunktion verschwinden, wenn man einen der beiden Laserstrahlen abdecken würde. Die Modulationstiefe hängt von der Größe der Teilchen ab. Teilchen, deren Abmessung deutlich unter der Wellenlänge des Laserlichtes liegen, erzeugen die höchsten Amplituden. Teilchen, deren Abmessungen ein Vielfaches der Wellenlänge des verwendeten Laserlichtes betragen, liefern nur eine geringe Modulationstiefe (Abb. 3.25). Die Genauigkeit des Verfahrens ist so lange nicht beeinflusst, wie die Einzelimpulse noch gezählt werden können. Man kann zeigen, dass das Ergebnis auch dann nicht beeinflusst wird, wenn sich mehr als ein Teilchen im Messvolumen befindet [Ruck 1985].

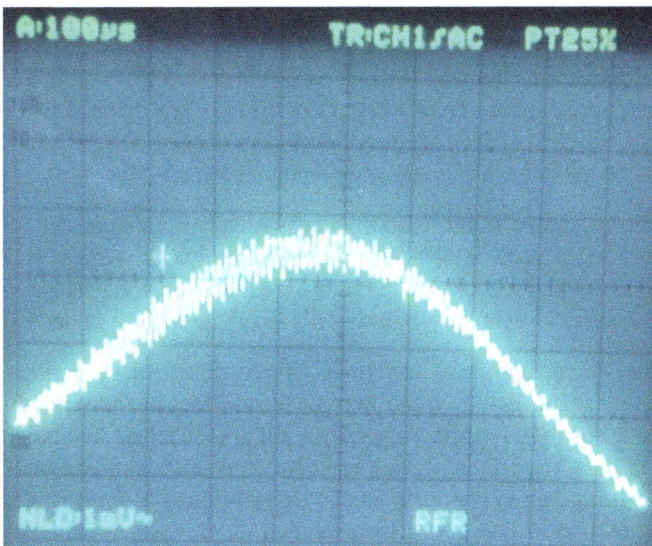

Abb. 3.25: Reales Anemometriesignal, bei dem die Teilchengröße ein Vielfaches der Wellenlänge des Laserlichtes ist. Die Modulationstiefe ist daher eingeschränkt, die Genauigkeit der Messung nicht.

Die Anwendbarkeit des Verfahrens steht und fällt mit den **Partikeln** im Fluid. Sind nicht genug Staubteilchen vorhanden, können künstlich **Aerosole** zugeführt werden, sofern eine Verunreinigung des Fluids hingenommen werden kann. Es gibt inzwischen Anemometer zu kaufen, die mit mehr als zwei Strahlen messen. Dies erlaubt bei entsprechender Auswertelogik auch eine Aussage über die Richtung der Strömung bzw. die exakte Angabe eines **Geschwindigkeitsvektors**. Auch Windmessungen über große Entfernungen sind möglich [Köpp 1988].

3.4 Bei allen Anwendungen unabdingbar: Lasersicherheit

3.4.1 Gefahrensituation

Von den spezifischen Eigenschaften der Laserstrahlung, der **starken Bündelung**, der **Einfarbigkeit** des Lichtes sowie der **hohen Kohärenzlänge** ist es vor allem die starke Bündelung des Laserstrahls, die zu einer hohen Gefährdung führt. Die geringe Strahldivergenz, typisch einige mrad, führt zu sehr hohen Intensitäten selbst bei kleinsten Leistungen. Der Strahldurchmesser ändert sich nur wenig über große Distanzen, so dass auch in größeren Entfernungen von der Strahlquelle noch eine hohe Gefährdung vorliegt. Die Eigenschaft der Einfarbigkeit des Lichts trägt dagegen nur wenig zur Gefährdung bei. Spezielle Schädigungen durch die hohe Kohärenzlänge sind nicht zu erwarten.

Die Wechselwirkung der Laserstrahlung mit dem Gewebe ist **thermischer** oder **photochemischer Natur**. Die Strahlung muss in jedem Fall vom Gewebe absorbiert werden, damit eine Schädigung eintritt. Diese kann reversibel oder irreversibel sein. Das wohl gefährdetste Organ im Umgang mit Laserstrahlung ist das **Auge**. Trifft es ein Laserstrahl, können je nach Wellenlänge des Lichtes unterschiedliche Partien des Auges geschädigt werden (Abb. 3.26). Die Grenzen des Sehvermögens von 380 nm bis 780 nm sind hier weniger von Bedeutung, denn es kann auch Strahlung die Netzhaut treffen, die von den Sinneszellen nicht in elektrische Signale umgewandelt werden kann. Oder anders ausgedrückt: eine Schädigung kann auch eintreten, wenn gar keine Strahlung wahrgenommen wird.

Abb. 3.26 zeigt den spektralen Transmissionsgrad des Auges als Funktion der Wellenlänge. Man erkennt, dass Strahlung je nach Wellenlänge durchaus mehr oder weniger weit ins Auge vordringen kann. Im nahen Infrarot erreicht Strahlung bis zu einer Wellenlänge von ca. 1400 nm mehr oder weniger abgeschwächt die Netzhaut. Hier lauern deshalb besondere Gefahren.

Wegen der starken Bündelung des Laserstrahls führen schon relativ geringe Leistungen zu Schäden auf der Netzhaut. Erschwerend kommt hinzu, dass der Laserstrahl durch die gekrümmte Hornhaut sowie durch die Augenlinse auf die Netzhaut fokussiert wird und die Intensität dadurch drastisch erhöht wird. Die Folge sind fotochemische und fotothermische Schädigungen. In leichteren Fällen kann es zur **Ödembildung** kommen, in schwereren Fällen zur **Koagulation** und zu **Gewebsverbrennungen**. In schwersten Fällen tritt Netzhautmaterial und Blut in den Glaskörper aus. **Schäden auf der Netzhaut sind in der Regel nicht ausheilbar**. Nur in Fällen geringer Bestrahlungsstärke besteht eine gewisse Aussicht auf Ausheilung des Schadens.

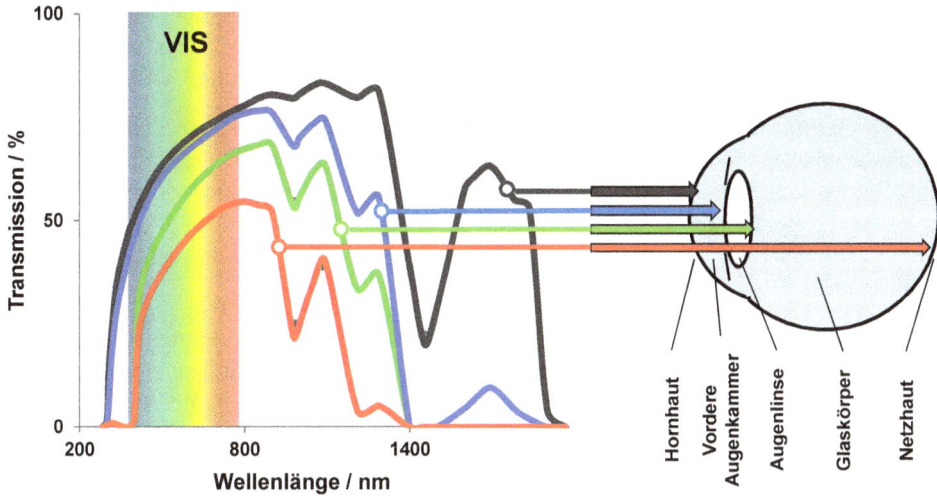

Abb. 3.26: Spektraler Transmissionsgrad zwischen Außenwelt und unterschiedlichen Messpunkten (Pfeilspitzen) im menschlichen Auge [Boettner 1962]. Da im Auge stets auch mehr oder weniger Lichtstreuung stattfindet, kann die tatsächlich auf die Netzhaut treffende Strahlungsenergie höher sein, als es der Transmissionsgrad erwarten lässt.

Lag die verursachende Laserstrahlung im nahen Infraroten und liegt die betroffene Stelle in der Netzhautperipherie oder traf unvermutete Streustrahlung das Auge, kann es sein, dass die betroffene Person den Schaden subjektiv zunächst gar nicht bemerkt. Trotzdem liegt natürlich ein Informationsverlust beim Sehen vor und das periphere Sehen ist beeinträchtigt. Deutlich wahrgenommen wird ein Schaden, wenn er im Bereich der **Macula lutea**, dem **gelben Fleck** auftritt. Dies ist der Bereich der Netzhaut mit der höchsten Dichte von Sehzellen. Eine schwere Störung der zentralen Sehschärfe ist die Folge, wenn der Strahl die **Fovea centralis**, die Stelle schärfsten Sehens trifft. Völlige Erblindung tritt ein, wenn der Strahl den **blinden Fleck**, die Eintrittsstelle des Sehnervs ins Auge schädigt. Zusätzlich zu den Netzhautschäden können auch noch Schäden an den anderen Teilen des Auges auftreten. Z.B. kann es zu einer Eintrübung der Augenlinse, einer **Katarakt** kommen.

Im ultravioletten und ferneren infraroten Spektralbereich wird die Strahlung von Hornhaut, vorderer Augenkammer, Linse und Glaskörper absorbiert. Dies kann zur Schädigung der entsprechenden Augenpartien führen. Bei UV-Lasern können **Konjunktivitis** (Bindehautentzündung) und **Fotokeratitis** auftreten. Letzteres ist eine Schädigung der **Epithelschicht** der Hornhaut. Bei Infrarotlaserlicht besteht die Gefahr der **Verbrennung der Hornhaut**. Sehr hohe Intensitäten können zum **Verkochen des Gewebes** führen. Der entstehende Dampf kann Zellen sprengen sowie gefährliche **Druckwellen** hervorrufen.

Neben dem Auge kann vor allem auch die **Haut** durch Laserstrahlung gefährdet sein. Allerdings verträgt die Haut wesentlich höhere Strahlungsintensitäten als die Netzhaut, dazu fällt die fokussierende Wirkung der Augenlinse weg. Wegen der großen Körperoberfläche ist eine Schädigung aber wahrscheinlicher, besonders an den Händen. Beim UV-Laserlicht reichen die möglichen Schädigungen vom **Erythem**, d.h. Sonnenbrand, über vorzeitige **Alterung der Haut** bis hin zu **Präkanzerosen** (Gewebsveränderung mit erhöhter Wahrscheinlichkeit der Entartung) und **Karzinomen**. Im Infrarotbereich treten vor allem **Verbrennungen** auf.

Bei Temperaturerhöhung auf der Haut tritt bei 60°C Proteindenaturierung und Koagulation, bei 80°C Kollagendenaturierung und Membrandefekte sowie bei 150°C Karbonisierung des Gewebes ein. Bei 300°C kommt es zur Verdampfung und Vergasung des Gewebes.

Neben diesen **laserspezifischen Gefahren** treten im Zusammenhang mit dem Betrieb von Laseranlagen auch noch **laserunspezifische Gefahren** auf. Bei vielen Laseranlagen werden beim Betrieb von Blitzlampen, Entladungslampen oder beim Betrieb der Gasentladung an der Laserröhre selbst sehr **hohe Spannungen** verwendet. 30 bis 35 kV sind keine Seltenheit. Bei Arbeiten am Laser sind daher alle in der Hochspannungstechnik üblichen Sicherheits-maßnahmen zu beachten.

Neben der Gefahr der Hochspannung gehen von Blitz- und Entladungslampen noch weitere Gefahren aus: da sie in aller Regel sehr hohe Lichtströme abgeben sollen, sind sie meist so hell, dass ein Blick in die Lampe ohne Augenschutz zu Schädigungen am Auge und insbe-sondere zu **Verbrennungen der Netzhaut** führen. Glücklicherweise sind solche Unfälle selten, da die meisten Lampen nur im Gehäuse mit Wasserkühlung betrieben werden können. Trotzdem ist Vorsicht bei offenem Gehäuse und austretendem Licht geboten. Eine weitere Gefahr bei Lampen ist die **Explosion**, da die meisten Lampen beim Betrieb Überdruck ent-wickeln. Die Gefahr der Explosion besteht auch bei Lasern. Z.B. werden Excimerlaser in der Regel bei höheren Drücken betrieben. Bei anderen Lasern wiederum, z.B. dem CO_2-Laser, besteht die Gefahr der **Implosion**, da in den Röhren Unterdruck herrscht.

Bei Verwendung von Hochspannung kann ungewollt **Röntgenstrahlung** emittiert werden. Sind vom Hersteller keine Angaben gemacht worden oder handelt es sich gar um einen selbst erstellten Versuchsaufbau, müssen entsprechende Messungen durchgeführt und gegebenen-falls Abschirmmaßnahmen ergriffen werden.

Befinden sich im Arbeitsbereich des Lasers brennbare oder gar leicht entflammbare Stoffe, besteht je nach Strahlleistung des Systems **Brand- oder Explosionsgefahr**. Z.B. lässt sich Holz unter ungünstigen Voraussetzungen schon mit CO_2-Lasern niedrigster Leistungen in Brand setzen.

Man mag es nicht glauben, aber auch **Giftstoffe** treten im Zusammenhang mit Lasern reichlich auf. Es beginnt damit, dass bei Gasentladungen durch die emittierte UV-Strahlung an Luft **Ozon** entstehen kann. In höheren Konzentrationen ist Ozon stark giftig. Bei Konstruktionen sollte schon aus Gründen der **Korrosion** durch Wahl geeigneter Glassorten bzw. durch Abschirm-maßnahmen darauf geachtet werden, dass das UV-Licht nicht an die Luft gelangt. Bei Kühl-kreisläufen werden manchmal giftige oder gesundheitsschädliche **Kühlmittel** oder auch giftige oder gesundheitsschädliche **Additive im Kühlwasser** verwendet. Fast jede Materialbearbeitung, besonders die Bearbeitung von organischen Substanzen wie Kunststoffen, führt zum Verdamp-fen von Material und zur Bildung kleinster, in der Luft „gelöster" Partikel, sogenannter **Aeroso-le**. Es ist daher stets darauf zu achten, dass durch eine starke Absaugvorrichtung die häufig toxi-schen Gase und Aerosole abtransportiert werden und nicht in die Raumluft gelangen.

3.4.2   Die Laserklassen

Um die Beurteilung einer von einer Lasereinrichtung ausgehenden Gefährdung durch den Benutzer zu erleichtern, teilt man Laser in **Klassen** ein. Nach [DIN EN 60825-1] gibt es **sieben Klassen**. Die Klassen sind, da die Einteilung historisch gewachsen ist, nicht einfach durchnummeriert. Verwendet wird vielmehr eine Ziffer-Buchstabenkombination. Die Einstufung in eine Klasse ist durch den Hersteller der Einrichtung vorzunehmen. Da die möglichen Schädigungen je nach Wellenlänge und Einwirkzeit sehr unterschiedliche Schadensschwellen haben, ist eine Einstufung nach einer einzelnen Größe nicht möglich. Der **sogenannte Grenzwert der zugänglichen Strahlung (GZS)** hängt von der Wellenlänge und der Emissionsdauer der Lasereinrichtung ab. Er wird je nach Bereich als Energiewert, als Leistung oder als Intensität angegeben. Tab. 3.1 zeigt die sieben Klassen mit Wellenlängenbereich und einer groben Beschreibung der Gefährdung.

Tab. 3.1: Die nach DIN EN 60825-1 (Mai 2008) festgelegten Laserklassen. GZS: Grenzwert der zugänglichen Strahlung.

Klasse	Definiert für Wellenlängen- bereich/nm	Gefährdungsbeschreibung	Zusammenhang zur alten Norm
1	180–1.000.000	„augensicher", allerdings macht DIN EN 60825-1 die Einschränkung: „unter vernünftigerweise vorhersehbaren Betriebsbedingungen"	Entspricht der alten Klasse 1
1M	302,5–4.000	Unter vernünftigerweise vorhersehbaren Bedingungen augensicher, sofern keine den Strahlquerschnitt verkleinernden Instrumente verwendet werden.	Neue Klasse
2	400–700	Ungefährlich bei kurzer Einwirkungsdauer (< 0,25s); vom Vorhandensein eines Lidschlußreflexes zum Schutz des Auges darf in der Regel nicht ausgegangen werden, bewußtes Abwenden ist nötig [BGV B2 2007]	Entspricht der alten Klasse 2
2M	400–700	Solange der Strahlquerschnitt nicht durch optische Instrument wie Linsen, oder Teleskope verkleinert wird, ist die Strahlung bei kurzer Einwirkungsdauer (< 0,25s) für das Auge ungefährlich. Zum Lidschlußreflex siehe Klasse 2	Neue Klasse
3R	302,5– 1.000.000	Potentiell gefährlich, das Risiko des Augenschadens wird dadurch verringert, dass der GZS im sichtbaren Wellenlängenbereich auf das Fünffache des GZS für Klasse 2, in den übrigen Wellenlängenbereichen auf das Fünffache des GZS für Klasse 1 beschränkt ist. Die Klasse ist problematisch, unter ungünstigen Voraussetzungen sind Schäden möglich [Sutter 2008]	Neue Klasse
3B	180–1.000.000	Gefährlich für das Auge, häufig auch für die Haut. Unter bestimmten Umständen ist ein Betrachten des Strahlbündels über einen geeigneten diffusen Reflektor möglich. Brandgefahr bei leicht entzündlichen Stoffen	Alte Klasse 3B, wobei einige Systeme jetzt in Klasse 3R fallen
4	180–1.000.000	Sehr gefährlich für das Auge und gefährlich für die Haut; Brand- und Explosionsgefahr	Entspricht der alten Klasse 4

Viele der in Betrieb befindlichen Laseranlagen sind noch nach der alten Norm DIN EN 60825-1 vom März 1994 klassifiziert. Hier gab es nur die fünf Klassen 1, 2, 3A, 3B und 4. Mit der Norm DIN EN 60825-1 vom Oktober 2003 wurde die Klasse 3A ganz aufgelöst und mit einem Teil der Klasse 3B in die drei neuen Klassen 1M, 2M und 3R überführt. Für die in Deutschland zuständigen Berufsgenossenschaften entstand dabei das Problem, dass die auf DIN EN 60825-1 aufbauende Unfallverhütungsvorschrift Laserstrahlung [BGV B2 2007] angepasst hätte werden müssen. Das ist bisher nicht durch Änderung der Vorschrift selbst, sondern durch Änderung der Durchführungsverordnung geschehen.

Ein Normentwurf zu DIN EN 60825-1 sieht die Einführung einer neuen Laserklasse 1C vor, die für medizinische Anwendungen gelten soll. Sicherheitsmaßnahmen sollen hier gewährleisten, dass Laserstrahlung nur erzeugt wird, wenn die Austrittsöffnung Kontakt zu der zu behandelnden Haut oder zu Gewebe hat. Die zugängliche Strahlung muss die Grenzwerte der Klasse 1 einhalten.

3.4.3   Schutzmaßnahmen

Laserstrahlenschutz wird durch eine Vielzahl von Maßnahmen sichergestellt, die bei der Konstruktion der Laseranlage beginnen und über den Betrieb der Materialbearbeitungsstation bis hin zur Beaufsichtigung und Unterweisung durch den Laserschutzbeauftragten reichen. Für die Konstruktion einer Laserlichtquelle gelten nach DIN 60825-1 genaue Vorschriften. So muss jede Lasereinrichtung in ein **Schutzgehäuse** eingebaut sein, die den Zugang zu gefährlicher Laserstrahlung verhindert. Nach außen dringen darf nur Strahlung, die unterhalb des Grenzwertes der zugänglichen Strahlung der Klasse 1 liegt. Damit sind Laser der Klasse 1 von der Regelung ausgenommen.

Lasersysteme der Klassen 3B und 4 müssen einen **schlüsselbetätigten, abziehbaren Hauptschalter** besitzen, der eine unbefugte Inbetriebnahme verhindert. Im System selbst muss ein **Strahlfänger** vorhanden sein, der die gesamte optische Leistung aufnehmen kann. In der Regel ist das ein **Strahlverschluss**, der meist so ausgeführt wird, dass er etwa durch Schwerkrafteinwirkung oder durch Federkraft automatisch geschlossen wird, wenn in Teilen der Anlage oder in der ganzen Anlage der Strom ausfällt. Eine **Warnleuchte** am Gerät muss bei Klasse 3R und höher im eingeschalteten Zustand leuchten oder ein akustisches Signal muss auf den eingeschalteten Laser hinweisen. Weitere Anforderungen sind in DIN EN 60825-1, Abschnitt 4 niedergelegt.

Mit Ausnahme der zur Klasse 1 und 1M gehörigen, müssen alle Lasereinrichtungen das in Abb. 3.27 abgebildete **allgemeine Laserwarnschild** tragen. Seine **Grundfarbe** ist grundsätzlich **gelb**. Zusätzlich ist bei allen Klassen ein rechteckiges **Hinweisschild** vorgeschrieben, das je nach Klasse weitere Angaben zu den maximalen Ausgangswerten der emittierten Laserstrahlung, der Impulsdauer und der ausgesandten Wellenlängen in der jeweiligen Landessprache enthält. Weiterhin ist die **Laserklasse einschließlich der Norm mitsamt Veröffentlichungsdatum** anzugeben, nach der die Klassifizierung erfolgte. Je nach Klasse sind hierzu noch weitere Angaben erforderlich. Zwei Beispiele zeigt Abb. 3.28.

Nach der Unfallverhütungsvorschrift Laserstrahlung [BGV B2 2007] müssen Bereiche, in denen Laserstrahlen der Klasse 2 oder 3A gehandhabt werden, deutlich erkennbar und dauerhaft mit dem Laserwarnschild (Abb. 3.27) gekennzeichnet werden, sofern der Strahl im Arbeits- oder Verkehrsbereich verläuft. Für Laser der Klasse 3R und höher muss ein **Laserbereich** abgegrenzt und gekennzeichnet werden. Er muss verhindern, dass Unbefugte nicht unabsichtlich in den Bereich gefährlicher Laserstrahlung gelangen können. Laser der Klasse 4, deren Streulicht an rauhen Oberflächen schon gefährlich ist, sollen in eigenen Räumen mit **Zugangsbeschränkung** untergebracht werden (Abb. 3.29). In der Praxis sind hier zwei Konzepte denkbar. Insbesondere in Forschungslabors, in denen Aufgabenstellungen häufig wechseln und damit die Bearbeitungsstation bzw. das Experiment und auch der Laser häufig umgebaut werden müssen, wird es zweckmäßig sein, den **ganzen Raum mitsamt Laser und Anwendungsstation als Laserbereich** abzugrenzen (Abb. 3.29 links). Nachteilig ist hierbei, dass der Bediener permanent Augenschutz tragen muss. Dies ist bei einer industriellen Anwendung in der Produktion bei 8-Stunden-Schichten in der Regel nicht zumutbar. Außerdem stehen die Anlagen häufig mit anderen Maschinen in größeren Werkhallen, so dass eine Abgrenzung der ganzen Halle als Laserbereich nicht in Frage kommt. Daher wird hier häufig die **Bearbeitungsstation in einer kleineren Kabine** untergebracht. Der Laser steht außerhalb und der Laserstrahl wird in Rohren zur Bearbeitungsstation geführt. Diese kann wie in Abb. 3.29 (rechts) begehbar sein oder auch nur aus einem kleineren Gehäuse bestehen. Bei jedem begehbaren Laserbereich ist darauf zu achten, dass die Räume im Notfall von Rettungskräften betreten werden können. Durch eine **Warnleuchte** muss auf den eingeschalteten Laser hingewiesen werden.

LASERSTRAHLUNG

NICHT DEM STRAHL AUSSETZEN

LASER KLASSE 3B

NACH DIN EN 60825-1 : 2008-5

LASERSTRAHLUNG

BESTRAHLUNG VON AUGE UND HAUT DURCH DIREKTE ODER STREUSTRAHLUNG VERMEIDEN

LASER KLASSE 4

NACH DIN EN 60825-1 : 2008-5

Abb. 3.27: Allgemeines Laserwarnschild.   **Abb. 3.28:** Hinweisschilder zur Kennzeichnung von Lasern.

Neben der in Laserbereichen unter Umständen nötigen Schutzkleidung und den Schutzhandschuhen ist die **Laserschutzbrille** das wohl wichtigste persönliche Schutzmittel. Das Tragen ist mitunter nicht ganz angenehm, denn eng anliegende Korbbrillen schließen den gesamten Augenbereich hermetisch ab, so dass an warmen Tagen Schwitzen und Beschlagen der Gläser die Folge sein können. Für Brillenträger kommt erschwerend hinzu, dass die Schutzbrillen zwar so groß bemessen sind, dass die eigene Brille unter der Schutzbrille getragen werden kann. Die Sache wird dadurch aber noch etwas unangenehmer. Möglicherweise hilft hier eine individuell angefertigte Schutzbrille mit korrigierenden Gläsern.

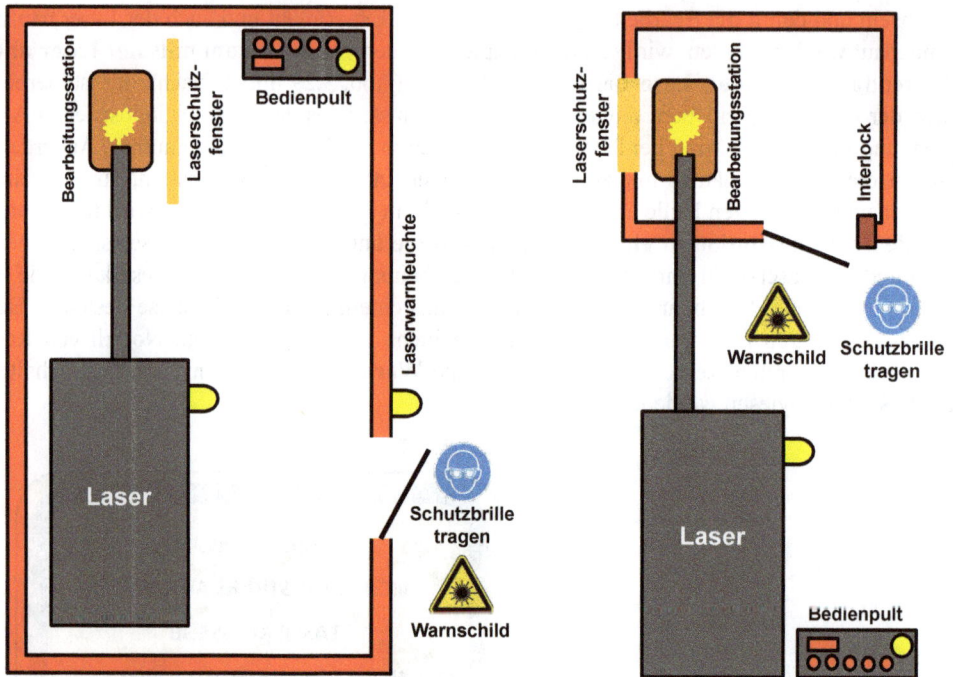

Abb. 3.29: Zwei Möglichkeiten, einen Laserbereich mit Zugangsbeschränkung zu realisieren. Im ersten Fall befindet sich die Strahlquelle und die Arbeitsstation in einem geschlossenen Raum, zu dem nur Befugte Zutritt haben. Beim Betreten des Raums muss bei eingeschaltetem Laser Schutzausrüstung getragen werden. Die zweite Anordnung findet oft in der Produktion Anwendung. Hier kann der Laser und die Materialbearbeitungsstation außerhalb des Schutzraumes ohne Schutzausrüstung bedient werden. Die Laserstrahlung ist nur innerhalb einer Kabine zugänglich. Nur beim Betreten dieses Bereiches ist Schutzausrüstung zu tragen. Die Materialzufuhr erfolgt hier meist automatisch, so dass der Schutzbereich nur bei Störungen oder zum Umrüsten betreten werden muss.

Schutzbrillen werden nach [DIN EN 207] spezifiziert. Wichtigste Kriterien bei der Auswahl einer Schutzbrille sind die **Wellenlänge**, die **Betriebsart** und die **Schutzstufe**. Ein Aufdruck auf einer Schutzbrille kann z.B. lauten:

> 455–515 D LB8 X S

Die Zahlen links bezeichnen den **Wellenlängenbereich**, für die der Schutz gewährleistet wird, hier ist es also der Bereich von 455 bis 515 nm. Es kann auch nur eine einzelne Wellenlänge für einen bestimmten Laser angegeben sein. Der folgende Buchstabe steht für die Betriebsart: **D**auerstrichlaser, **I**mpulslaser, **R**iesenimpulslaser (gütegeschalteter Impulslaser) oder **M**odengekoppelter Impulslaser. Die dritte Angabe gibt die **Schutzstufe** an. Die einzelne Ziffer hinter dem „LB", hier im Beispiel also die „8", steht als negative Zahl im Exponenten von 10 und gibt so den **maximalen spektralen Transmissionsgrad der Brille für den angegebenen Wellenlängenbereich** an. Im Beispiel beträgt er also 10^{-8}. Die Brille schwächt also in diesem Bereich um den Faktor 10^{-8} ab. Die Angabe X ist ein Identifikationszeichen des Herstellers. Erfüllt die Schutzbrille bestimmte Anforderungen an die mechanische Festigkeit, kann zusätzlich ein Kennzeichen nach [DIN EN 166] hinzugefügt werden, hier ist es z.B. das „S". Eine Schutzbrille kann auch für mehrere Wellenlängen oder Wellenlängenbereiche einen definierten Schutz bieten.

Bei Schutzbrillen für Laser, die im sichtbaren Spektralbereich strahlen, entsteht das Problem, dass bei 100%igem Schutz der Laserstrahl überhaupt nicht mehr erkannt werden kann. Dies ist für **Justierarbeiten** nicht akzeptabel. Es gibt daher neben den Laserschutzbrillen mit Vollschutz auch Schutzbrillen mit **Justierfunktion**. Sie werden nach [DIN EN 208] spezifiziert.

Bei Schutzbrillen soll das Laserlicht absorbiert werden, nicht dagegen das Tageslicht. Nach [DIN EN 207] muss bei Benutzung der Normlichtart D65 der Lichttransmissionsgrad der Filtergläser in der Brille mindestens 20% betragen. Wird der Wert unterschritten, muss der Hersteller darauf hinweisen, dass die geringe Transmission durch eine erhöhte Beleuchtungsstärke am Arbeitsplatz ausgeglichen wird. Bei Schutzbrillen für CO_2-Laser ist der Lichttransmissionsgrad unproblematisch, da man die Wellenlänge von 10,6 μm ausblenden kann, ohne eine Absorption im sichtbaren Spektrum zu erzeugen. Grundsätzlich unmöglich ist das bei Schutzbrillen für Laser, die im Sichtbaren emittieren. Man muss dann mit der Laserwellenlänge zwangsläufig einen Bereich des sichtbaren Spektrums ausblenden, so dass die Gläser farbig werden. Abb. 3.30 und 3.31 zeigen zwei Beispiele von Laserschutzbrillen: eine angenehm zu tragende **Bügelbrille** und eine **Überbrille**, die das Tragen einer korrigierenden Brille darunter ermöglicht.

Abb. 3.30: Laserschutzbrille in Form einer leichten Bügelbrille. Foto: LASERVISION GmbH & Co. KG.

Ein Unternehmer muss den Betrieb von Lasereinrichtungen der Klassen 3R und höher der Berufsgenossenschaft und der für den Arbeitsschutz zuständigen Behörde vor der ersten Inbetriebnahme melden. Außerdem muss er einen sogenannten **Laserschutzbeauftragten** schriftlich bestellen. Dieser muss die erforderliche Sachkunde besitzen, empfohlen wird die Teilnahme an einem speziellen Kurs zur Erlangung der Sachkunde für Laserschutzbeauftragte. Die Unfallversicherungsträger haben dafür spezielle Anforderungen aufgestellt. Aufgaben des Laserschutzbeauftragten sind u.a. die Beratung des Unternehmers in Sachen Laserschutz, die Auswahl der Schutzmaßnahmen und -ausrüstungen, die Überwachung der Einhaltung von Schutzvorschriften sowie die Mängel- und Störungsmeldung an Vorgesetzte.

Die Berufsgenossenschaft schreibt vor, dass Versicherte, die Lasereinrichtungen einschließlich Klasse 2 und höher benutzen oder sich in Laserbereichen mit Lasern der Klasse 3B und 4 aufhalten, im zu beachtenden Verhalten zu unterweisen sind. Die Unterweisung soll u.a. auf die Gefahren der Laserstrahlung für das Auge, auf Schutzvorschriften, Schutzeinrichtungen und auf den Gebrauch von Körperschutzmitteln hinweisen. Die Unterweisung muss **dokumentiert** und **mindestens einmal jährlich wiederholt** werden.

Abb. 3.31: Überbrille in Vollkunststoffausführung für Brillenträger. Foto: LASERVISION GmbH & Co. KG.

Neben den genannten Schutzvorkehrungen und Einrichtungen ist Vorsicht immer noch der beste Schutz vor Laserstrahlung. Die größte Gefahr liegt in der **Gewöhnung an die Gefahr**. So werden Warnleuchten und Warnzeichen nach einiger Zeit wegen des Gewöhnungseffektes nicht mehr wahrgenommen und zunehmend weniger beachtet. Eine besondere Gefahr geht von **experimentellen** Aufbauten aus. Während kommerzielle Materialbearbeitungsstationen in der Regel gut abgesichert bzw. ganz gekapselt sind, haben experimentelle Aufbauten grundsätzlich etwas „Unfertiges" an sich und sind oft nicht auf Dauer angelegt, so dass die Sicherheit oft zu kurz kommt.

Hier zum Abschluss noch einige Hinweise für das Arbeiten in Laserlabors:
- Trotz des Tragens von Schutzbrillen sollten nach Möglichkeit keine Strahlen in Augenhöhe geführt werden. Doppelte Sicherheit ist hier besser.
- Optische Komponenten müssen immer gut im Strahlengang fixiert werden, um vagabundierende Laserstrahlen infolge umgestoßener Spiegel oder Strahlfänger zu vermeiden.
- Bei Lichtwellenleitern darf der Strahlaustritt am anderen Ende der Faser nicht unkontrolliert erfolgen. Beim Abschrauben der Faser einen möglichen unkontrollierten Strahlaustritt beachten!
- Keine brennbaren Materialien in Strahlnähe aufbewahren
- Arbeiten mehrere Personen an einer Anlage, muss beim Einschalten des Lasers darauf geachtet werden, dass alle Anwesenden Schutzausrüstung tragen und wissen, dass der Laser jetzt eingeschaltet wird.
- Reflexionen an Uhren und Schmuckgegenständen vermeiden, eventuelle Reflexe vagabundieren unkontrolliert im Raum.

A   Anhang

A.1   Lösungen zu den Aufgaben von Kapitel 1

Aufgabe 1

$$\frac{n_1}{n_0} = \exp\left(-\frac{E_1 - E_0}{kT}\right) \qquad E_1 - E_0 = hf = hc\frac{1}{\lambda} = hc\nu = 2,16 \cdot 10^{-20}\,\text{J} \qquad \boxed{\frac{n_1}{n_0} = 0,02}$$

Aufgabe 2

$$\frac{n_1}{n_0} = \exp\left(-\frac{E_1 - E_0}{kT}\right)$$

a) $\dfrac{n_1}{n_0} = 9,9 \cdot 10^{-6}$

b) $\boxed{\dfrac{n_1}{n_0} = 0,2}$

$$n_1 + n_0 = 3,35 \cdot 10^{28}\,\frac{1}{\text{m}^3} \qquad 0,2n_0 + n_0 = 3,35 \cdot 10^{28}\,\frac{1}{\text{m}^3} \qquad n_0 = 2,79 \cdot 10^{28}\,\frac{1}{\text{m}^3}$$

$$n_1 = 5,58 \cdot 10^{27}\,\frac{1}{\text{m}^3} \qquad \frac{\psi}{\psi_0} = e^{(n_1 - n_0)\sigma x} \qquad \boxed{\frac{\psi}{\psi_0} = 0,50}$$

Aufgabe 3

$$\frac{\psi}{\psi_0} = e^{-\alpha d} \qquad -\alpha d = \ln\frac{\psi}{\psi_0} \qquad d = -\frac{1}{\alpha}\ln\frac{\psi}{\psi_0} \qquad \boxed{d = 1,19\,\text{mm}}$$

Aufgabe 4

$$\frac{\psi}{\psi_0} = e^{-\sigma n_0 x} \qquad x = -\frac{1}{\sigma n_0}\ln\frac{\psi}{\psi_0} \qquad \boxed{x = 13,96\,\text{cm}}$$

Aufgabe 5

$$\psi(x) = \psi_0 e^{-n_0\sigma_{01}x} \qquad \sigma_{01} = \sigma_{10} = \frac{1}{xn_0}\ln\frac{\psi_0}{\psi} \qquad \boxed{\sigma_{10} = 2,5\cdot 10^{-24}\,\text{m}^2}$$

Aufgabe 6

$$\psi(x) = \psi_0 e^{-n_0\sigma_{01}x} \qquad n_0 = +\frac{1}{x\sigma_{01}}\ln\frac{\psi_0}{\psi} \qquad \boxed{n_0 = 1,3\cdot 10^{19}\,\frac{1}{\text{cm}^3}}$$

Aufgabe 7

a) $\Delta E = hf = hc\dfrac{1}{\lambda} = hc\nu = 1,959\cdot 10^{-20}\,\text{J} \qquad \dfrac{n_1}{n_0} = \exp\left(-\dfrac{E_1 - E_0}{kT}\right) \qquad T = -\dfrac{E_1 - E_0}{k\ln\left(\dfrac{n_1}{n_0}\right)}$

$$\boxed{T = 616\,\text{K}}$$

b) $\psi(x) = \psi_0 e^{(n_1 - n_0)\sigma_{01}x} \qquad n_1 - n_0 = +\dfrac{1}{\sigma x}\ln\left(\dfrac{\psi}{\psi_0}\right) \qquad n_1 - n_0 = -1,3\cdot 10^{25}\,\dfrac{1}{\text{m}^3}$

$\dfrac{n_1}{n_0} = 0,1 \qquad\qquad 0,1\cdot n_0 - n_0 = -1,3\cdot 10^{25}\,\dfrac{1}{\text{m}^3} \qquad \boxed{n_0 = 1,44\cdot 10^{25}\,\dfrac{1}{\text{m}^3}}$

Aufgabe 8

$$n_0 + n_1 + n_2 = 5\cdot 10^{27}\,\text{m}^{-3} \qquad n_1/n_0 = \exp\left(-\frac{E_1 - E_0}{kT}\right) \qquad n_2/n_0 = \exp\left(-\frac{E_2 - E_0}{kT}\right)$$

$$n_0 = \frac{5\cdot 10^{27}}{1 + \exp\left(-\dfrac{E_1}{kT}\right) + \exp\left(-\dfrac{E_2}{kT}\right)} = 4,715\cdot 10^{27}\,\frac{1}{\text{m}^3}$$

$$n_1 = 2,242\cdot 10^{26}\,\text{m}^{-3} \qquad n_2 = 6,078\cdot 10^{25}\,\text{m}^{-3} \qquad \boxed{\frac{\psi}{\psi_0} = \exp\left((n_2 - n_1)\sigma x\right) = 0,52}$$

Aufgabe 9

$$n_0 + n_1 + n_2 = n = 2,455\cdot 10^{23}\,\text{m}^{-3} \quad n_1/n_0 = \exp\left(-\frac{E_1 - E_0}{kT}\right) \quad n_2/n_0 = \exp\left(-\frac{E_2 - E_0}{kT}\right)$$

$$n_0 = \frac{2,455\cdot 10^{23}}{1 + \exp\left(-\dfrac{E_1}{kT}\right) + \exp\left(-\dfrac{E_2}{kT}\right)} = 2,235\cdot 10^{23}\,\frac{1}{\text{m}^3} \qquad \sigma = \frac{1}{x(n_2 - n_1)}\ln\frac{\psi}{\psi_0}$$

$$\sigma = \frac{1 + \exp\left(-\dfrac{E_1}{kT}\right) + \exp\left(-\dfrac{E_2}{kT}\right)}{xn\left(\exp\left(-\dfrac{E_2}{kT}\right) - \exp\left(-\dfrac{E_1}{kT}\right)\right)} \ln\frac{\psi}{\psi_0} = 2{,}61 \cdot 10^{-22}\,\text{m}^2$$

A.2   Lösungen zu den Aufgaben von Kapitel 2.1

Aufgabe 1

Der Frequenzabstand benachbarter axialer Moden beträgt $\Delta f = c / 2L = 43\,\text{MHz}$, so dass genau zwei Moden in die Breite der Verlustgeraden hineinpassen.

Aufgabe 2

a) Es gilt $n\dfrac{\lambda}{2} = L$ und damit: $\boxed{\lambda = \dfrac{2L}{n} = 632{,}8\,\text{nm}}$.

b) Aus $n\dfrac{\lambda}{2} = L$ (vorher) und $(n+1)\dfrac{\lambda}{2} = L + \Delta L$ (nachher) erhält man durch Eliminieren von

$\lambda: \dfrac{L}{n} = \dfrac{L + \Delta L}{n+1}$. Nach ΔL aufgelöst: $\boxed{\Delta L = \dfrac{L}{n} = 0{,}316\,\mu\text{m}}$.

Aufgabe 3

Aus $n\dfrac{\lambda}{2} = L$ (vorher) und $(n + \Delta n)\dfrac{\lambda}{2} = L + \Delta L$ (nachher) erhält man durch Division der

Gleichungen: $\dfrac{n}{n + \Delta n} = \dfrac{L}{L + \Delta L}$. Mit $\Delta L = \alpha L \Delta T$ erhält man nach Δn aufgelöst:

$\boxed{\Delta n = n\alpha\Delta T = 20}$

Aufgabe 4

Mit $f_n = \dfrac{cn}{2l}$ (vorher) und $f_n^* = \dfrac{cn}{2(l + \Delta l)}$ (nachher) erhält man für die Frequenzverschiebung

$\Delta f = f_n - f_n^* = \dfrac{cn\Delta l}{2l(l + \Delta l)}$. Damit ist die Längenänderung: $\boxed{\Delta l = \dfrac{2\Delta f l^2}{cn - 2l\Delta f} = 20\,\mu\text{m}}$.

Aufgabe 5

Erwärmung bedeutet Verlängerung des Resonators und damit eine Abnahme der Frequenz. Es gilt also mit $f_n = \dfrac{cn}{2l}$ (vorher) und $f_n^* = \dfrac{cn}{2(l + \Delta l)}$ (nachher) für die Frequenzverschiebung

$\Delta f = f_n - f_n^*$, wobei $\Delta f > 0$. Mit $\Delta l = \alpha l \Delta T$ erhält man: $\Delta f = \dfrac{cn}{2l} - \dfrac{cn}{2(l + \alpha l \Delta T)}$. Daraus

errechnet man: $\boxed{\Delta T = \dfrac{2l\Delta f}{\alpha(cn + 2l\Delta f)} = 5K}$

Aufgabe 6

a) Es gilt: $\dfrac{cn}{2L} = \dfrac{c(n+3)}{2(L + \Delta L)}$. Nach ΔL aufgelöst, erhält man: $\boxed{\Delta L = \dfrac{3L}{n} = 1,2\,\mu m}$

b) Für die Frequenz gilt: $f = \dfrac{cn}{2L} = \dfrac{c}{\lambda}$. Somit erhält man: $\boxed{\lambda = \dfrac{2L}{n} = 800\,nm}$

Aufgabe 7

Es gilt $f_i = \dfrac{ic}{2L}$ und $f_i - \Delta f = \dfrac{ic}{2(L + \Delta L)}$. Man erhält daraus: $(f_i - \Delta f)\cdot(L + \Delta L) = \dfrac{ic}{2}$ bzw.

$(f_i - \Delta f)\cdot(L + \Delta L) = Lf_i$. Nach ΔL aufgelöst: $\boxed{\Delta L = \dfrac{L\cdot\Delta f\cdot\lambda}{c - \Delta f\cdot\lambda} = 2\,cm}$.

A.3   Lösungen zu den Aufgaben von Kapitel 2.2

Aufgabe 1

Es gilt: $0 < g_1 g_2 < 1$ und damit: $0 < \dfrac{4}{3}\cdot\left(1 - \dfrac{L}{R_2}\right) < 1$. Aus den beiden Ungleichungen folgt

$L < R_2$ und $\dfrac{1}{4} < \dfrac{L}{R_2}$. Für den Spiegelradius gilt $\boxed{L < R_2 < 4L}$ oder $\boxed{2m < R_2 < 8m}$

Aufgabe 2

Da der Radius der Phasenfronten R mit der Spiegelkrümmung übereinstimmen muß, erhält

man aus $R(z) = z\left[1 + \left(\dfrac{\pi w_0^2}{\lambda z}\right)^2\right]$ mit z=0,75m und $w_0 = 0,6633\cdot 10^{-3}\,m$ sofort: $\boxed{R = 3,0\ m}$

Aufgabe 3

Es gelten die Bedingungen $z_1 = \dfrac{L(R_2 - L)}{R_1 + R_2 - 2L} = \dfrac{2L}{3}$ und $\left(1 - \dfrac{L}{R_1}\right)\cdot\left(1 - \dfrac{L}{R_2}\right) = \dfrac{1}{2}$

Vereinfacht: $R_2 - 2R_1 + L = 0$ und $R_1R_2 - 2LR_1 - 2LR_2 + 2L^2 = 0$ Eliminiert man hieraus R_2,

erhält man $2R_1^2 - 7R_1L + 4L^2 = 0$ und hieraus: $R_1 = \dfrac{7 \pm \sqrt{17}}{4}L$. Damit: $\boxed{R_1 = 2,781L}$

$\boxed{R_1' = 0,719L}$ Aus $R_2 = 2R_1 - L$ folgt: $\boxed{R_2 = 4,562L}$ und $\boxed{R_2' = 0,438L}$

Aufgabe 4

Es ist $g = 1 - \dfrac{L}{R} = 1 - \dfrac{L2}{3L} = \dfrac{1}{3}$ und $g' = 1 - \dfrac{L}{R'} = 1 - \dfrac{L}{kL} = 1 - \dfrac{1}{k}$. Man erhält für die Strahlradien

w_1 und w_2:

$$\sqrt[4]{\left(\dfrac{\lambda L}{\pi}\right)^2 \dfrac{1}{1-g^2}} \cdot \sqrt{2} = \sqrt[4]{\left(\dfrac{\lambda L}{\pi}\right)^2 \dfrac{1}{1-g'^2}} \quad \text{bzw.} \quad 2k^2 - 18k + 9 = 0$$

Als Lösung erhält man: $\boxed{k_1 = 8,4686}$ $\qquad$ $\boxed{k_2 = 0,5314}$

Aufgabe 5

Mit $w_0 = \dfrac{\lambda}{\pi\Theta}$ bedeutet Halbierung von λ auch Halbierung von w_0. Es gilt also: $w_{02} = w_{01}/2$.

Mit $g_{11} = 1 - \dfrac{L}{R_{11}}$, $g_{12} = 1 - \dfrac{L}{R_{12}}$ und $g_2 = 1$ folgt: $\sqrt{\dfrac{L\lambda_2}{\pi}}\sqrt[4]{\dfrac{g_{12}}{1-g_{12}}} = \dfrac{1}{2}\sqrt{\dfrac{L\lambda_1}{\pi}}\sqrt[4]{\dfrac{g_{11}}{1-g_{11}}}$.

Vereinfacht und g_{11}, g_{12} und g_2 eingesetzt liefert das: $\boxed{R_{12} = \dfrac{R_{11} + 3L}{4}}$

Aufgabe 6

Ist R der Krümmungsradius der Phasenfronten ($R > 0$), so gilt für die Brennweite des Aus-
koppelspiegels mit $r_1 = -R$ und $r_2 \to \infty$: $f = -\dfrac{R}{n-1}$. Es gilt andererseits: $\dfrac{1}{R/2} = \dfrac{1}{R} - \dfrac{1}{f}$

bzw. $\dfrac{1}{f} = -\dfrac{1}{R}$. Es folgt also für n: $-R = -\dfrac{R}{n-1}$ bzw. $n-1 = 1$ oder $\boxed{n = 2}$

Aufgabe 7

Für w_0 gilt: $w_0 = \dfrac{\lambda}{\pi\Theta} = 3,68\,\text{mm}$. Setzt man das in $R(z) = z\left[1 + \left(\dfrac{\pi w_0^2}{\lambda z}\right)^2\right]$ ein, erhält man mit

$z = 2\,\text{m}$ für R: $\boxed{R = 10\,\text{m}}$

Aufgabe 8

$$R(z) = z\left[1 + \left(\frac{\pi w_0^2}{\lambda z}\right)^2\right] \text{ nach } \lambda \text{ aufgelöst ergibt: } \boxed{\lambda = \frac{\pi w_0^2}{z\sqrt{(R/z)-1}}} \text{ bzw. } \boxed{\lambda = 10{,}6\mu m}$$

Aufgabe 9

Aus der Zeichnung folgt: $\tan\Theta = \dfrac{0{,}0842\,\text{m}}{2{,}5\,\text{m}}$ $\quad \Theta = 0{,}0337\,\text{rad}$

$w_0 = \dfrac{\lambda}{\pi\Theta}$ $\quad w_0 = 0{,}1\,\text{mm}$, also $\boxed{\text{Verringerung um Faktor 23}}$.

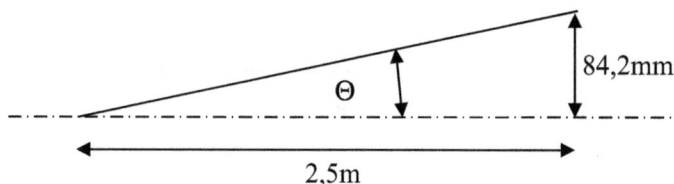

84,2mm

2,5m

Aufgabe 10

Aus $w(z) = w_0\sqrt{1 + \left(\dfrac{\lambda z}{\pi w_0^2}\right)^2}$ und $R(z) = z\left[1 + \left(\dfrac{\pi w_0^2}{\lambda z}\right)^2\right]$ folgt jeweils:

$$\left(\frac{w}{w_0}\right)^2 = 1 + \left(\frac{\lambda z}{\pi w_0^2}\right)^2 \qquad \frac{R(z)}{z} = 1 + \left(\frac{\pi w_0^2}{\lambda z}\right)^2 \text{ bzw. } \left(\frac{\lambda z}{\pi w_0^2}\right)^2 = \frac{1}{\dfrac{R(z)}{z} - 1}$$

Damit: $\left(\dfrac{w}{w_0}\right)^2 = 1 + \dfrac{1}{\dfrac{R}{z} - 1} = 1 + \dfrac{1}{\dfrac{4}{3} - 1} = 4$ bzw. $\boxed{\dfrac{w}{w_0} = 2}$

Aufgabe 11

a) Der Strahlradius am Ort der Linse muß für einfallenden und gebrochenen Strahl gleich

sein. Mit $w(z) = w_0\sqrt{1 + \left(\dfrac{\lambda z}{\pi w_0^2}\right)^2}$ gilt also: $w_0\sqrt{1 + \left(\dfrac{\lambda z_1}{\pi w_0^2}\right)^2} = (2w_0)\sqrt{1 + \left(\dfrac{\lambda z_2}{\pi(2w_0)^2}\right)^2}$

Nach z_2 aufgelöst, folgt: $\boxed{z_2 = \sqrt{4z_1^2 - \dfrac{3}{4}\left(\dfrac{4\pi w_0^2}{\lambda}\right)^2}}$ $\boxed{z_2 = 2\,\text{m}}$

b) Nach Gl. $R(z) = z\left[1 + \left(\dfrac{\pi w_0^2}{\lambda z}\right)^2\right]$ gilt für den Radius der Phasenfrontkrümmung vor der

Linse: $R_1 = z_1\left(1 + \left(\dfrac{\pi w_0^2}{\lambda z_1}\right)^2\right)$ u. wg. $z_2 = 2z_1$ danach: $R_2 = 2z_1\left(1 + \left(\dfrac{\pi(2w_0)^2}{\lambda(2z_1)}\right)^2\right)$

Man errechnet $R_1 = 1$m und $R_2 = 2$m. Mit $\dfrac{1}{(-R_2)} = \dfrac{1}{R_1} - \dfrac{1}{f}$ folgt: $\boxed{f = \dfrac{R_1 R_2}{R_1 + R_2} = 0{,}67\text{m}}$

Aufgabe 12

Man errechnet $w_e = 4{,}0$mm. Der Radius der Phasenfrontkrümmung ist unmittelbar vor der 2,5"-Linse $R_{v\,2,5"} = 0{,}591$m. Transformation liefert Radius nach der 2,5"-Linse:

$R_{n\,2,5"} = -0{,}0711$m. Radius in der neuen Strahltaille: $w_{0\,2,5"} = 6{,}02$ μm.

Um den nötigen Abstand $z_{5"}$ der Taille von der zweiten Linse auszurechnen, löst man

$w(z) = w_0\sqrt{1 + \left(\dfrac{\lambda z}{\pi w_0^2}\right)^2}$ mit $w_0 = w_{0\,2,5"}$ und $w = 2w_e = 8{,}0$ mm nach $z_{5"}$ auf:

$z_{5"} = \dfrac{\pi w_{0 2,5"}^2}{\lambda}\sqrt{\left(\dfrac{w}{w_{0 2,5"}}\right)^2 - 1}$ $z_{5"} = 0{,}142$ m $\boxed{a = \left|z_{2,5"}\right| + z_{5"} = 21{,}3\text{cm}}$

Aufgabe 13

Mit $z=2$ m gilt: $w(t) = w_0\sqrt{1 + \left(\dfrac{\lambda z}{\pi w_0^2}\right)^2} = 3{,}82$mm ; es folgt: $\boxed{\psi_0 = \dfrac{2P}{\pi w^2} = 2{,}61\dfrac{\text{MW}}{\text{m}^2}}$

Aufgabe 14

a) Aus $R(z) = z\left[1 + \left(\dfrac{\pi w_0^2}{\lambda z}\right)^2\right]$ folgt: $\left(\dfrac{\pi w_0^2}{\lambda z}\right)^2 = \dfrac{R}{z} - 1$. Eingesetzt in $w(z) = w_0\sqrt{1 + \left(\dfrac{\lambda z}{\pi w_0^2}\right)^2}$

liefert: $w(z) = w_0\sqrt{1 + \dfrac{1}{R/z - 1}}$ Nach w_0 aufgelöst folgt: $\boxed{w_0 = w\sqrt{1 - z/R} = 0{,}20\text{mm}}$

b) Aus a) folgt: $\sqrt{\dfrac{R}{z} - 1} = \dfrac{\pi w_0^2}{\lambda z}$ $\boxed{\lambda = \dfrac{\pi w_0^2}{z}\dfrac{1}{\sqrt{R/z - 1}} = 632{,}8\text{nm}}$

Aufgabe 15

$$\frac{1}{f'} = (n-1)\left(\frac{1}{r_1} - \frac{1}{r_2}\right) \text{ mit } r_1 = -3 \text{ m}, n = 1{,}50669 \text{ und } r_2 = R_2^* \text{ und } \frac{1}{R^*} = \frac{1}{R} - \frac{1}{f'} \text{ mit } R = R_2 =$$

3 m und $R^* = 2{,}494$ m folgt durch Eliminieren von f: $\dfrac{1}{R^*} = \dfrac{1}{R_2} - (n-1)\left(\dfrac{1}{r_1} - \dfrac{1}{R_2^*}\right)$

Aufgelöst nach R_2^* erhält man: $\boxed{R_2^* = \dfrac{(n-1)R^* R_2 r_1}{r_1 R_2 - R^* r_1 + R^* R_2 (n-1)}}$ $\boxed{R_2^* = -5{,}0\,\text{m}}$

Aufgabe 16

a) $\boxed{g_1 = 0{,}5}$ und $\boxed{g_2 = 0{,}25}$, Resonator stabil.

b) $\boxed{w_1 = 0{,}620 \text{ mm}}$ und $\boxed{w_2 = 0{,}876 \text{ mm}}$.

c) $\boxed{w_0 = 0{,}580 \text{ mm}}$

d) $\boxed{z_1 = 0{,}375 \text{ m}}$ und $\boxed{z_2 = 1{,}125 \text{ m}}$.

e) Brennweite des Auskoppelspiegels $f = -4$ m; Parameter nach Linsendurchgang: $R_0^* = 1{,}33$ m und $w_0^* = 0{,}44$ mm; Divergenzwinkel: $\boxed{\Theta = 0{,}76 \text{ mrad}}$.

Aufgabe 17

a) $\boxed{g_1 = 0{,}25}$ und $\boxed{g_2 = 3}$ $g_1 g_2 = 0{,}75$, der Resonator ist stabil.

b) $\boxed{z_1 = 3{,}857\text{m}}$ und $\boxed{z_2 = -0{,}857\text{m}}$ (also außerhalb des Resonators)

c) $\boxed{w_0 = 0{,}501 \text{ mm}}$ (siehe Skizze).

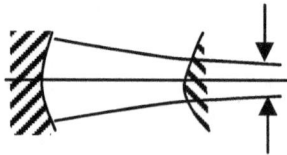

d) $\boxed{w_1 = 2{,}65 \text{ mm}}$ und $\boxed{w_2 = 0{,}77 \text{ mm}}$

e) Brennweite: $f = 3$ m. Transformation der Phasenfrontkrümmung liefert: $R^* = -1$ m. Es folgt $\boxed{z^* = -0{,}75 \text{ m}}$

f) $\boxed{w_0^* = 0{,}383 \text{ mm}}$

g) $\boxed{\Theta = 0{,}88 \text{ mrad}}$; der Laser liefert einen Fokus

Aufgabe 18

a) $g_1 = 0{,}9$ und $g_2 = 0{,}8$ $g_1 g_2 = 0{,}72$ (stabil)

b) $z_1 = 0{,}615$ m $z_2 = 1{,}385$ m

c) $w_0 = 3{,}41$ mm

d) $w_1 = 3{,}47$ mm $w_2 = 3{,}68$ mm

e) $R^* = 6{,}818$ m

f) $\Theta = 1{,}06$ mrad

g) $z^* = -0{,}53$ m (Strahltaille hinter der Linse)

h) $w_0^* = 0{,}485$ mm

Aufgabe 19

a) $g_1 = 0{,}6$ und $g_2 = 1$

b) Verdopplung der Frequenz heißt Halbierung der Wellenlänge, also $\lambda = 532$ nm. (Man beachte aber, daß die hier angenommene 100%ige Konversion praktisch nicht zu realisieren ist). Damit $w_1 = 0{,}644$ mm und $w_2 = w_0 = 0{,}499$ mm. $w(0{,}2$ m$) = 0{,}504$ mm Damit liefert die Gl. $\psi_0 = \dfrac{2P}{\pi w^2}$: $\psi_0 = 352$ MW/m².

c) Brennweite $f = -5{,}77$ m $z^* = 1{,}197$ m und $w_0^* = 0{,}404$ mm. Divergenzwinkel $\Theta = 0{,}418$ mrad

d) Spiegel wirkt wie Linse mit Brennweite $f = 0{,}25$ m am Ort $z = 1{,}197$ m $+ 0{,}25$ m $= 1{,}447$ m. $w(1{,}447$ m$) = 0{,}729$ mm und $R(1{,}447$ m$) = 2{,}09$ m. Nach Transformation $w_0^* = 0{,}0657$ mm und $R^* = -0{,}2840$ m $\Theta = 2{,}57$ mrad

Aufgabe 20

a) $w_1 = 0{,}350$ mm und $w_2 = 0{,}496$ mm

b) Brennweite des Auskoppelspiegels: $f = -2{,}88$ m Phasenfrontkrümmung nach dem Spiegel: $R^* = 0{,}987$ m, $z^* = 0{,}689$ m. Divergenzwinkel: $\Theta = 0{,}6$ mrad.

c) $R(0{,}689$ m $+ 1{,}205$ m$) = 2{,}0$ m.

d) Konversion der Phasenfrontkrümmung: $\dfrac{1}{2R} = \dfrac{1}{R} - \dfrac{1}{f} = \dfrac{1}{R} - \dfrac{2}{R_s}$ (R_2 ist der Spiegelradius).

Nach R aufgelöst: $R_s = 4R = 8{,}0$ m

Aufgabe 21

Der CO_2-Laser hat ein w_0 von 5,20 mm. $w(6$ m$) = 6{,}50$ mm und $R(6$ m$) = 16{,}67$ m. Die Brennweiten der Linse für die beiden Wellenlängen sind $f_{CO2} = 0{,}0356$ m und $f_{He\text{-}Ne} = 0{,}0314$ m. Transformation für den CO_2-Laser: $R^* = -0{,}0357$ m und $z^* = -0{,}0357$ m. „Rückwärtsrechung" für den HeNe-Laser mit $\lambda = 632,8$ nm und z^*: $w(z^*) = 0,720$ mm und $R(z^*) = -3,573$ cm. Transformation der Phasenfrontkrümmung: $R^* = -0,257$ m. Daraus neues w_0^*: 71,6 µm und $\boxed{\Theta = 2,8 \text{ mrad}}$.

Aufgabe 22

a) $\dfrac{1}{R/2} = \dfrac{1}{R} - \dfrac{1}{R_s/2}$ $\qquad \dfrac{2}{R_s} = \dfrac{1}{R} - \dfrac{2}{R} = -\dfrac{1}{R}$; $\qquad \boxed{R_s = -2R = -1\text{m}}$ (konvex)

b) $z^* = \dfrac{\pi^2 w^{*4} R^*}{\pi^2 w^{*4} + \lambda^2 R^{*2}}$ liefert mit $w^* = 300$ µm und $R^* = 50$ cm: $\qquad \boxed{z_1 = 0,222 \text{ m}}$

c) $w_0^* = \dfrac{\lambda R^* w^*}{\sqrt{\pi^2 w^{*4} + \lambda^2 R^{*2}}}$ liefert mit $w^* = 300$mm und $R^* = 50$cm/2 = 25cm: $\boxed{w_{02} = 146,5 \text{ mm}}$

Aufgabe 23

a) w am Ort der Linse nach: $w = 3,88$ mm; nach $\psi_0 = \dfrac{2P}{\pi w^2}$: $\boxed{\psi_0 = 42,2 \text{ MW/m}^2}$

b) Für $R^* \to \infty$: $0 = \dfrac{1}{R} - \dfrac{1}{f'}$ bzw. $R = f'$ Man erhält: $R(2\text{ m}) = 7,21$ m. Also $f' = 7,21$ m. Es folgt mit $r_2 = -r_1$: $\dfrac{1}{f'} = (n-1)\dfrac{2}{r_1}$ bzw. $\boxed{r_1 = 2(n-1)f' = 20,2\text{ m}}$

Aufgabe 24

a) $\boxed{w_0 = 3,0 \text{ mm}}$

b) Identische Rückreflexion, wenn Spiegelradius mit Phasenfrontkrümmung übereinstimmt: $\boxed{R(4,373\text{ m}) = 6,0\text{ m} = R_S}$

c) $w(4,373\text{ m}) = 5,76$ mm $\boxed{\psi_0 = 1 \text{ MW/m}^2}$

Aufgabe 25

Bei 100% Konversion bleibt P konstant, aus $\psi_0 = \dfrac{2P}{\pi w^2}$ folgt: $\psi_{1064} w^2_{1064} = \psi_{532} w^2_{532}$. Beim Strahlradius gilt: $w \propto \sqrt{\lambda}$ Damit gilt: $\psi_{1064} \cdot 1064\,\text{nm} = \psi_{532} \cdot 532\,\text{nm}$ woraus folgt: $\boxed{\dfrac{\psi_{532}}{\psi_{1064}} = 2}$

Aufgabe 26

Es gilt: $w_2 = w_1\sqrt{1+\dfrac{\lambda L}{\pi w_1^2}}$, da $w_0 = w_1$ ist. Daraus: $\boxed{L = \dfrac{\pi}{\lambda}\left(w_2^2 - w_1^2\right) = 1,52\,\mathrm{m}}$

$$\boxed{R_2 = R(L) = L\left(1+\left(\dfrac{\pi w_1^2}{\lambda L}\right)^2\right) = 3,0\,\mathrm{m}}$$

Aufgabe 27

a) $\boxed{w = \sqrt{\dfrac{2P}{\pi\psi_0}} = 3,25\,\mathrm{cm}}$

b) $\boxed{\Theta \approx \dfrac{w}{z} = 0,65\,\mathrm{mrad}}$

c) $\boxed{w_0 = \dfrac{\lambda}{\pi\Theta} = 5,19\,\mathrm{mm}}$

d) $\boxed{R(z) = z\left(1+\left(\dfrac{\pi w_0^2}{\lambda z}\right)^2\right) = 19,9\,\mathrm{m}}$ mit $z = 4\,\mathrm{m}$

Aufgabe 28

a) $\boxed{R(z) = z\left(1+\left(\dfrac{\pi w_0^2}{\lambda z}\right)^2\right) = 2,0\,\mathrm{m}}$ mit $z = 1,5\,\mathrm{m}$ und $\lambda = 1064,1\,\mathrm{nm}$

b) Mit $\dfrac{1}{R^*} = \dfrac{1}{R} - \dfrac{1}{f}$ gilt wegen $f = R$ und $\dfrac{1}{R^*} = 0$ für die Phasenfrontkrümmung nach

Linsendurchtritt $R^* \to \infty$. Das bedeutet ebene Phasenfront und damit Strahltaille am Linse-

nort nach Linsendurchtritt: $\displaystyle\lim_{R^*\to\infty} z^* = \lim_{R^*\to\infty}\dfrac{\pi^2 w^{*4} R^*}{\pi^2 w^{*4} + \lambda^2 R^{*2}} = \lim_{R^*\to\infty}\dfrac{\pi^2 w^{*4}}{\dfrac{\pi^2 w^{*4}}{R^*} + \lambda^2 R^*} = 0$.

c) $\displaystyle\lim_{R^*\to\infty} w_0^* = \lim_{R^*\to\infty}\dfrac{\lambda R^* w^*}{\sqrt{\pi^2 w^{*4} + \lambda^2 R^{*2}}} = \lim_{R^*\to\infty}\dfrac{\lambda w^*}{\sqrt{\dfrac{\pi^2 w^{*4}}{R^{*2}} + \lambda^2}} = w^*$. Damit folgt:

$$\boxed{w(z) = w_0\sqrt{1+\left(\dfrac{\lambda z}{\pi w_0^2}\right)^2} = 1,083\,mm = w_0^*}$$

Aufgabe 29

Wegen $g_1 = 1 - \dfrac{L}{R_1} = -\dfrac{1}{3}$ gilt im Falle der Stabilität: $0 < -\dfrac{1}{3}g_2 < 1$. Es folgt

$0 < -\dfrac{1}{3}\left(1 - \dfrac{L}{R_2}\right) < 1$ und $1 < \dfrac{L}{R_2} < 4$ bzw. $\boxed{L > R_2 > \dfrac{L}{4}}$ $\boxed{1\text{m} < R_2 < 4\text{m}}$

Lexikon

deutsch–englisch

A

Abbesche Zahl	abbe number
Abbildungsgleichung der dünnen Linse	lensmaker's formula
abgeschmolzener CO_2-Laser	sealed-off CO_2-Laser
Ablenkung	deviation
Achromasiebedingung	achromatism condition
Achromat	achromatic lens, achromatic system
Airysches Beugungsscheibchen	Airy disk
Akkommodation	accommodation
Aktivatorion	activator ion
aktive Modenkopplung	active mode locking
aktive Schicht	active layer
akustooptischer Güteschalter	acoustooptic Q-switch
Akzeptor	acceptor
Amalgam	amalgam
Amplitude	amplitude
angespleißt	spliced
angulare Vergrösserung	angular magnification
Anlaufglas (b. Filtern)	colloidally coloured glass
Anodenfall	anode fall
anomale Dispersion	anomalous dispersion
anomale Glimmentladung	anomalous glow discharge
Anregung	excitation
Antireflexbeschichtung	antireflection coating
Aperturblende	aperture stop
Aplanat	aplanatic lens
Argon-Ionen-Laser	argon ion laser
asphärische Oberfläche	aspherical surface
astigmatische Differenz	astigmatic difference
Astigmatismus	astigmatism
Astonscher Dunkelraum	Aston dark space
astronomisches Fernrohr	astronomical telescope
asymmetrische Streckschwingung	asymmetric stretch mode of vibration
Auflösung	resolution
Auflösungsgrenze	limit of resolution
Auflösungsvermögen	resolving power
Auge	eye
außerordentlicher Strahl	extraordinary ray
Austrittsarbeit	work function

Austrittspupille	exit pupil
Auswahlregel	selection rule
axiale Mode	axial mode

B

Bandlücke	energy gap
Bandpassfilter	band pass filter
Barren (b. Laserdioden)	bar
Beersches Gesetz	Lambert–Beer law
Beleuchtungsstärke	illuminance
Besetzungsinversion	population inversion
Bestrahlungsstärke	irradiance
Beugungsgitter	diffraction grating
Beugungsmaßzahl (M^2)	beam quality factor (M^2)
Biegeschwingung	bending mode of vibration
Bildfeldwölbung	field curvature
Bildraum	image space
bildseitige Brennweite	image focal length, second focal length
bildseitiger Brennpunkt	image focus, second focus
Bildweite	image distance
Bleiglas	lead glass
Blende	aperture
Blendenzahl	f-number
Blitzlampe	flash-lamp
Bogenentladung	arc discharge
Bohrsches Atommodell	Bohr model
Boltzmannverteilung	Boltzmann distribution
Boosterschaltung	booster circuit
Borsilikatglas	borosilicate glass
Brechkraft	refracting power
Brechung	refraction
Brechungsgesetz	law of refraction
Brechungsindex	refractive index
Brechungswinkel	angle of refraction
Brechzahl	refractive index
Brennerrohr	arc tube
Brennpunkt	focal point
brennpunktsbezogene Abbildungsgleichung	Newtonian form of the lens equation
Brennschneiden	reactive fusion cutting
Brennweite	focal length
Brewsterwinkel	Brewster's angle
Brillanz	brightness
Brillenglas	lens
Brom	bromine

C

Chlor	chlorine
Chrom	chromium
chromatische Aberration	chromatic aberration
convex	convex
Crookesscher Dunkelraum	Crookes dark space

D

Dachkantprisma	roof prism
Dampfdruck	vapour pressure
Dampfkapillare (beim Laserschweißen)	keyhole
Dauerstrich	continuous wave
Dauerstrichbetrieb	continuous wave operation
Defekthalbleiter	p-type semiconductor
Dichroismus	dichroism
dicke Linse	thick lens
dielektrische Schichten	dielectric layer
dielektrischer Mehrschichtenspiegel	multilayer dielectric mirror
Dielektrizitätskonstante	dielectric constant
diffusionsgekühlter Laser	diffusion cooled laser
Diodenlaser	diode laser
Dioptrie	diopter
dioptrisch	dioptric
Dipolmoment	dipole moment
direkte Bandlücke	direct band gap
Dispersion	dispersion
Dispersionsformel	dispersion formula
Dissoziationsenergie	dissociation energy
Dissoziationsgrad	degree of dissociation
Divergenzwinkel	divergence angle
Donator	donor
Doppelbild	double image
Doppelbrechung	birefringence
Doppelkernfaser	double-clad fibre
Dopplerverbreiterung	Doppler broadening
Dosis	dose
Dove-Prisma	dove prism
Drehimpulsquantenzahl	orbital quantum number
Drehvermögen	rotatory power
Drei-Niveau-System	three-level-system
Drossel	choke
Druckverbreiterung	pressure broadening
dünne Linse	thin lens
Durchlassrichtung	forward direction
Düse (Laserschneiden)	nozzle

E

Edelgas	rare gas, noble gas
Eigenschwingung (eines Moleküls)	normal mode of vibration
Einfallsebene	plane of incidence
Einfallswinkel	angle of incidence
Einfarbigkeit	monochromacity
Einstein-Koeffizient	Einstein coefficient
Eintrittspupille	entrance pupil
Einwirkungsdauer	exposure time
Einzelemitter	single emitter
elektrisches Feld	electric field
Elektrodenverlust	electrode loss

elektromagnetische Welle	electromagnetic wave
elektrooptischer Güteschalter	electrooptic Q-switch
elliptische Polarisation	elliptical polarization
elliptischer Spiegel	elliptical mirror
Emissionsgrad	emissivity
Emitter	emitter
Energieband	energy band
Entladung	discharge
Entladungslampe	discharge lamp
Epithel	epithelial layer
Erbium	erbium
Etalon	etalon
evaneszente Welle	evanescent wave
externe Quanteneffizienz	external quantum efficiency

F

Fabry–Perot-Interferometer	Fabry–Perot interferometer
Fadenkreuz	reticule
Faradayscher Dunkelraum	Faraday dark space
Farbstofflaser	dye laser
Faser-Bragg-Gitter	fibre Bragg grating
Faserlaser	fibre laser
FEL (Freie-Elektronen-Laser)	free-electron laser
Feldemission	field emission, auto-electronic emission
Feldstecher	binocular
Fermatsches Prinzip	Fermat's Principle
Fermi–Dirac-Verteilung	Fermi–Dirac distribution
Fermienergie	Fermi energy
Ferminiveau	Fermi level
Fernrohr	telescope
Festkörperlaser	solid-state laser
Finesse	finesse
Fleck	blur
Fluchtkegel	escape cone
Fluor	fluorine
Fluoreszenzlebensdauer	fluorescent lifetime
Frank–Condon Prinzip	Frank–Condon principle
Fraunhofersche Beugung	Fraunhofer diffraction
Freie-Elektronen-Laser (FEL)	free-electron laser
Frequenzvervielfachung	frequency multiplication
Frequenzverdopplung	second harmonic generation, frequency doubling
Fresnel-Linse	Fresnel lens
Fresnelsche Beugung	Fresnel diffraction
Fresnelsche Formeln	Fresnel equations
Füllfaktor	fill factor

G

Galileisches Fernrohr	Galilean telescope
Gasentladungslampe	gas discharge lamp
Gasfüllung	gas filling
Gasgemisch	gas mixture

Gaszusammensetzung	gas composition
Gaußbündel	Gaussian beam
Gauß-Profil (einer Spektrallinie)	Gaussian lineshape
Gegenstandsraum	object space
gegenstandsseitige Brennweite	first focal length, object focal length
gegenstandsseitiger Brennpunkt	object focus, first focus
Gegenstandsweite	object distance
gelber Fleck	macula
Germanium	germanium
Gesetz von Malus	Malus's Law
Gewinnführung	gain guiding
Glan–Taylor Polarisationsprisma	Glan–Taylor polarizing prism
Glan–Thompson Polarisationsprisma	Glan–Thompson polarizing prism
Glas	glass
Glasfaser	glass fibre
Glaskolben	glass bulb
Glaskörper	vitreous humo(u)r
Glaslot	glass solder
Glasröhre	glass tube
Glasversiegelung (bei Lampen)	seal glass
Gleichstrom	direct current, d.c.
Glimmentladung	glow discharge
Glühbirne	electric bulb, incandescent bulb
Glühemission	thermoionic emission
Glühfaden	filament
Glühlampe	incandescent lamp
Gradientenindexfaser	graded index fibre
Granat	garnet
grauer Star	cataract
grauer Strahler	grey body
Grenzwinkel der Totalreflexion	critical angle
großer Modenfelddurchmesser	large-mode-area (LMA)
Grundglas (b. Filtern)	base glass
Grundmode	fundamental mode
Güteschalter	Q-switch

H

halbe Halbwertsbreite	half width at half maximum HWHM
Halbleiter	semiconductor
Halbleiterlaser	semiconductor laser
Halogen	halogen
Halogenid	halide
Halogenlampe	tungsten halogen lamp
Halophosphat	halophosphate
Hauptebene	principal plane
Hauptpunkt	principal point
Hauptquantenzahl	principal quantum number
Hauptstrahl	chief ray
Helium	helium
Helium-Cadmium-Laser	helium-cadmium laser
Helium-Neon-Laser	helium-neon laser

Helium-Selen-Laser	helium-selenium laser
Heterostrukturlaser	heterojunction laser
Hilfselektrode	auxiliary electrode
hintere Brennweite	second focal length, image focal length
Hittorfscher Dunkelraum	Hittorf dark space
Hochdruckentladung	high pressure discharge
Hochvolt-Halogenlampe	high volt halogen lamp
Hohlraum	cavity
Hohlspiegel	concave mirror
Holmium	holmium
Holographie	holography
homogene Linienverbreiterung	homogeneous broadening
Homostrukturlaser	homojunction laser
Hornhaut	cornea
Hüllkolben (bei Lampen)	outer envelope
Huygens–Fresnelsches Prinzip	Huygens–Fresnel principle
Huygenssches Prinzip	Huygens's principle

I

Immersionsöl	immersion oil
indirekte Bandlücke	indirect band gap
Induktionslampe	induction lamp
inhomogene Linienverbreiterung	inhomogeneous broadening
Interferenz	interference
interne Quanteneffizienz	internal quantum efficiency
Ionen-Laser	ion laser
Ionisierung	ionization
Ionisierungsenergie	ionization energy
Iris	iris

J

Jod	iodine

K

Kalknatronglas	soda-lime glass
Kalkspat	calcite
Katalysator	catalyst
Kathodendunkelraum	cathode dark space
Kathodenfall	cathode fall
Katoptrik	catoptrics
Keplersches Fernrohr	Keplerian astronomical telescope
Keramikbrenner	ceramic arc tube
Kern (b. Glasfasern)	core
Kirchhoffsches Gesetz	Kirchhoff's law
kissenförmige Verzeichung	pincushion distortion
Kohärenzlänge	coherence length
Kohlendioxid	carbon dioxide
Kolbenschwärzung	bulb blackening
Kollimation	collimation
Koma (Abbildungsfehler)	coma, comatic aberration
komplexer Brechungsindex	complex index of refraction

Kondensorlinse	condenser lens
konjugierte Ebenen	conjugate planes
konjugierte Punkte	conjugate points
konkav	concave
kontinuierlicher Betrieb	continuous wave operation
konvektionsgekühlter Laser	convection cooled laser
Konvexspiegel	convex mirror
kovalente Bindung	covalent bond
Kronglas	crown glass
Krümmungsradius	radius of curvature
Krypton	krypton
Kupferdampflaser	copper vapour laser
Kurzpassfilter	short pass filter

L

Lambda-Halbe-Plättchen	half-wave plate
Lambda-Viertel-Plättchen	quarter-wave-plate
Lambda-Viertel-Schicht	quarter-wavelength coating
Lambertsches Gesetz	Lambert's law
Langpassfilter	long pass filter
langsam geströmter (CO_2-)Laser	slow flow (CO_2-)laser
Lanthan	lanthanum
Laserbarren	laser bar
Laserstapel	laser stack
Laserdiode	laser diode
Laser-Doppler-Anemometrie	laser Doppler anemometry
Laserschneiden	laser cutting
Laserschutzbeauftragter	laser safety officer
Laserschweißen	laser welding
Laserschwelle	laser threshold
Laserstab	laser rod
Laserübergang	laser transition
Lateralvergrößerung	lateral magnification, transverse magnification
Lebensdauer	life (bei Geräten)
Lehre von der Lichtbrechung	dioptrics
Lehre von der Spiegelreflexion	catoptrics
Leitungsband	conduction band
Leuchtdichte	luminance
Leuchtdiode (LED)	light emitting diode (LED)
Leuchtstoff	phosphor
Lichtausbeute	efficacy
lichtdurchlässig	translucent
Lichtgeschwindigkeit	speed of light, velocity of light
Lichtstärke	luminous intensity
Lichtstrahl	ray
Lichtstrom	luminous flux
Lidschlußreflex	blink reflex
linear polarisiert	linearly polarized, plane-polarized
Linienbreite	linewidth
linksdrehend (bei d. opt. Aktivität)	levorotatory
linkszirkular polarisiert	left-circularly polarized

Linse	lens
Lithiumniobat	lithium niobate
Lochblende	diaphragm
Löcherhalbleiter	p-type semiconductor
lokales thermisches Gleichgewicht (LTG)	local thermodynamic equilibrium
longitudinale sphärische Aberration	longitudinal spherical aberration
Lorentz-Profil (einer Spektrallinie)	Lorentzian lineshape
luftgekühlt	air-cooled
Luke	field stop
Lupe	magnifier, magnifying glass

M

magnetische Quantenzahl	magnetic quantum number
magnetisches Feld	magnetic field
Mangelhalbleiter	p-type semiconductor
Mantel (b. Glasfasern)	cladding
Materialdispersion	material dispersion
Maxwellsche Geschwindigkeitsverteilung	Maxwell velocity distribution
Mehrfachreflexion	multiple reflection
Meniskuslinse	meniscus lens
Meridionalebene	meridional plane
Metallhalogen-Dampflampe	metal halide (vapour) lamp
Metalljodid	metal iodide
Mikrokanalkühlung	microchannel cooling
Mikroskop	microscope
mittlere freie Weglänge	mean free path
Modendispersion	modal dispersion, intermodal dispersion
Modenkopplung	mode locking

N

Natrium-D-Linien	sodium-D-lines
natürliche Linienbreite	natural linewidth, intrinsic linewidth
negatives Glimmlicht	negative glow
Neodym	neodymium
Neon	neon
Netzhaut	retina
Neutralfilter	neutral density filter
Newtonsche Abbildungsgleichung	Newtonian form of the lens equation
Niederdruckentladung	low pressure discharge
Niob	niobium
n-leitend	n-type
normale Dispersion	normal dispersion
normale Glimmentladung	normal glow discharge
Nullpunktsenergie	zero point energy
numerische Apertur	numerical aperture

O

Öffnungsfehler	spherical aberration
Okular	eyepiece, ocular
optische Achse	optical axis
optische Aktivität	optical activity
optische Weglänge	optical pathlength

ordentlicher Strahl	ordinary ray
organische Leuchtdiode	organic light-emitting device
Osmium	osmium
Oszillatorenstärke	oscillator strength

P

Parabolspiegel	parabolic mirror
paraxialer Strahl	paraxial ray
passive Modenkopplung	passive mode locking
Pauli-Prinzip	Pauli principle
Penning-Effekt	penning effect
Penning-Gemisch	penning mixture
Pentaprisma	penta-prism
Phasenverschiebung	phase shift
Photoeffekt	photoelectric effect
photopisches Sehen	photopic vision
Plancksche Konstante	Planck's constant
Plancksches Strahlungsgesetz	Planck radiation law
Plasma	plasma
p-leitend	p-type
pn-Übergang	pn junction
Polarisation (elektrisch u. optisch)	polarization
Polarisationskopplung von Laserstrahlen	polarization beam combining
Polarisationswinkel	polarization angle
Polarisator	polarizer
Polykarbonat	polycarbonate
Polystyrol	polystyrene
porenfrei	pore-free
positive Säule	positive column
Prisma	prism
Puffergas	buffer gas
Pumpbanden	pump band
Pumpkammer	pump cavity
Pumplichtquelle	pump source
Pumprate	pumping rate
Pumprohr	exhaust tube
Punktquelle	point source
Pupille	pupil

Q

Quantenausbeute	quantum efficiency
Quantenbedingung	quantum condition
Quantenoptik	quantum optics
Quantenzahl	quantum number
Quarz	quartz
Quecksilber	mercury
Quetschung (beim Glas)	pinch

R

Ratengleichung	rate equation
Raumladung	space charge

räumliche Kopplung von Laserstrahlen	spatial beam combining
Rayleigh-Kriterium	Rayleigh's criterion
Rayleigh-Länge	Rayleigh length, Rayleigh range
Rayleigh-Streuung	Rayleigh scattering
rechtsdrehend (bei d.opt. Aktivität)	dextrorotatory
rechtszirkular polarisiert	right-circularly polarized
rechtwinkliges Prisma	right-angle prism
reduzierte Masse	reduced mass
reelles Bild	real image
Reflektorlampe	reflector lamp
Reflexion	reflection
Reflexionsgesetz	law of reflection
Reflexionsgitter	reflection grating
Reflexionsgrad	reflectance
Reflexionsverhältnis (Fresnelsche Gl.)	amplitude reflection coefficient
Reflexionswinkel	angle of reflection
Regenbogenhaut	iris
Reintransmissionsgrad	internal transmittance
Rekombinationsstrahlung	recombination radiation
Rekristallisation	recrystallization
relative Öffnung	relative aperture
Resonanzverbreiterung	resonance broadening
Resonator	resonator
Richtungsumkehr (opt.)	retroreflection
Riefung	striation
Roots-Gebläse	roots blower
Rotationsdispersion	rotatory dispersion
Rotationsfreiheitsgrad	rotational degree of freedom
Rotationsübergang	rotational transition
Rubinlaser	ruby laser

S

Sagittalebene	sagittal plane
Sammellinse	converging lens
Saphir	sapphire
sättigbarer Absorber	saturable absorber
Sättigung	saturation
Scandium	scandium
Scheibenlaser	disk laser
Scheitelpunkt	vertex
Schmelzschneiden	fusion cutting
Schneidgeschwindigkeit	cutting speed
schnell geströmter (CO_2-)Laser	fast flow (CO_2-)laser
Schrödingergleichung	Schrödinger equation
Schutzbrille	goggles
Schutzschicht	protection layer
schwarzer Strahler	black body
Schweißgeschwindigkeit	welding speed
Schwingungsebene	plane of vibration
Schwingungsfreiheitsgrad	vibrational degree of freedom
Schwingungsübergang	vibrational transition

Sekundärelektronenemission	secondary emission
selbständige Entladung	self-sustaining discharge
selektiver Strahler	selective emitter
seltene Erden	rare earth metals
Sicherung	fuse
Silizium	silicon
skotopisches Sehen	scotopic vision
Snelliussches (Brechungs-)Gesetz	Snell's law
Sockel (bei der Lampe)	cap
Spalt	slit
spektraler Emissionsgrad	spectral emittance
Sperrrichtung	reverse direction
spezifische Ausstrahlung	radiant exitance
spezifisches Drehvermögen	specific rotatory power
sphärische Aberration	spherical aberration
sphärische Längsabweichung	longitudinal spherical aberration
sphärische Querabweichung	transverse spherical aberration
sphärischer Hohlspiegel	concave spherical mirror
sphärischer Spiegel	spherical mirror
Spiegel	mirror
Spiegelreflexkamera	single-lens reflex camera
Spiegelteleskop	reflecting telescope
Spinquantenzahl	spin quantum number
Spirale	coil
spontane Emission	spontaneous emission
Stab	rod
Stäbchenzelle	rod receptor
Stapel (b. Laserdioden)	stack
Stefan–Boltzmann-Gesetz	Stefan–Boltzmann law
Stickstoff	nitrogen
stimulierte Emission	stimulated emission
Störstelle	impurity
Stoßverbreiterung	collision broadening
Strahl (Licht-)	ray
Strahldichte	radiance
Strahlparameterprodukt	beam parameter product
Strahlquerschnitt	beam cross section
Strahlradius	spot size, beam radius
Strahlstärke	radiant intensity
Strahltaille	beam waist
Strahlung	radiation
Strahlungsfluß	radiant flux
Strahlungsleistung	radiant flux
Streifenbildung	striation
Streustrahlung	scattered radiation
Stroma	stroma
Strömungsrohr	flow tube
Stufenindexfaser	step index fibre
Sublimationsschneiden	vaporisation cutting
Superstrahlung	superradiant emission
symmetrische Streckschwingung	symmetric stretch mode of vibration

T

Tageslicht	daylight
Tantal	tantalum
Teleobjektiv	telephoto lens
Teleskop	telescope
thermodynamisches Gleichgewicht	thermodynamic equilibrium
Tiefenmaßstab	longitudinal magnification
Tiefenvergrößerung	longitudinal magnification
Tiefschweißen	"keyhole" welding
tonnenförmige Verzeichnung	barrel distortion
Totalreflexion	total internal reflection
Townsend-Entladung	Townsend-discharge
Transmissionsgrad	transmittance
Transmissionsverhältnis (Fresnelsche Gl.)	amplitude transmission coefficient
transversale Mode	transverse mode
transversale sphärische Aberration	transverse spherical aberration
Trapezverstärker	tapered amplifier

U

Überschußhalbleiter	n-type semiconductor
Undulator	undulator

V

Vakuum-Lichtgeschwindigkeit	speed of light in vacuum, velocity of light in vacuum
Valenzband	valence band
Verarmungsgebiet	depletion region
Verbindungshalbleiter	compound semiconductor
Verdampfungsrate	evaporation rate
verteilte Rückkopplung	distributed feedback
verwischte Stelle	blur
Verzeichnung	distortion
Vier-Niveau-System	four-level system
virtuelles Bild	virtual image
volle Halbwertsbreite	full width at half maximum FWHM
vordere Brennweite	first focal length, object focal length
Vorschaltgerät	ballast
Vorwärtsrichtung	forward direction

W

wandstabilisierte Entladung	wall-stabilized discharge
Wärmeleitfähigkeit	thermal conductivity
Wärmeleitungsschweißen	conduction limited welding
wassergekühlt	water-cooled
Wechselstrom	alternating current, ac
Weglänge	pathlength
Weitwinkelobjektiv	wide-angle lens
Wellenfrontkrümmung	curvature of wavefront
Wellenlängenkopplung von Laserstrahlen	wavelength beam combining
Wellenleiter	waveguide
Wellenleiter-Laser	waveguide laser
Wellenvektor	wave vector

Wicklung	coil
Wiensches Verschiebungsgesetz	Wien displacement law
Windung	coil
Winkeldispersion	angular dispersion
Winkelvergrößerung	angular magnification
Winkelverhältnis	angular magnification
Wirkungsquerschnitt	cross section
Wolfram	tungsten
Wollaston-Polarisationsprisma	wollaston polarizing prism

X
Xenon	xenon

Y
Ytterbium	ytterbium
Yttrium	yttrium

Z
Zapfenzelle	cone receptor
Zerstreuungslinse	diverging lens
Ziliarmuskel	ciliary muscle
Zinkselenid	zinc selenide
Zinn	tin
Zirkon	zirconium
zirkulare Polarisation	circular polarization
Zonenplatte	zone plate
Zündschaltung	starter circuit
Zündspannung	ignition potential
Zündung	ignition
Zylinderlinse	cylindrical lens

englisch–deutsch

A

abbe number	Abbesche Zahl
ac, alternating current	Wechselstrom
acceptor	Akzeptor
accommodation	Akkommodation
achromatic lens	Achromat
achromatic system	Achromat
achromatism condition	Achromasiebedingung
acoustooptic Q-switch	akustooptischer Güteschalter
activator ion	Aktivatorion
active layer	aktive Schicht
active mode locking	aktive Modenkopplung
air-cooled	luftgekühlt
Airy disk	Airysches Beugungsscheibchen
alternating current, ac	Wechselstrom
amalgam	Amalgam
amplitude	Amplitude
amplitude reflection coefficient	Reflexionsverhältnis (Fresnelsche Gl.)
amplitude transmission coefficient	Transmissionsverhältnis (Fresnelsche Gl.)
angle of incidence	Einfallswinkel
angle of reflection	Reflexionswinkel
angle of refraction	Brechungswinkel
angular dispersion	Winkeldispersion
angular magnification	angulare Vergrößerung, Winkelvergrößerung, Winkelverhältnis
anode fall	Anodenfall
anomalous dispersion	anomale Dispersion
anomalous glow discharge	anomale Glimmentladung
antireflection coating	Antireflexbeschichtung
aperture	Blende
aperture stop	Aperturblende
aplanatic lens	Aplanat
arc discharge	Bogenentladung
arc tube	Brennerrohr
argon ion laser	Argon-Ionen-Laser
aspherical surface	asphärische Oberfläche
astigmatic difference	astigmatische Differenz
astigmatism	Astigmatismus
Aston dark space	Astonscher Dunkelraum
astronomical telescope	astronomisches Fernrohr
asymmetric stretch mode of vibration	asymmetrische Streckschwingung
auto-electronic emission	Feldemission
auxiliary electrode	Hilfselektrode
axial mode	axiale Mode

B

ballast	Vorschaltgerät
band pass filter	Bandpassfilter

bar (b. Laserdioden)	Barren
barrel distortion	tonnenförmige Verzeichnung
base glass (b. Filtern)	Grundglas
beam cross section	Strahlquerschnitt
beam parameter product	Strahlparameterprodukt
beam quality factor (M^2)	Beugungsmaßzahl (M^2)
beam radius	Strahlradius
beam waist	Strahltaille
bending mode of vibration	Biegeschwingung
binocular	Feldstecher
birefringence	Doppelbrechung
black body	schwarzer Strahler
blaze angle	Blazewinkel
blink reflex	Lidschlußreflex
blur	Fleck, verwischte Stelle
Bohr model	Bohrsches Atommodell
Boltzmann distribution	Boltzmannverteilung
booster circuit	Boosterschaltung
borosilicate glass	Borsilikatglas
Brewster's angle	Brewsterwinkel
brightness	Brillanz
bromine	Brom
buffer gas	Puffergas
bulb blackening	Kolbenschwärzung

C

calcite	Kalkspat
cap (bei der Lampe)	Sockel
carbon dioxide	Kohlendioxid
catalyst	Katalysator
cataract	grauer Star
cathode dark space	Kathodendunkelraum
cathode fall	Kathodenfall
catoptrics	Katoptrik, Lehre von der Spiegelreflexion
cavity	Hohlraum
ceramic arc tube	Keramikbrenner
chief ray	Hauptstrahl
chlorine	Chlor
choke	Drossel
chromatic aberration	chromatische Aberration
chromium	Chrom
ciliary muscle	Ziliarmuskel
circular polarization	zirkulare Polarisation
cladding (b. Glasfasern)	Mantel
coherence length	Kohärenzlänge
coil	Spirale, Windung, Wicklung
collimation	Kollimation
collision broadening	Stoßverbreiterung
colloidally coloured glass (b. Filtern)	Anlaufglas
coma	Koma
comatic aberration	Koma

complex index of refraction	komplexer Brechungsindex
compound semiconductor	Verbindungshalbleiter
concave	konkav
concave mirror	Hohlspiegel
concave spherical mirror	sphärischer Hohlspiegel
condenser lens	Kondensorlinse
conduction band	Leitungsband
conduction limited welding	Wärmeleitungsschweißen
cone receptor	Zapfenzelle
conjugate planes	konjugierte Ebenen
conjugate points	konjugierte Punkte
continuous wave operation (cw)	Dauerstrichbetrieb, kontinuierlicher Betrieb
convection cooled laser	konvektionsgekühlter Laser
converging lens	Sammellinse
convex	convex
convex mirror	Konvexspiegel
copper vapour laser	Kupferdampflaser
core (b. Glasfasern)	Kern
cornea	Hornhaut
covalent bond	kovalente Bindung
critical angle	Grenzwinkel der Totalreflexion
Crookes dark space	Crookesscher Dunkelraum
cross section	Wirkungsquerschnitt
crown glass	Kronglas
curvature of wavefront	Wellenfrontkrümmung
cutting speed	Schneidgeschwindigkeit
cw (continuous wave)	Dauerstrich
cylindrical lens	Zylinderlinse

D

daylight	Tageslicht
dc, direct current	Gleichstrom
degree of dissociation	Dissoziationsgrad
depletion region	Verarmungsgebiet
deviation	Ablenkung
dextrorotatory	rechtsdrehend (bei d. opt. Aktivität)
diaphragm	(Loch-)Blende
dichroism	Dichroismus
dielectric constant	Dielektrizitätskonstante
dielectric layer	dielektrische Schichten
diffraction grating	Beugungsgitter
diffusion cooled laser	diffusionsgekühlter Laser
diode laser	Diodenlaser
diopter	Dioptrie
dioptric	dioptrisch
dioptrics	Lehre von der Lichtbrechung
direct band gap	direkte Bandlücke
direct current, dc	Gleichstrom
dipole moment	Dipolmoment
discharge	Entladung
discharge lamp	Entladungslampe

disk laser	Scheibenlaser
dispersion	Dispersion
dispersion formula	Dispersionsformel
dissociation energy	Dissoziationsenergie
distortion	Verzeichnung
distributed feedback	verteilte Rückkopplung
divergence angle	Divergenzwinkel
diverging lens	Zerstreuungslinse
donor	Donator
Doppler broadening	Dopplerverbreiterung
dose	Dosis
double image	Doppelbild
double-clad fibre	Doppelkernfaser
dove prism	Dove-Prisma
dye laser	Farbstofflaser

E

efficacy	Lichtausbeute
Einstein coefficient	Einstein-Koeffizient
electric bulb	Glühbirne
electric field	elektrisches Feld
electrode loss	Elektrodenverlust
electromagnetic wave	elektromagnetische Welle
electrooptic Q-switch	elektrooptischer Güteschalter
elliptical mirror	elliptischer Spiegel
elliptical polarization	elliptische Polarisation
emissivity	Emissionsgrad
emitter	Emitter
energy band	Energieband
energy gap	Bandlücke
entrance pupil	Eintrittspupille
epithelial layer	Epithel
erbium	Erbium
escape cone	Fluchtkegel
etalon	Etalon
evanescent wave	evaneszente Welle
evaporation rate	Verdampfungsrate
excitation	Anregung
exhaust tube	Pumprohr
exit pupil	Austrittspupille
exposure time	Einwirkungsdauer
external quantum efficiency	externe Quanteneffizienz
extraordinary ray	außerordentlicher Strahl
eye	Auge
eyepiece	Okular

F

Fabry–Perot interferometer	Fabry–Perot-Interferometer
Faraday dark space	Faradayscher Dunkelraum
fast flow (CO_2-)laser	schnell geströmter (CO_2-)Laser
FEL (free-electron laser)	Freie-Elektronen-Laser

Fermat's Principle	Fermatsches Prinzip
Fermi energy	Fermienergie
Fermi level	Ferminiveau
Fermi–Dirac distribution	Fermi–Dirac-Verteilung
fibre laser	Faserlaser
fibre Bragg grating	Faser-Bragg-Gitter
field curvature	Bildfeldwölbung
field emission	Feldemission
field stop	Luke
filament	Glühfaden
fill factor	Füllfaktor
finesse	Finesse
first focal length	gegenstandsseitige Brennweite, vordere Brennweite
first focus	gegenstandsseitiger Brennpunkt
flash-lamp	Blitzlampe
flow tube	Strömungsrohr
Fluor	Fluorine
fluorescent lifetime	Fluoreszenzlebensdauer
f-number	Blendenzahl
focal length	Brennweite
focal point	Brennpunkt
forward direction	Vorwärtsrichtung, Durchlassrichtung
four-level system	Vier-Niveau-System
Frank–Condon principle	Frank–Condon Prinzip
Fraunhofer diffraction	Fraunhofersche Beugung
free-electron laser (FEL)	Freie-Elektronen-Laser
frequency doubling	Frequenzverdopplung
frequency multiplication	Frequenzvervielfachung
Fresnel diffraction	Fresnelsche Beugung
Fresnel equations	Fresnelsche Formeln
Fresnel lens	Fresnel-Linse
full width at half maximum FWHM	volle Halbwertsbreite
fundamental mode	Grundmode
fuse	Sicherung
fusion cutting	Schmelzschneiden

G

gain guiding	Gewinnführung
Galilean telescope	Galileisches Fernrohr
garnet	Granat
gas composition	Gaszusammensetzung
gas discharge lamp	Gasentladungslampe
gas filling	Gasfüllung
gas mixture	Gasgemisch
Gaussian beam	Gaußbündel
Gaussian lineshape	Gauß-Profil (einer Spektrallinie)
germanium	Germanium
Glan–Taylor polarizing prism	Glan–Taylor Polarisationsprisma
Glan–Thompson polarizing prism	Glan–Thompson Polarisationsprisma
glass	Glas
glass bulb	Glaskolben

glass fibre	Glasfaser
glass solder	Glaslot
glass tube	Glasröhre
glow discharge	Glimmentladung
goggles	Schutzbrille
graded index fibre	Gradientenindexfaser
grey body	grauer Strahler

H

half width at half maximum HWHM	halbe Halbwertsbreite
half-wave plate	Lambda-Halbe-Plättchen
halide	Halogenid
halogen	Halogen
halophosphate	Halophosphat
helium	Helium
helium-cadmium laser	Helium-Cadmium-Laser
helium-neon laser	Helium-Neon-Laser
helium-selenium laser	Helium-Selen-Laser
heterojunction laser	Heterostrukturlaser
high pressure discharge	Hochdruckentladung
high volt halogen lamp	Hochvolt-Halogenlampe
Hittorf dark space	Hittorfscher Dunkelraum
holmium	Holmium
holography	Holographie
homogeneous broadening	homogene Linienverbreiterung
homojunction laser	Homostrukturlaser
Huygens's principle	Huygenssches Prinzip
Huygens–Fresnel principle	Huygens–Fresnelsches Prinzip

I

ignition	Zündung
ignition potential	Zündspannung
illuminance	Beleuchtungsstärke
image distance	Bildweite
image focal length	bildseitige Brennweite, hintere Brennweite
image focus	bildseitiger Brennpunkt
image space	Bildraum
immersion oil	Immersionsöl
impurity	Störstelle
incandescent bulb	Glühbirne
incandescent lamp	Glühlampe
indirect band gap	indirekte Bandlücke
induction lamp	Induktionslampe
inhomogeneous broadening	inhomogene Linienverbreiterung
interference	Interferenz
intermodal dispersion	Modendispersion
internal quantum efficiency	interne Quanteneffizienz
internal transmittance	Reintransmissionsgrad
intrinsic linewidth	natürliche Linienbreite
iodine	Jod
ion laser	Ionen-Laser

ionization	Ionisierung
ionization energy	Ionisierungsenergie
iris	Iris, Regenbogenhaut
irradiance	Bestrahlungsstärke

K

Keplerian astronomical telescope	Keplersches Fernrohr
keyhole (beim Laserschweißen)	Dampfkapillare
"keyhole" welding	Tiefschweißen
Kirchhoff's law	Kirchhoffsches Gesetz
krypton	Krypton

L

Lambert–Beer law	(Lambert)–Beersches Gesetz (Absorptionsgesetz)
Lambert's law	Lambertsches Gesetz
lanthanum	Lanthan
large-mode-area (LMA)	großer Modenfelddurchmesser
laser bar	Laserbarren
laser cutting	Laserschneiden
laser diode	Laserdiode
laser Doppler anemometry	Laser-Doppler-Anemometrie
laser rod	Laserstab
laser safety officer	Laserschutzbeauftragter
laser stack	Laserstapel
laser threshold	Laserschwelle
laser transition	Laserübergang
laser welding	Laserschweißen
lateral magnification	Lateralvergrößerung
law of reflection	Reflexionsgesetz
law of refraction	Brechungsgesetz
lead glass	Bleiglas
left-circularly polarized	linkszirkular polarisiert
lens	Linse, Brillenglas
lensmaker's formula	Abbildungsgleichung der dünnen Linse
levorotatory	linksdrehend (bei d. opt. Aktivität)
life (bei Geräten)	Lebensdauer
light emitting diode (LED)	Leuchtdiode (LED)
limit of resolution	Auflösungsgrenze
linearly polarized	linear polarisiert
linewidth	Linienbreite
lithium niobate	Lithiumniobat
local thermodynamic equilibrium (LTE)	lokales thermisches Gleichgewicht
long pass filter	Langpassfilter
longitudinal magnification	Tiefenmaßstab, Tiefenvergrößerung
longitudinal spherical aberration	longitudinale sphärische Aberration, sphärische Längsabweichung
Lorentzian lineshape	Lorentz-Profil (einer Spektrallinie)
low pressure discharge	Niederdruckentladung
luminance	Leuchtdichte
luminous flux	Lichtstrom
luminous intensity	Lichtstärke

M

macula	gelber Fleck
magnetic field	magnetisches Feld
magnetic quantum number	magnetische Quantenzahl
magnifier	Lupe
magnifying glass	Lupe
Malus's Law	Gesetz von Malus
material dispersion	Materialdispersion
Maxwell velocity distribution	Maxwellsche Geschwindigkeitsverteilung
mean free path	mittlere freie Weglänge
meniscus lens	Meniskuslinse
mercury	Quecksilber
meridional plane	Meridionalebene
metal halide (vapour) lamp	Metallhalogen-Dampflampe
metal iodide	Metalljodid
microchannel cooling	Mikrokanalkühlung
microscope	Mikroskop
mirror	Spiegel
modal dispersion	Modendispersion
mode locking	Modenkopplung
monochromacity	Einfarbigkeit
multilayer dielectric mirror	dielektrischer Mehrschichtenspiegel
multiple reflection	Mehrfachreflexion

N

natural linewidth	natürliche Linienbreite
negative glow	negatives Glimmlicht
neodymium	Neodym
neon	Neon
neutral density filter	Neutralfilter
Newtonian form of the lens equation	Newtonsche Abbildungsgleichung, brennpunktsbezogene Abbildungsgleichung
niobium	Niob
nitrogen	Stickstoff
noble gas	Edelgas
normal dispersion	normale Dispersion
normal glow discharge	normale Glimmentladung
normal mode of vibration	Eigenschwingung (eines Moleküls)
nozzle (Laserschneiden)	Düse
n-type	n-leitend
n-type semiconductor	Überschußhalbleiter
numerical aperture	numerische Apertur

O

object distance	Gegenstandsweite
object focal length	gegenstandsseitige Brennweite, vordere Brennweite
object focus	gegenstandsseitiger Brennpunkt
object space	Gegenstandsraum
ocular	Okular
optical activity	optische Aktivität
optical axis	optische Achse

optical pathlength	optische Weglänge
orbital quantum number	Drehimpulsquantenzahl
ordinary ray	ordentlicher Strahl
organic light-emitting device	organische Leuchtdiode
oscillator strength	Oszillatorenstärke
osmium	Osmium
outer envelope (bei Lampen)	Hüllkolben

P

parabolic mirror	Parabolspiegel
paraxial ray	paraxialer Strahl
passive mode locking	passive Modenkopplung
pathlength	Weglänge
Pauli principle	Pauli-Prinzip
penning effect	Penning-Effekt
penning mixture	Penning-Gemisch
penta-prism	Pentaprisma
phase shift	Phasenverschiebung
phosphor	Leuchtstoff
photoelectric effect	Photoeffekt
photopic vision	photopisches Sehen
pinch (beim Glas)	Quetschung
pincushion distortion	kissenförmige Verzeichnung
Planck radiation law	Plancksches Strahlungsgesetz
Planck's constant	Plancksche Konstante
plane of incidence	Einfallsebene
plane of vibration	Schwingungsebene
plane-polarized	linear polarisiert
plasma	Plasma
pn junction	pn-Übergang
point source	Punktquelle
polarization (elektrisch u. optisch)	Polarisation
polarization angle	Polarisationswinkel
polarization beam combining	Polarisationskopplung von Laserstrahlen
polarizer	Polarisator
polycarbonate	Polykarbonat
polystyrene	Polystyrol
population inversion	Besetzungsinversion
pore-free	porenfrei
positive column	positive Säule
pressure broadening	Druckverbreiterung
principal plane	Hauptebene
principal point	Hauptpunkt
principal quantum number	Hauptquantenzahl
prism	Prisma
protection layer	Schutzschicht
p-type	p-leitend
p-type semiconductor	Löcherhalbleiter, Defekthalbleiter, Mangelhalbleiter
pump band	Pumpbande
pump cavity	Pumpkammer
pump source	Pumplichtquelle

pumping rate	Pumprate
pupil	Pupille

Q

Q-switch	Güteschalter
quantum condition	Quantenbedingung
quantum efficiency	Quantenausbeute
quantum number	Quantenzahl
quantum optics	Quantenoptik
quarter-wave plate	Lambda-Viertel-Plättchen
quarter-wavelength coating	Lambda-Viertel-Schicht
quartz	Quarz

R

radiance	Strahldichte
radiant exitance	spezifische Ausstrahlung
radiant flux	Strahlungsfluß, Strahlungsleistung
radiant intensity	Strahlstärke
radiation	Strahlung
radius of curvature	Krümmungsradius
rare earth metals	seltene Erden
rare gas	Edelgas
rate equation	Ratengleichung
ray	Strahl
ray tracing	Nachzeichnen des Strahlverlaufs
Rayleigh length	Rayleigh-Länge
Rayleigh range	Rayleigh-Länge
Rayleigh scattering	Rayleigh-Streuung
Rayleigh's criterion	Rayleigh-Kriterium
reactive fusion cutting	Brennschneiden
real image	reelles Bild
recombination radiation	Rekombinationsstrahlung
recrystallization	Rekristallisation
reduced mass	reduzierte Masse
reflectance	Reflexionsgrad
reflecting telescope	Spiegelteleskop
reflection	Reflexion
reflection grating	Reflexionsgitter
reflector lamp	Reflektorlampe
refracting power	Brechkraft
refraction	Brechung
refractive index	Brechungsindex, Brechzahl
relative aperture	relative Öffnung
resolution	Auflösung
resolving power	Auflösungsvermögen
resonance broadening	Resonanzverbreiterung
resonator	Resonator
reticule	Fadenkreuz
retina	Netzhaut
retroreflection (opt.)	Richtungsumkehr
reverse direction	Sperrrichtung

right-angle prism	rechtwinkliges Prisma
right-circularly polarized	rechtszirkular polarisiert
rod	Stab
rod receptor	Stäbchenzelle
roof prism	Dachkantprisma
roots blower	Roots-Gebläse
rotational degree of freedom	Rotationsfreiheitsgrad
rotational transition	Rotationsübergang
rotatory dispersion	Rotationsdispersion
rotatory power	Drehvermögen
ruby laser	Rubinlaser

S

sagittal plane	Sagittalebene
sapphire	Saphir
saturable absorber	sättigbarer Absorber
saturation	Sättigung
scandium	Scandium
scattered radiation	Streustrahlung
Schrödinger equation	Schrödingergleichung
scotopic vision	skotopisches Sehen
seal glass	Glasversiegelung (bei Lampen)
sealed-off CO_2-Laser	abgeschmolzener CO_2-Laser
second focal length	bildseitige Brennweite, hintere Brennweite
second focus	bildseitiger Brennpunkt
second harmonic generation	Frequenzverdopplung
secondary emission	Sekundärelektronenemission
selection rule	Auswahlregel
selective emitter	selektiver Strahler
self-sustaining discharge	selbständige Enladung
semiconductor	Halbleiter
semiconductor laser	Halbleiterlaser
short pass filter	Kurzpassfilter
silicon	Silizium
single emitter	Einzelemitter
single-lens reflex camera	Spiegelreflexkamera
slit	Spalt
slow flow (CO_2-)laser	langsam geströmter (CO_2-)Laser
Snell's law	Snelliussches (Brechungs-)Gesetz
soda-lime glass	Kalknatronglas
sodium-D-lines	Natrium-D-Linien
solid-state laser	Festkörperlaser
space charge	Raumladung
spatial beam combining	räumliche Kopplung von Laserstrahlen
specific rotatory power	spezifisches Drehvermögen
spectral emittance	spektraler Emissionsgrad
speed of light	Lichtgeschwindigkeit
speed of light in vacuum	Vakuum-Lichtgeschwindigkeit
spherical aberration	sphärische Aberration, Öffnungsfehler
spherical mirror	sphärischer Spiegel
spin quantum number	Spinquantenzahl

spliced   angespleißt
spontaneous emission   spontane Emission
spot size   Strahlradius
stack (b. Laserdioden)   Stapel
starter circuit   Zündschaltung
Stefan–Boltzmann law   Stefan–Boltzmann-Gesetz
step index fibre   Stufenindexfaser
stimulated emission   stimulierte Emission
striation   Streifenbildung, Riefung
stroma   Stroma
superradiant emission   Superstrahlung
symmetric stretch mode of vibration   symmetrische Streckschwingung

T
tantalum   Tantal
tapered amplifier   Trapezverstärker
telephoto lens   Teleobjektiv
telescope   Teleskop, Fernrohr
thermal conductivity   Wärmeleitfähigkeit
thermodynamic equilibrium   thermodynamisches Gleichgewicht
thermoionic emission   Glühemission
thick lens   dicke Linse
thin lens   dünne Linse
three-level system   Drei-Niveau-System
tin   Zinn
total internal reflection   Totalreflexion
Townsend-discharge   Townsend-Entladung
translucent   lichtdurchlässig
transmittance   Transmissionsgrad
transverse magnification   Lateralvergrößerung
transverse mode   transversale Mode
transverse spherical aberration   sphärische Querabweichung, transversale sphärische
                                                 Aberration
tungsten   Wolfram
tungsten halogen lamp   (Wolfram-)Halogenlampe

U
undulator   Undulator

V
valence band   Valenzband
vaporisation cutting   Sublimationsschneiden
vapour pressure   Dampfdruck
velocity of light   Lichtgeschwindigkeit
velocity of light in vacuum   Vakuumlichtgeschwindigkeit
vertex   Scheitelpunkt
vibrational degree of freedom   Schwingungsfreiheitsgrad
vibrational transition   Schwingungsübergang
virtual image   virtuelles Bild
vitreous humo(u)r   Glaskörper

W

wall-stabilized discharge	wandstabilisierte Entladung
water-cooled	wassergekühlt
wave vector	Wellenvektor
waveguide	Wellenleiter
waveguide laser	Wellenleiter-Laser
wavelength beam combining	Wellenlängenkopplung von Laserstrahlen
welding speed	Schweißgeschwindigkeit
wide-angle lens	Weitwinkelobjektiv
Wien displacement law	Wiensches Verschiebungsgesetz
wollaston polarizing prism	Wollaston-Polarisationsprisma
work function	Austrittsarbeit

X

xenon	Xenon

Y

ytterbium	Ytterbium
yttrium	Yttrium

Z

zero point energy	Nullpunktsenergie
zinc selenide	Zinkselenid
zirconium	Zirkon
zone plate	Zonenplatte

Literatur

Zitierte Buchtitel sind **fett** gedruckt.

Akiyama, Y., Takada, H., Sasaki, M., Yuasa, H., Nishida N., Efficient 10 kW diode-pumped Nd:YAG rod laser, Proceedings of SPIE, Vol. 4831, 96–100, 2003

Barrow, G.M., Introduction to Molecular Spectroscopy, McGraw-Hill Book Company, 1962

Bechtold, P., Dirscherl, M., Nicht-thermische Mikrojustierung mit Ultrakurzpulslasern in: Laser in der Elektronikproduktion & Feinwerktechnik, Tagungsband: LEF 2007, Hrsg. Geiger, M., Schmidt, M., Meisenbach Bamberg, 2007

Beyer, E., Schweißen mit Laser – Grundlagen, Springer Verlag, Berlin, 1995

Beyer, E., Wissenbach, K., Oberflächenbehandlung mit Laserstrahlung, Springer Verlag, Berlin, 1998

BGV B2, Durchführungsanweisungen zur BG-Vorschrift Laserstrahlung in der Fassung vom 1. Januar 1993, aktualisierte Nachdruckfassung April 2007

Bias bulletin, Bremer Institut für angewandte Strahltechnik, 3, 2, 2005

Bliedtner, J., Müller, H., Barz, A., Lasermaterialbearbeitung – Grundlagen, Verfahren, Anwendungen, Beispiele, Carl Hanser Verlag, München, 2013

Boettner, E.A., Wolter, J.R., Transmission of the ocular media, Investigative Ophthalmology, 1(6), 776–783, 1962

Das, P., Lasers and Optical Engineering, Springer-Verlag, New York, 1991

Dickmann, K., Luhs, W., Frequenzstabilisierung von He-Ne-Lasern, Laser Magazin, 2, 16–21, 1990

DIN EN 166, Persönlicher Augenschutz – Anforderungen, April 2002

DIN EN 207, Persönlicher Augenschutz – Filter und Augenschutz gegen Laserstrahlung (Laserschutzbrillen), April 2012

DIN EN 208, Persönlicher Augenschutz – Augenschutzgeräte für Justierarbeiten an Lasern und Laseraufbauten (Laser-Justierbrillen), April 2010

DIN EN 60825-1, Sicherheit von Lasereinrichtungen – Teil 1: Klassifizierung von Anlagen und Anforderungen, Mai 2008

DIN EN ISO 11146-2, Laser und Laseranlagen – Prüfverfahren für Laserstrahlabmessungen, Divergenzwinkel und Beugungsmaßzahlen – Teil 2: Allgemein astigmatische Strahlen, Mai 2005

Dohlus, R., Infrarote Doppel-Resonanzspektroskopie in Flüssigkeiten mit ultrakurzen Laserimpulsen, Dissertation, Universität Bayreuth, 1987

Dohlus, R., Lichtquellen, De Gruyter, Berlin, 2014

Döldissen, W., Halbleiterlaser für die optische Nachrichtentechnik, Laser Magazin, 3, 8–18, 1999

Edler, R., Berger, P., Vorstellung eines neuen Düsenkonzeptes zum Lasertrennen, Laser und Optoelelektronik, 23(5), 54–61, 1991

Eichler, J., Eichler, H.-J., Laser – Bauformend, Strahlführungen, Anwendungen, 7. Auflage, Springer, Berlin Heidelberg, 2010

Einstein, A., Phys. Z. 18, 121, 1917

Gasiorowicz, S., Quantenphysik, 9. Aufl., Oldenbourg, München, 2005

Giesen, A., Thin Disk Lasers – Power scalability and beam quality, LTJ, June 2005, S: 42–45

Herrmann, J., Wilhelmi, B., Laser für ultrakurze Lichtimpulse, Akademie-Verlag Berlin, 1984

Higgings, T.V., There is a lot more to an A-O modulator than meets the eye, Laser Focus World, S: 133, July 1991

Himmer, T., Lütke, M., Exzellente Schnitte – Fein- und Dickbleche schneiden mit dem Faserlaser, Laser+Produktion SPEZIAL, 18–19, 2008

Johansson, S., Pasiskevicus, V., Laurell, F., Hansson, R., Ekvall, K., Laser diode beam shaping with GRIN lenses using the twisted beam approach and its application in pumping of a solid-state laser, Optics Communications, 274, 403–406, 2007

Kneubühl, F.K., Sigrist, M.W., Laser, 6. Auflage, Teubner Verlag, 2005

Knitsch, A., Luft, A., Groß, T., Ristau, D., Loosen, P., Poprawe, R., Diode laser modules of highest brilliance for materials processing, in: Novel In-Plane Semiconductor Lasers, Hrsg. Jerry R. Meyer, Claire F. Gmachl, Proceedings of SPIE Vol. 4651, 2002

Koechner, W., Solid-State-Laser Engineering, Springer Verlag, New York, 1976

Kogelnik, H., On the Propagation of Gaussian Beams of Light Through Lenslike Media Including those with a Loss or Gain Variation, Applied Optics, 4(12), 1562–1569, 1965

Kogelnik, H., Li, T., Laser Beams and Resonators, Applied Optics, 5(10), 1550–1567, 1966

Köhler, B., Biesenbach, J., Brand, T., Haag, M., Huke, S., Noeske, A., Seibold, G., Behringer, M., Luft, J., High-brightness high-power kW-system with tapered laser bars, in: High-Power Diode Laser Technology and Applications III, Hrsg. Mark S. Zediker, Proceedings of SPIE Vol. 5711, 2005

König, W., Trasser, Fr.-J., Laserstrahlschneiden von Verbundwerkstoffen mit duro- und thermoplastischer Matrix, Laser und Optoelektronik, 21(3), 98–104, 1989

Köpp, F., Laser-Doppler-Anemometer zur berührungslosen Windmessung über große Entfernungen, Laser und Optoelektronik, 20(3), 74–83, 1988

Kühling, F.H., Wellegehausen, B., Resonatorinterne Frequenzverdopplung eines Helium-Neon-Lasers, Laser und Optoelektronik, 21(6), 46–49, 1989

Laser components, Applikationsreport, 2007

Laubereau, A., Kaiser, W., Generation and applications of passively mode-locked picosecond light pulses, Opto-electronics, 6, 1–24, 1974

Lexel Laser, Inc., Datenblatt cw Ionen Laser

Maiman, T.H., Optical Maser Action in Ruby, Brit. Comm. Electr., 7, 674–675, 1960a

Maiman, T.H., Stimulated Optical Radiation of Ruby, Nature, 187, 493–494, 1960b

Martin-Regalado, J., Prati, F., San Miguel, M., Abraham N.B., Polarization Properties of Vertical-Cavity Surface-Emitting Lasers, IEEE Journal of Quantum Electronics, 33(5), 1997

Martin-Regalado, J., Chilla, J.L.A., Rocca, J.J., Polarization switching in vertical-cavity surface emitting lasers observed at constant active region temperature, Appl. Phys. Lett. 70(25) 1997

Miller, C., Schweissen mit Licht, Laser und Optoelektronik, 4, 382–388, 1987

Moore, W.J., Hummel, D.O., Physikalische Chemie, 2. Aufl., Walter de Gruyter, Berlin, 1976

Nuss, R., Biermann, S., Auswirkungen der Polarisation beim Laserstrahlschneiden, Laser und Optoelektronik, 4, 389–392, 1987

Ostermeyer, M., Straesser, A., Theoretical investigation of feasibility of Yb:YAG as laser material for nano- second pulse emission with large energies in the Joule range, Optics Communications, 274, 422–428, 2007

Penning, F.M., Naturw. 15, 818, 1927

Penning, F.M., Z. Phys. 46, 335, 1928

Pedrotti, F., Pedrotti, L., Bausch, W., Schmidt, H., Optik für Ingenieure – Grundlagen, 2. Auflage, Springer Berlin 2002

Pummer, H., Sowada, U., Oesterlin, P., Rebhan, U., Basting, D., Kommerzielle Excimerlaser, Laser und Optoelektronik, 2, 141–148, 1985

ROFIN-SINAR Laser GmbH, Datenblatt Sealed-Off Laser, 05/2014

Rubahn, H.-G., Balzer, F., Laseranwendungen an harten und weichen Oberflächen, Teubner Verlag, Wiesbaden, 2005

Ruck, Bodo, Laser-Doppler-Anemometrie, Laser und Optoelektronik, 4, 362–375, 1985

Rutherford, T.S., Tulloch, W.M., Sinha, S., Byer, R.L., Yb:YAG and Nd:YAG edge-pumped slab lasers, Optics Letters, 26(13), 986–988, 2001

Schanz, K., Strahlschweißen mit CO_2-Lasern – Industrietauglich, Industrie-Anzeiger, 82, 36–40, 1987

Schawlow, A.L., Townes, C.H., Infrared and optical masers, Phys. Rev., 112(6), 1940–1949, 1958

Schreiber, P., Hoefer, B., Dannberg, P., Zeitner U.D., High-brightness fiber-coupling schemes for diode laser bars, in: Laser Beam Shaping VI, Hrsg. Fred M. Dickey, David L. Shealy, Proceedings of SPIE Vol. 5876, 2005

Schubert, R., Wackelbilder, c't, 15, 190–191, 2000

Schuldt, S.B., Aagard, R.L., An Analysis of Radiation Transfer By Means of Elliptical Cylinder Reflectors, Applied Optics, 2(5), 509–513, 1963

Schulz, J., Diffusionsgekühlte, koaxiale CO_2-Laser mit hoher Strahlqualität, Dissertation, Rheinisch-Westfälische Technische Hochschule Aachen, 2001

Schürer, H., Arb, H., Industriereif: Slab-Laser, LASER, 46–50, Juni 1989

Scientific Materials Corp., Datenblatt Laser Materials Yb:YAG, 2005–2010

Siegman, A.E., Lasers, University Science Books, Mill Valley, California, 1986

Snitzer, E., Optical Maser Action of Nd^{3+} in a Barium Crown Glass, Phys. Rev. Lett., 7(12), 444–446, 1961

Steen, W.M., Laser Material Processing, 2. Aufl., Springer Verlag, London, 1998

Stewen, Chr., Scheibenlaser mit Kilowatt-Dauerstrichleistung, Forschungsberichte des IFSW, Herbert Utz Verlag Wissenschaft, München, 2000

Struve, B., Fuhrberg, P., Luhs, W., Litfin, G., Neuer, hocheffizienter Festkörperlaser mit Chrom-Neodym-Granat als aktivem Material, Laser und Optoelektronik, 20(3), 68–73, 1988

Sutter, E., Schutz vor optischer Strahlung, 3. Auflage, VDE-Schriftenreihe Normen verständlich 104, VDE Verlag, Berlin, 2008

Tang, Y., Niu, J., Yang, Y., Xu, J., Beam collimation of high-power laser diode array with graded-index fiber lens array, Optical Engineering, 47(5), 054202, 2008

Tipler, P.A., Llewellyn, R.A., Moderne Physik, Oldenbourg, München, 2003

Trumpf GmbH + Co. KG, Leibinger-Kammüller, N. (Hrsg.), Buchfink, G. (Autorin), Werkzeug Laser – Ein Lichtstrahl erobert die industrielle Fertigung, 2. Auflage, Vogel Business Media, Würzburg, 2008

Trumpf GmbH + Co. KG, Leibinger-Kammüller, N. (Hrsg.), Buchfink, G. (Autorin), Faszination Blech, Vogel Business Media, Würzburg, 2005

VDI–Technologiezentrum Physikalische Technologien, Schneiden mit CO₂-Lasern, VDI-Verlag, Düsseldorf, 1993

Weber, H., Herziger, G., Laser – Grundlagen und Anwendungen, Physik Verlag, Weinheim, 1978

Weber, H., Laserresonatoren und Strahlqualität, Laser und Optoelektronik, 2, 60–66, 1988

Wessling, C., Traub, M., Hoffmann, D., Poprawe, R., Dense wavelength multiplexing for a high power diode laser, in: High-Power Diode Laser Technology and Applications IV, Hrsg. Mark S. Zediker, Proceedings of SPIE Vol. 6104, 2006

Witteman, W.J., The CO₂-Laser, Springer, Berlin, 1987

Zellmer, H., Nolte, S., Tünnermann, A., Faserlaser, Physik Journal, 4(6), 29–34, 2005

Zellmer, H., Tünnermann, A., Welling, H., Faserlaser – kompakte Strahlquellen im nahinfraroten Spektralbereich, Laser und Optoelektronik, 29(4), 53–59, 1997

Ziegs, W., Konzept eines glasfasergekoppelten, diodengepumpten Festkörper-Lasersystems, Laser und Optoelektronik, 20(3), 61–67, 1988

Zintzen, B., Untersuchung zur thermischen Gestaltung von Hochleistungsfaserlasern, Dissertation, Rheinisch-Westfälische Technische Hochschule Aachen, 2008

Index

www.ingramcontent.com/pod-product-compliance
Lightning Source LLC
Chambersburg PA
CBHW081102220326
41598CB00038B/7196